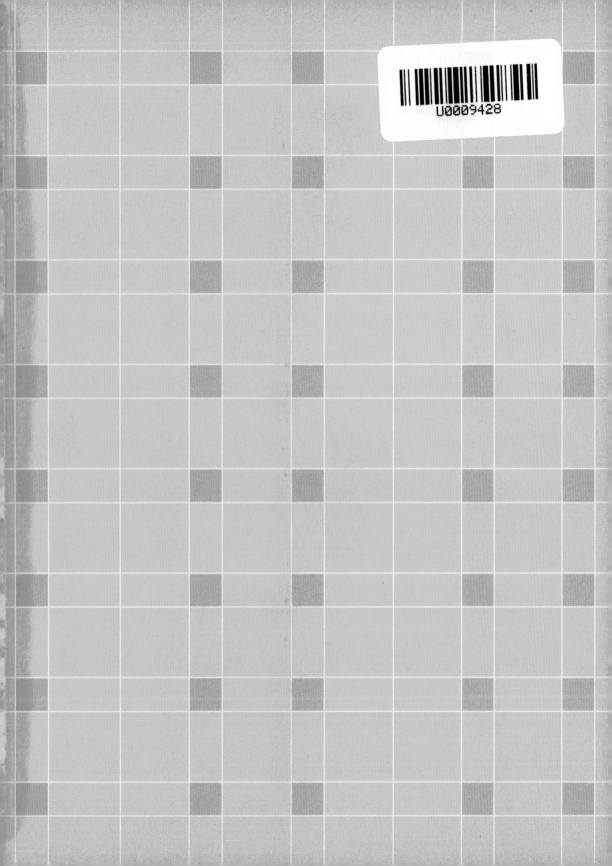

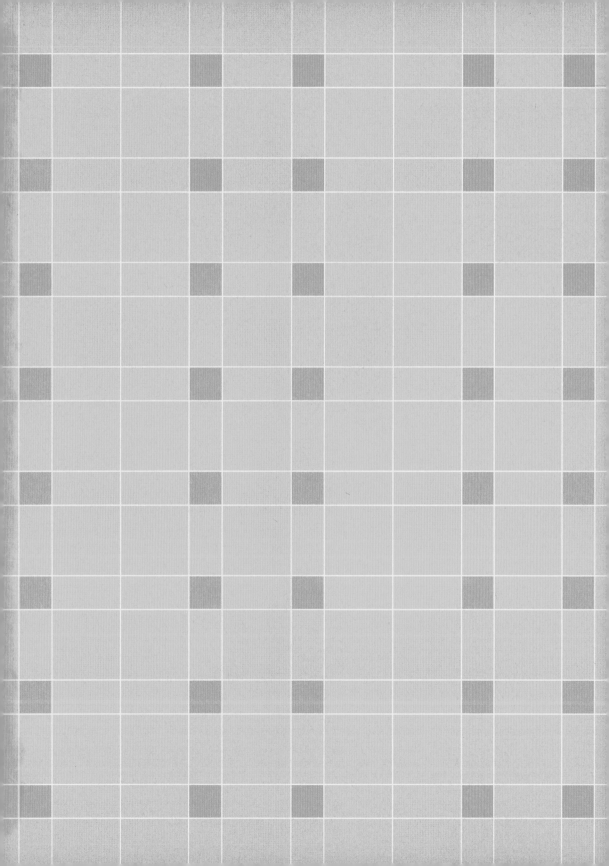

酒樓茶室精華極品

香港味道

hong kong wei dao

歐陽應霽 著

home 07

香港味道1
hong kong wei dao
酒樓茶室精華極品1

著者
歐陽應霽

策劃統籌
黃美蘭

攝影
黃錦華、陳廸新、梁柏立

美術設計
歐陽應霽、朱偉昇

設計製作
李舒韻、陳廸新、嚴梓迅

責任編輯
李惠貞

法律顧問
全理法律事務所董安丹律師

出版者
大塊文化出版股份有限公司
台北市105南京東路四段25號11樓
www.locuspublishing.com

讀者服務專線：0800-006689
TEL：(02)87123898 FAX：(02)87123897
郵撥帳號：18955675 戶名：大塊文化出版股份有限公司

總經銷：大和書報圖書股份有限公司 地址：台北縣五股工業區五工五路2號（五股工業區）
TEL：(02)8990-2588　8990-2568（代表號）FAX：(02)2290-1658 2990-1628
製版：瑞豐實業股份有限公司
初版一刷：2007年2月

定價：新台幣380元
Printed in Taiwan

未來的味道

【香港味道】總序

總是一直不斷地問自己，是什麼驅使我要在此時此刻花了好些時間和精神，不自量力地去完成這個關於食物關於味道關於香港的寫作項目？

不是懷舊，這個我倒很清楚。因為一切過去了的，意義都只在提醒我們生活原來曾經可以有這樣的選擇那樣的決定。來龍去脈，本來有根有據，也許是我們的匆忙疏忽，好端端的活生生的都散失遺忘七零八落。僅剩的二三分，說不定就藏在這一隻蝦餃一碗雲吞麵那一杯奶茶一口蛋撻當中。

味道是一種神奇而又實在的東西，香港也是。也正因為不是什麼東西，很難科學地、準確地說得清楚，介乎一種感情與理智之間，十分個人。所以我的香港味道跟你的香港味道不盡相同，其實也肯定不一樣，這才有趣。

甜酸苦鹹鮮，就是因為壓陣的一個鮮字，讓味道不是一種結論，而是一種開放的詮釋，一種活的方法，活在現在的危機裡，活在未來的想像冀盼中。

如此說來，味道也是一種載體一個平台，一次個人與集體，過去與未來的溝通對話的機會。要參與投入，很容易，只要你願意保持一個愉快的心境一個年輕的胃口，只要你肯吃。

更好的，或者更壞的味道，在前面。

應霽
零七年一月

序

土生土長？

捲起長袖白恤衫的袖管，也把藍斜褲的褲管捲起過膝，我迫不及待舉手伸腰，然後一腳踩進那濕濕滑滑的泥漿田裡，我來了——

平生第一次下田插秧，想來竟是在四分一個世紀之前。實際上是哪年哪月哪一個課內還是課外活動，真的無法記起，只是很清楚的記得這塊農田在大嶼山東涌，對，那個時候的東涌有耕地農產有漁港魚穫，完全是自給自足的小農經濟典型。我們這一群城市裡長大的中小學生在導師的帶領下，脫了鞋走在田埂上踏進泥裡，手執青翠禾秧，插進那濕軟奇妙的土地裡。敏感的我總覺得泥漿裡有小生物在蠕動，但也很快克服了這個恐懼，以更大的好奇去貼近這一切未知。

頭頂太陽彎著腰，興奮很快就變成疲累，望去自己沿路插來的禾秧深深淺淺東歪西倒，完全不成一直線。還記得那位指導我們該如何插秧的年青農夫還得即場再示範一次，我們也心知這分明就是「實驗田」，肯定明天得麻煩人家拔起所有禾秧重來一次，也就是這樣，那年那月那個至今唯一一次的下田活動，一直在記憶中佔據一個重要位置——因為腰痠背痛叫我真正體會什麼叫「粒粒皆辛苦」，也在操作實踐中清楚知道我們這些四體不勤五穀不分的城市小孩的無知與弱小。

離開這一塊再也回不去的田，這麼多年後東涌於我就只是一個地鐵終點站和往昂坪大佛參觀的纜車起步點，原來滄海桑田這個說法是可以「可持續發展」成為鋼筋水泥與玻璃混合物的。最近閱報得知香港最後一個米農也決定在06年七月收成之後不再種米了，原因是因為禽流感恐慌，政府決定立例禁止散養家禽，而這位米農種米的其中一個原因，就是利用收成打米剩下的穀糠去餵飼家裡的二十幾隻走地雞，同時也循環利用雞糞去作肥田料。但一旦這個環環相扣的關係被打破，唯有放棄種米這本就是僅餘的興趣，因為種菜或者把農田改作魚塘，收入比賣米稍為可觀。這樣看來，要吃到真正土生土長的絲苗白米已經再無機會，更何況這田裡種的已經是廣西白米和廣西貴小沾兩個從內地引入的品種，六十年代元朗一帶出產的量多質優的元朗絲苗早就成絕響。

如今只懂得走入高檔超市去買來自日本石川的Koshihikari山里清流米越見米的消費一眾如你如我，實在無法再感受農業耕種中水土涵養，地景維護與多物種生態保育的重要性，那日出而作，日入而息，鑿井而飲，耕田而食的日子可有回歸重生的機會？新世代的有機耕作綠色生活的倡導與開拓與堅持又面臨怎樣的壓力和挑戰？下一回在老外面前介紹自己，還可以說我們是「土生土長」的香港人嗎？

應霽
零七年一月

目錄

香港味道

目錄

吃，力。
後記
延伸閱讀

如果有人能夠發揮高度自制力在吃雞時候
把滿佈黃油引人犯罪的肥美雞皮毅然全數拋棄，
我們一方面頒給他一個健康惜身大獎，
一方面把他作為老饕的評分稍稍降級

聞雞起舞

雞與雞與雞的千變萬化

○○1

身邊古靈精怪好友一堆，除了各有一套行走江湖的或文或武或叫人笑或叫人哭的創意秘技，也都各自有獨特的飲食習慣。有人不吃牛有人不吃豬有人不吃魚，有人上街吃飯自備金屬筷子甚至白瓷碗碟，有人自備家傳精心巧製辣椒豉油逢菜必沾，有人早午晚只吃甜品，有人看見別人吃橙剝皮也要退避三舍，因為怕的竟然是橙皮纖維的氣味，隨心所欲各適其適其見怪不怪，唯是很少碰上有人不吃雞，反是一提起到哪裡吃雞吃什麼雞怎麼烹怎麼調，大家都七嘴八舌興高采烈，分明不下廚的也肯定是吃雞專家。

難怪禽流感一役引起如此廣泛關注——關注重點不在H5N1病毒傳染有否真的人傳人，倒是直接的擔心會否從此沒有活雞可吃？是否全都要吃內地輸入的冰鮮雞？香港自家研究配種培養的健康為上的「嘉美雞」的雞味會否有改進？而同樣是香港培育土

香港中環德己笠街2號業豐大廈1樓101室 電話：2522 7968
營業時間：1200pm - 1000pm
早就視作飯堂的這家會所，主廚曾於陸羽掌廚多年，練就一身好武功。其中鹽焗雞便是叫人回味無窮的真滋味，手工繁複必須提前預訂。

香港大學校友會

HKUA
香港大學校友
HONG KONG UNIVERSITY ALUMNI ASSOC
http://www.hkua.org.hk

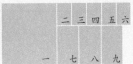

| | 二 | 三 | 四 | 五 | 六 |
| 一 | | 七 | 八 | 九 | |

一　如果不是親眼目睹整個古法鹽焗雞的複雜過程，還以為這入口鹹香肉嫩、外皮金黃酥脆的美味是下油鍋炸過的炸子雞。原來就是包了這一層浸了油的玉扣紙，放在炒至攝氏200度的鹽中就會焗成金黃奪目。

二、三、四、五、六、七、八、九
港大校友會的主廚昌哥先用八角、槭頭、薑粒、淮鹽、槭粒、玫瑰露、豉油把原隻雞內外塗醃，放入蒸箱正反面蒸約數分鐘，讓雞更能入味。接著以豉油著色，吊起風乾約三至四小時。在玉扣紙上掃點生油，這樣可避免雞皮黏紙且表面較油潤，用三層紙逐一把雞包裹密封，放入已炒熱的粗鹽中，完全覆蓋。離火讓熱力把雞焗最少半小時，拆封後便可斬件上碟，席間隨即展開一番爭奪——

生土長的適合煲湯的有機走地「康保雞」是否可以後來居上？至於無雞不歡的一眾還是樂於在工作之餘甚至上班午飯時間搭車乘船偏離日常一般出入行走路線，全港十八區團團轉，致力尋找最嫩最滑最香最肥美的鮮雞美味——

白切雞、豉油雞、炸子雞、醉雞、古法鹽焗雞、煙燻太爺雞、荷葉金針雲耳蒸滑雞、脆皮糯米雞、麵醬吊燒雞、順德銅盤污糟雞、沙薑鹽焗手撕雞、江南百花雞、金華玉樹雞、客家黃酒煮雞、葱油嫩雞、西檸煎軟雞……隨便開口說說也叫一眾心思思食指動口水流。如果有人能夠發揮高度自制力在吃雞時候把滿佈黃油引人犯罪的肥美雞皮殼然全數拋棄，我們一方面頒給他一個健康惜身大獎，一方面把他作為老饕的評分稍稍降級，沒有連雞皮吃下的雞，再嫩也總是欠了點什麼！至於有人一不小心透露了剛剛偷歡似地吃完了一桶肯德基或者一盒沾了蜜糖芥末醬的麥克雞塊，哼，out，馬上out！

一　雞，古稱「德禽」，粵菜中又雅稱「鳳」，而飲食行內更有「無雞不成席」的說法，正正呼應了香港人愛吃雞愛到一個瘋狂狀態。即使曾經禽流感恐慌，一眾倍加懷念鮮雞之好之美，愛意不減反升。不論是早熟易肥兼肉質嫩滑的龍崗雞，體型細小但肉味濃郁的清遠土地雞，還是香港自家配種研發的符合現代健康指標的嘉美雞、走地康保雞和法國引入本地繁殖的煲呔雞，都各有擁護支持者。至於烹調新方古法，更是千變萬化，人人可稱專家。

一　嘉美雞是近年香港市面公開販賣的新雞種，由嘉道理農業研究所撥款給香港大學研究發展，匯集各種優良基因的雞種繁殖而成。嘉美雞的雞糧以天然粟米、黃豆為主，以植物油取代一般雞糧中混進的豬油，因而雞隻脂肪較少，飼料內亦完全不加激素以加速生長速度。至於雞場衛生程度及通風狀況，以至零售販賣的雞檔環境，都合乎漁護署標準，有良好機制長期監管，以保證病菌難以滋生，減少雞隻感染的可能。

一　至於由智利森林野雞跟中國華南杏花雞混種而成的康保雞，前後花了五、六年時間才配種成功。吃的飼料顆粒較細，雞隻飲水次數低，雞內水份較少，肉味更濃口感較爽，脂肪含量更少。

鳳城酒家

香港北角渣華道62-68號　電話：2578 4898
營業時間：0900am - 0300pm / 0600pm - 1100pm
早在1954年由順德名廚馮滿創立的鳳城酒家，經典名菜眾多。其中最暢銷的莫如面前的脆皮炸子雞。即叫即炸，皮脆肉鮮的口感食味經驗無可替代。

	十一	十二	十三
十			
			十四

十　來到北角鳳城酒家坐下來，馬上點這裡的招牌名菜炸子雞。要吃到新鮮生炸皮脆肉嫩的一級好雞，等上半小時又何妨。

十一　先於早一天前用雞鹽裡外塗遍雞殼，再醃上半小時以上，然後洗淨雞鹽，避免下油鑊炸時雞鹽搶火，影響雞皮應有的均勻色澤。

十二　將雞殼以大熱滾水「收皮」，並在滾水中輕拖又不能熟至出油，雞皮收緊後放進以麥芽糖、白醋和鹽調成的雞水裡浸一浸，稱為「上皮」。

十三　在通風處吊起雞殼，自然風乾一夜。

十四　客人點菜時，先用中火燒暖油，淋於雞身提溫，再改用大火滾油，炸至雞皮香脆金黃而雞肉依然嫩滑。

另類小王子

舞蹈家 伍宇烈

Yuri是一眾友人心目中公認的王子。

王子王子，當然不是那些無所事事行善娛樂的王子，他能彈能跳能編能演，是既正統又另類的芭蕾王子。

可是有所不知，這位芭蕾王子最愛吃的是雞屁股。

他在電話那端嘻嘻哈哈地向我招供，我倒是一點也不驚訝地接受這個事實，因為Yuri在舞台上實在做了太多離經叛道的事，所以如果他跟我說最愛吃水烚雞胸肉我才真的會詫異。

我說我的外婆當年經常把二三十個「搜集」來的雞屁股用醬油和糖爆得又酥又油又

香，那理所當然的羶，那終極的肥美讓我刻骨銘心。Yuri同樣感激他的外婆和姑婆，自小把他帶到老字號餐館鳳城，用一口道地中山話點滿一桌傳統家鄉菜。印象特別深刻的是炸子雞，雞翅雞腿放到小王子的碗中不在話下，還不經意地慫恿他勇敢作出嘗試，把那禁忌部份一口咬住。

不試由自可，一試之下自此不離不棄。但說實話，平日在外能夠吃到好的雞屁股是一件十分罕有的事，不只是因為健康原因，還因為屁股長久以往都被視為不潔，不能登大雅之堂，連大人也吃得尷尷尬尬，小朋友更是碰也不能碰。既有如此開放的老人家自然培養出另類小王子。

香港北角渣華道熟食中心2樓　電話：2880 9399
營業時間：0530pm - 1230am

東寶小館

已成為香港飲食民間傳奇的東寶，肯定是全港街市熟食中心裡一年三百六十五日最熱鬧旺盛的地方。你會自動調高十八度聲線，食量和興奮指數也一併躍升。今晚試吃蒸雞，明晚試風沙雞，後晚再試……

十五　外形像栗子而口感像銀杏的鳳眼果，又稱
　　　蘋婆，每年農曆七夕前後成熟，用來燜
　　　雞，是傳統粵菜中的雋品。

十六、十七、十八、十九、二十、廿一
　　　鳳眼果從果莢中取出剝殼去皮，只取中心
　　　軟嫩部份。先下鑊用水灼熟備用，雞件醃
　　　好下鑊泡油，後再將所有材料放進以中火
　　　燜煮。

廿二　來到東寶小廚永遠不用傷腦筋，老闆露比
　　　這晚建議的菜式中有這裡拿手的荷葉糯米
　　　蒸烏雞，上桌時荷香酒香雞香撲鼻，吃過
　　　嫩雞再來一小碗浸滿雞汁的糯米飯，與飽
　　　滿杞子一起入口，一字曰補！

十六	十七	十八	十九	二十	廿一
十五			廿二		

	廿五	廿七	
廿四			廿九
廿六		廿八	
	廿三		

廿三　叫得做太爺雞，果然非同凡響，即使要顧
　　　客等上二十分鐘，大家一見這鮮嫩燻香的
　　　雞原隻斬件上桌，就完全乖乖折服了。

廿四、廿五、廿六、廿七、廿八、廿九
　　　專賣經典懷舊菜的得龍飯店用上壽眉茶
　　　葉、薑、乾葱、花雕及鹽糖把龍崗雞身塗
　　　遍，然後把醃料塞進腹腔，醃上至少五小
　　　時再蒸至七八成熟。準備好炒香的壽眉茶
　　　葉、竹蔗、米及片糖鋪於錫紙上放於鑊
　　　中，隔著不鏽鋼架把醃好的雞放上，蓋上
　　　鑊蓋，加熱至起白煙，慢火焗約二十分鐘
　　　至煙呈黃色，焗好的雞塗上麻油更顯光
　　　亮，斬件上碟時用蒸雞的雞汁勾芡淋於雞
　　　上，便成為名聞江湖的茶香太爺雞。

得龍大飯店

九龍新蒲崗康強街25號地下　電話：2320 7020
營業時間：0600am - 1130pm

位於老區，以懷舊古法菜式為招徠主打的得龍大飯店，每天限售十隻茶
香撲鼻的太爺雞，欲免向隅請提早預訂。

有朋自遠方來，
一天到晚五六七餐吃吃吃，晚宴設於老牌茶居
還得預訂一隻塞滿糯米蓮子冬菇蝦米鹹蛋黃作餡
的八寶鴨，讓他們親手持刀筷開膛取物

渾身解數

002 八寶霸王鴨鴨鴨鴨

有朋自遠方來，我這個有公民責任權充自封港產親善大使的，當然要負責安排人家的食宿交通遊玩行程方向，指南指北，為求客人能夠在三五天內對這個匆忙熱鬧的都市有一個粗略認識，如果眼白白只讓他手執一本Lonely Planet或者用隨身電腦無線上網來了解香港，真叫我們這些原居民沒面子。

每次準備和這些遠方來客聊天，才驚覺自己真的記不住香港九龍新界的總面積、人口總數、人均收入，以至歷史大事勾沉、富豪家族八卦、水陸交通接駁，凡此種種基本資料，原來在腦海中記憶庫裡都是模糊依稀錯漏百出的。為免誤導，我唯有仿效政府統計處自行編輯有關數據資料備忘，雖然我知道我的這些老外朋友大多也都是對數據沒什麼概念，對她們他們來說，在香港可以吃到什麼買到什麼其實最重要。

香港北角渣華道熟食中心2樓 電話：2880 9399
營業時間：0530pm - 1230am

每趟有老外友人經港覓食，我都義不容辭帶他們她們到東寶「參觀學習」，不用多花唇舌，在這裡耳聞目睹開口親嚐的，百份二百香港經驗香港精神。

東寶小館

	二	三	四	五
		七		
一	六	八	九	

一　吃是一種福氣一種緣份，換個年輕活潑一點的說法，也是一種發現一種認知。面前的八寶鴨，一開腔非同小可，豐盛幸福感覺滿分。

二、三、四、五、六、七、八、九
　　能夠在視覺味覺突圍搶分，港大校友會的八寶鴨是用心用力的宴會大菜。用上約三斤的新鮮全鴨，先起骨，再把餡料包括蓮子、瘦肉、冬菇、鹹蛋黃、鹹肉粒先下鑊炒香，以大地魚粉調味，再將餡料塞釀於鴨腹中。塞好餡料的全鴨先用老抽上色，再以油炸至金黃，放於蒸碟上，鋪上薑片、八角和鹽，以慢火蒸約四小時。完成的八寶鴨骨酥肉軟，上碟前以上湯埋芡，完美登場。

　　說真的我對官方旅遊機關把香港再次塑造成一個超大型購物商場實在不敢恭維。買買買如果都是那些千篇一律的所謂國際名牌，實在全無創意，如果可以讓真正的本地創作生產被認識被推廣被欣賞被購買，還算有點意思。至於吃，我當然會義不容辭千方百計地帶著這群起初不懂吃不敢吃陌生異國食物的乖寶寶，從奶茶鴛鴦蛋撻西多士這些ABC開始，吃到雲吞麵牛腩片頭撈粗乾炒牛河排骨鳳爪臘腸卷，進而開始喝老火湯吃鵝掌翼吃蛇，一天到晚五六七餐吃吃吃，晚宴設於老牌茶居還得預訂一隻塞滿糯米蓮子冬菇蝦米鹹蛋黃作餡的八寶鴨，讓他們親手持刀筷開腔取物──這炸得骨酥燉得肉軟的足料肥鴨，有賣相夠綽頭，吃起來眾人施展渾身解數卻落得混混亂亂好像怎樣也吃不完，這實在也就正像我所愛的香港──難怪八寶鴨又叫霸王鴨。

　　同是把豐富餡料塞釀進鴨腔，八寶鴨或者霸王鴨跟另一名菜寶鴨穿蓮有異曲同工之妙。只是寶鴨穿蓮蒸熟後再經油炸至皮脆骨酥，傳說當年國家領導人吃過大讚，再賜名京酥鴨。無論此鴨彼鴨，餡料除了基本班底如蓮子、冬菇、瘦肉、鹹蛋黃，再有加進白果、百合、栗子肉、薏仁甚至糯米的，果然八寶。

香港大學校友會

香港中環德己笠街2號業豐大廈1樓101室　電話：2522 7968
營業時間：1200pm - 1000pm
既是日常不用傷腦筋的飯堂，亦是特別日子招呼親朋好友的宴客地。
這裡叫座叫好的殺手鐧包括八寶鴨、鹽焗雞、雲腿鴿片、粉葛鯪魚湯、杏汁白肺湯等等等等。

十一 ｜ 十二
十三
十

十　東寶露比出招，一招狗仔鴨，據說用的是從前嗜狗肉之徒燜煮用的醬料，當中有豆醬、芝麻醬、腐乳、蒜泥、陳皮、豉油、料酒、鹽糖等等調味料，以鴨代狗，文明了。

十一、十二
　　從鴨到鵝，宵夜時分走一趟新斗記，叫人回味再三的滷水鵝掌翼與鮮嫩爽脆的豉油王鵝腸，是心儀首選。

十三　蘇三茶室掌門人蘇三出動隱形主廚潘媽媽炮製的家鄉芋頭甑鴨。先將芋頭及馬鈴薯去皮開邊走油，再用上生抽塗抹鴨身，甑鴨醬塗抹鴨腔，醃上一小時後煎至金黃上碟。鑊中爆香薑蒜和鴨醬，放入全鴨，下酒料、調味料，慢火燜上一小時後，再下芋頭及馬鈴薯，燜至所有材料軟身，便可置涼斬件上碟。百份百家鄉風味，更是農曆七月十四日靈界開放日的特約菜式。

人間一寶
退休長者譚蝶魂

譚婆婆神清氣爽，衣履素淨，遠遠走來已經叫人眼前一亮，我不禁和身邊伴相視會心，我們不怕老，也得爭取老得如此優雅。

飯桌旁坐下來，特意點了她喜歡吃的八寶鴨，譚婆婆平日吃得比較清淡，三餐菜式以蒸以焓為主，說來也很久沒有吃這一道大菜了。回想當年在佛山鄉間也算是顯赫世家，家中的廚師除了會做八寶鴨，更會做鮑魚海參熊掌、蛋白炒燕窩等等宴會名菜。但抗日戰爭爆發，入侵的日軍把其家產物業一夜一整條街燒光，說到這頁家國歷史，譚婆婆還是咬牙切齒的。

家道中落輾轉來港，譚婆婆的丈夫是當年西環石塘咀廣州酒家的營業主任，總算還是跟飲食沾上一點邊。雖然再不可以像從前一般華筵美食，但始終有那自小訓練出來的味覺的敏感和回憶，依然堅持依然刁鑽，寧可不吃，要吃就要吃得好，吃過後更要嚴格評分，也不怕當面問廚師向服務生提出批評建議，一個食客也得有原則有態度。

這晚這一道八寶鴨還勉強合格，炆鴨的花椒八角味道搶了一點，材料中該有的的瑤柱好像少得不怎樣看得見，配菜如用生菜比現在用小棠菜好，整體賣相色澤略為深沉，不夠光鮮亮麗……譚婆婆一邊吃，一邊有她的意見要求。一路受教，作為後輩的我忽然明白在這道八寶鴨前坐著的，也是人間一寶。

九龍佐敦長樂街18號　電話：2388 6020
營業時間：0600pm－0300am
脫胎自已結業的老店新兜記，保留大部份當年特色名菜，大菜上桌之前，先來數不清的精彩冷熱前菜作暖身準備——

新斗記

滿天白鴿團團飛轉，
咕咕有聲，
我來，是為了讓你們有好吃的。

一

一 喚作燒乳鴿其實是新鮮生炸的，
太平館的招牌名菜當然要配上經
典的瑞士汁甜豉油。

003

年少輕狂

叫我如何不乳鴿

學生時代到處闖，第一趟路經巴黎卻連那些
像樣一點的餐廳也不敢進去，原因一是沒錢
二是不諳法語不知道該點什麼吃，結果只是
在熟食店裡伸手一指那在發光發熱的烤箱裡
的像摩天輪上下迴轉得香噴噴的烤雞，也不
懂得可以要半份，所以那天晚上竟然就一個
人徒手把一隻烤雞吃光。想來在家裡也沒有
這樣豪氣地一人獨吞一隻鹽焗雞或者豉油
雞，唯一的經驗就是向乳鴿下手，由頭到尾
十五分鐘內吃光一隻。

餐桌上還是不太適宜滿口道德一味說教，從
來不吃那些只有十二日大的BB鴿不是因為他
們年紀太小，而是根本只是肉嫩而無味，所
以目標應該指向那些年約二十一日的肉嫩骨
幼的頂鴿。最熟悉的乳鴿吃法當然是「紅
燒」，但這燒其實跟燒和烤無關：原隻頂鴿清
理後浸進滷水然後用麥芽糖和醋「上皮」，吊
起風乾再在滾油中炸成金黃。吃時切勿顧儀

香港中環士丹利街60號 電話：2899 2780
營業時間：1100am - 1200am

太平館餐廳

省港西餐廳太平館開業超過一百四十年，燒乳鴿幾乎與其金漆招牌劃上等
號。歷來坊間仿效粗製的肥鴿瘦鴿無數，總不及太平館原裝正版的執著堅
持，配上特色瑞士汁，更是無可替代！

二、三、四

儘管坊間退而求其次地採用冰鮮乳鴿，這裡還是堅持用新鮮乳鴿。出生十八至二十一天左右，重約一斤的乳鴿清理洗淨後，先浸滷水後用麥芽糖和醋「上皮」，吊起風乾再用滾油炸成金黃，吃時配上特色瑞士汁，一起動就停不了手停不了口。

一 「寧食天上四兩，不食地下半斤」，香港人跟嶺南同鄉一樣，從來都認為飛禽的營養勝於家禽，對於含高蛋白、肥而不膩補而不燥的乳鴿，寵愛有加──當然養鴿人少吃鴿人多，還要是初生不到二十天的乳鴿。肉厚骨嫩，炸來皮脆肉鮮甘香美味，難怪紅燒乳鴿一直是眾多酒家餐館的主打項目。

態切記吩咐服務生不必把乳鴿斬開，才可保住鴿內豐美的肉汁，吃時又撕又剝又拆又啜的，為求將乳鴿的鮮嫩酥脆一一盡吸盡收。其實要完整而認真的吃掉一隻精彩的乳鴿也是挺累的，但一旦瘋起來連下兩至三隻的情形還是經常出現。

中山友人引以為傲邀我一吃再吃的石歧乳鴿固然好，但香港本地飼養、用上豌豆綠豆等天然飼料由母鴿餵食的乳鴿，就更顯得身嬌肉貴，啖啖肉都吃得出有堅持有心機。從來對那些忽然變得又便宜又大量的食材都有戒心，所以那些大批進口的冰鮮鴿無論如何烹製，還是先天不足不堪入口。

從紅燒乳鴿到吊燒到燒焗到鹽焗，從豉油皇滷水乳鴿到醉乳鴿到煏焗乳鴿，還有炒鴿片炒鴿鬆和燉鴿湯，滿天白鴿團團飛轉，咕咕有聲，我來，是為了讓你們有好吃的。

香港中環威靈頓街32-40號 電話：2522 1624
營業時間：1100am - 1130pm
除了坐鎮的金牌燒鵝，鏞記的其他特色名菜也絕不失色。放過此翼也可取那翼，仁栖煏焗乳鴿與炒鴿鬆都是愛鴿之人的首選。

鏞記酒家

五、六

鏞記酒家的招牌名菜生炒鴿鬆，用上新鮮鴿肉、鵝肝腸，與其他配料如鮮冬筍、馬蹄、冬菇、唐芹，切碎成粒，大豆芽切碎備用。先用白鑊炒乾大豆芽，鴿肉和鵝肝腸走油，再以薑及蒜子起鑊，先後加入所有材料快炒，以糖鹽蠔油等調料調味，加生粉炒乾，撒上烘香的菘子拌匀上碟。吃時放進修成圓形的生菜包，以海鮮醬蘸食。此看來已不簡單的功夫菜，值得細意品嚐。

七　鏞記的另一時令名菜，仁稼煴鴿，好趁夏季仁木面當造時，用上重約十四兩的頂鴿，洗淨走油後，以仁木面、柱候醬、薑恘等瓦缽爆香，放進乳鴿及上湯，煴約二十分鐘，取出斬件原汁作芡即成。仁木面果皮果肉特有的清新香味，與乳鴿鮮嫩肉汁混和，開胃醒神。

八、九

脫胎自廣東名菜鳳吞翅（雞包翅）的仙鶴神針，是西苑酒家在八○年代各行各業一片好景那段日子的暢銷熱賣。小小一隻乳鴿，內藏足三兩晶瑩通透的肥美海虎翅，以老雞、豬骨、火腿、陳皮及薑恘熱煮特製芡汁扣之，入口翅滑鴿鮮汁濃肉嫩，又是特寵自己的一道好菜。

		九
五	六	八
	七	

仙鶴神針

作家、演藝學院講師　陳慧

我們開始明白我們並不是真正有多麼的懷念八○年代，只是陳慧和我各自慶幸地發現間歇渾噩失魂竟然也這樣就「過渡」過來了，既然從B到C可以這樣走來，往後從C到D也可以那樣走去吧。什麼都可以過來過去，只求偶然有機會讓我們揭開面前的鍋，喜出望外驚覺不只是一鍋粥而是一隻煴得正好的乳鴿，而且鴿裡藏著頗有一點份量的魚翅，噢，這就是傳統中的「仙鶴神針」嗎？我好奇地問。

那個年頭陳慧在電影圈剛出道當編劇兼做場記和副導演，實在也就是什麼都邊做邊學。市道好不愁沒工開，手頭同時有好幾部電影都在籌備當中，一時不知生活重心焦點所在，反正一大群人跟著大哥，辛苦拼搏之餘就拼命地刁鑽地吃——第一回到半島酒店吃飯，第一趟到澳門西南食翅，有若飯堂的西苑幾乎隔天就來一鍋仙鶴神針，那真是個魚翅撈飯的豪氣日子。

是她建議一定要找個吃得到這個經典名菜的好地方，畢竟我們都過了那個只認室內裝潢而不願吃喝質素的日子，口袋裡碰巧某些日子勉強有一點錢，可以把一餐飯時間當作時空之旅——這一隻填滿神針的仙鶴，把她連同我一道輸送回八○年代。

取這樣一個名字的菜式似乎注定和電影人緊緊扣上，是武林也好是江湖也罷，白髮師父和少年弟子一同老去又一同回歸，陳慧如今站在這個山頭看那個山頭，難得又再聞得以及嚐到如此八○年代的好滋味。

西苑酒家

香港銅鑼灣恩平道28號利園二期101‧102室（銅鑼灣店）
電話：2882 2110
營業時間：1100am - 1145pm（周一至周六）/ 1000am - 1145pm（周日）
當年豪氣干雲，今日盡在這一鍋仍然有氣派的仙鶴神針當中，誰人還有錄影得同名的粵語長片，吃完埋單離座前，請與本人聯絡。

親手蒸魚蒸得又鮮又嫩固然要恭喜你，
但蒸老了蒸散了或者蒸出來苦不堪言，
就更加說明蒸魚是大有學問的一回事，
應該一試再試直至成功鮮嫩美——

你鯁過魚骨嗎？

○○4

問你蒸過魚嗎，會得到什麼答案？恐怕說從來沒有的會超過一半，這一點也不出奇，因為現在從未入廚為自己好好做一頓飯的人實在太多了，至於未曾蒸過魚更不知道自己吃的是什麼魚的人也許更多。又或者換成另一個版本，一個已經在上大學的小朋友告訴我，她從來只吃兩種菜，一是菜心一是芥蘭，因為家裡爸媽長輩也從來只在家裡煮這兩種菜，導致這位小朋友也只習慣也只敢吃這兩種菜——也就是說，在外面吃飯的時候只挑這認得的兩種菜來吃，其餘的一概不敢碰也沒打算要試。對這件匪夷所思的真人真事我真是沒話說了，恐怕這也算作一種厭食症或者恐食症吧！

說回吃魚與蒸魚，生於香港長於香港甚至只是路過勾留香港的你我，當趁還有海鮮河鮮可以安全（？）地吃的時候好好嚐一口，如果真的喜歡吃魚就更該自己親手蒸魚試試。

香港灣仔港灣道8號瑞安中心1樓 電話：2628 0989
營業時間：1030am-11pm（周一至周六）／1000am-11pm（周日）
以石頭魚專門店為號召打響名堂的鴻星當然不斷在海鮮菜式上尋求突破，用心鑽研嘗新的大廚們樂在其中，我們就更有口福。

鴻星海鮮酒家

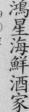

		二	三			
		四	七	八	九	
	一	五	六			十

一、二、三、四、五、六

晚飯時分，眼看大排檔師傅在吆喝中手起刀落地隨手把魚剖開去鱗刮淨，然後放在鋪好薑葱的碟面放下蒸鍋，未幾魚已經蒸好（是否用一條！）撒上薑葱一勺滾油淋下，再澆上自家調製的豉油，看來簡單容易地叫我們這些吃魚的再一次少會說好吃好吃，卻真的懶動手。

七、八、九

魚身不大不小的揀手泥鯭正好用以油鹽水浸。清理好內臟剪去魚鰭，滾水加鹽放魚再放上切細成絲的老陳皮和辣椒，連皮帶肉入口極滑，鮮美簡單正好。

十

東寶的老闆露比永遠讓你有驚喜，古法蒸鯪魚其實是「加法」蒸鯪魚，因為除了有滑嫩鯪魚鋪在豆腐上蒸好外，還有用鯪魚起肉加上切碎的冬菇臘米臘腸葱白和髮菜打成魚蓉做的鯪魚球，精彩如此我嚇嚇老闆說，來吃一碟魚已經滿足了，不用叫其他菜了。

蒸得又鮮又嫩固然要恭喜你，但蒸老了蒸散了或者蒸出來苦不堪言，就更加說明蒸魚是大有學問的一回事，應該一試再試直至成功鮮嫩美──考眼光考心思講步驟講經驗，終極蒸魚成功的滿足感百分二百。

從分辨認識深水魚淺水魚以及人工飼養的魚開始，進而了解鹹水魚淡水魚和鹹淡水魚的分別，以後你碰上的不論是石斑、盲鰽、桂魚、白鱔、烏頭還是龍脷，你都知道該用什麼方法去對待──舉例來說深水魚受深海壓力影響，皮厚肉韌，宜炒不宜蒸，而淺水魚受壓正常，蒸來鮮嫩，但人工飼養的魚因為有「束縛」，活動空間欠缺運動量少，加上由早到晚吃的都是人工飼料，肥肥大大卻肉質鬆散，甚至影響魚鮮味──原來把魚剖好洗淨下調料之前也有這等濕水冷知識，叫我們這些只說喜歡吃魚卻懶得去動手的實在汗顏。

── 如果硬要把愛吃雞和愛吃魚的香港人分成左右兩組，肯定很多人都左右為難。因為同樣是雞痴魚痴大有人在。跟著魚痴老友走一趟相熟魚檔，只見他不挑大大條看來啖啖肉的，反而鍾情短小，說是不怕積累重金屬。他不喜人工飼養，專吃海捕的海魚的他專挑那些鱗片有點脫落的海魚，因為這才是海捕的證明，甚至有些魚還帶鈎更是貨真價實。海捕的海魚當然比養殖的貴，但因為魚生海養，逃得人工飼養和運送保存劑，論味道論肉質，實在物有所值。

── 本作魚類運輸過程藥溶殺菌用的孔雀石綠，由於被內地不法商人濫用，令其致癌風險大增。一向依賴內地食用淡水魚的香港人一時大為震驚，也只好自求多福，把目光轉移至香港漁獲署推行的本地「優質養魚場計劃」，寧願多花一兩成價錢，買到每條魚都有獨立編號、可以追查來源的活魚。自05年十二月推出這個計劃，到06年六月為止，全港46個優質魚場共供應四萬斤魚產到市場，供應的魚種包括紅鮋、細鱗、龍躉、黃立鱠、石蚌及烏頭等等。

九龍尖沙咀彌敦道180號寶華商業大廈1樓（近山林道）電話：2722 0022
營業時間：0600pm-0500am

避風塘興記

來到避風塘興記，大家的目光焦點都會集中在古法炒蟹上，我倒建議先從冷熱前菜開始，再來是油鹽水浸泥鯭，然後再是主角炒蟹出場，先清甜後香濃，再以燒鴨湯河或艇仔粥完美壓陣。

	十一	十二	十三	十四	十五
			十六		
		十七		十八	

十一、十二、十三、十四、十五
鴻星海鮮酒家的魚卷兩味是得獎功夫菜。先把石斑魚起肉雙飛，包捲著北菇條和雲腿肉片，一半蒸熟後以上湯打芡，一半炸後以酸辣芡調味，一魚兩吃，最合嘴饞者如我意。

十六、十七、十八
心思思總是希望情尋舊滋味，新斗記的粟米斑塊用上老虎斑，替代已經越見罕有的貴價蘇眉，粟米汁另上自蘸，可令斑塊保持更酥更脆。

以眼補眼

攝影家梁家泰

如果只因為他喜歡吃魚而把他稱作貓，又未免有點牽強，但這個晚上坐在泰叔身旁看他這麼認真這麼仔細地吃著一條蒸得恰到好處的黃腳鱲，看他那種滿意那份開懷，又真的覺得只有貓才會那麼的愛魚。

當年年紀小，遠遠看到如泰叔這好一些攝影界藝術界的前輩創作人，都只能偷偷地跟身邊的伙伴小聲說，這是誰那是誰，沒有膽量趨前跟大師說話，更無從向他們討教。對人家作偶像也更拉遠了距離，一切更不真實，無法把人與作品與其生活相關連結。

直至後來有幸跟泰叔在不同場合見面談話，數年前更因為他籌劃的一個大型公開展覽，跟他有一次採訪的詳談機會，特別是在不同的餐桌上碰面，他家裡、我家裡、朋友家裡、以至不同酒樓餐館，我都格外留意泰叔吃什麼如何吃，才慢慢構建出一個現實生活中的原來也嘴刁愛吃的他。

笑言自幼吃欖角豆豉蒸土鯪魚腩長大的他，怪不得對魚那麼鍾情那麼專精那麼挑別。土鯪魚多骨，肉質鮮美細緻，完完整整認認真真地吃，一邊吃一邊就是一個學習和訓練機會。他也愛吃各種魚頭，除了人人愛吃的魚面珠，特愛吃魚眼——我多心，心想這跟他的攝影專業可能有關係；魚眼裡面的那種好像不能吃的難以形容的物質，可能就是他的能量來源，讓他可以看通看透且有自己清晰堅定的觀點、開放多樣的角度。從來不太敢吃魚眼的我看來也該練習練習了。

他還是念念不忘那些在汕頭吃過的好像蒸熟了再隔了一夜但格外鮮美的鳥頭魚，還有那現在已不太敢吃的僅熟黏骨帶血狀態的蒸魚。如果泰叔有朝一日要開班授徒，除了教授攝影，應該可以多開一課教吃魚。

九龍佐敦長榮街18號 電話：2388 6020
營業時間：0600pm-0300am

新斗記

為了避免讓珊瑚魚從此絕跡，饞嘴之人如我也約法三章不吃蘇眉，至於石斑也不能經常吃了，所以更珍之重之，要吃就得在這裡吃得精吃得好。

在各種演繹的方法和過程裡，慶幸還有人知道
價賤如這一小缽窮人鄉下菜，也得花時間花人力

一

一　也就是這個瓦缽的關係，焗魚腸永遠給人一種回歸鄉土的好感──其實以形式到內容，焗魚腸都是精彩美妙的：魚腸柔韌、魚肝甘腴、油條香脆、雞蛋嫩滑、果皮幽香，還有撒上胡椒粉的辛辣，熱騰騰與小碗白飯一同撥入口，油香滿嘴真滋味。

005

肚滿腸肥

焗魚腸與釀鯪魚

為了尋找那躲在記憶某個角落的缽仔焗魚腸的滋味，以本人為首嘴饞為食的一行四人隔天就四出吃魚腸，從大酒店中餐廳吃到街邊冒汗大排檔吃到老牌餐館第三代，各家各派價錢不一但都說自己最堅持古法最正宗。說起來倒得三番四次問自己，究竟理想中的缽仔焗魚腸該是什麼一回事？

其實坐下來四個人也各有自己的要求：有人招認原來只想吃那焗得表面香脆油亮金黃微焦的蛋皮連油炸鬼，魚腸竟然不是他的目標，此語一出馬上被喝倒采；有人要求整缽美味內容從魚腸到蛋到調味配料如陳皮如薑絲都要特別乾身，所以特別推崇原缽從頭到尾生焗的做法而不是先蒸熟八成再焗的方法；有人卻堅持魚腸油潤蛋質嫩滑如蒸蛋，與那焗得香脆的表皮才是絕配；當然也有人偏愛魚腸魚膶與陳皮的甘苦呼應，那似有還無的腥，才是鮮之真味。

強記大排檔

九龍深水埗耀東街4號牌檔　電話：2776 2712
營業時間：0600pm - 0200am
已有四十多年歷史的大排檔大哥大強記，堅持提供一些工序繁複的傳統家鄉菜。瓦缽焗魚腸、蝦子柚皮、古法炆草羊都是其中佼佼者。傍晚入黑，耀東街頭開始熱鬧，來者過半都為了這一缽美味魚腸。

二	三	四	五
六	七	八	九
			十

二、三、四、五、六、七、八、九

　　強記大排檔的招牌菜焗魚腸絕對是功夫多賣相好但利潤微薄，旨在回饋街坊。鯇魚腸需花上半天時間才清洗乾淨，深綠色魚膽必須除去，且切勿弄破膽汁。魚油也得棄去大半，魚腸剪割開刮淨，用鹽擦後過水灼熱，魚肝沖淨後加薑汁酒和糖拌勻。魚腸魚肝放進瓦缽，以胡椒粉拌過，再放果皮絲、油條，澆進蛋漿撒入葱花芫荽，放入蒸籠內蒸至八成熟備用。客人點菜時再原缽放進滾油中炸得金黃。亦有其他店家會把魚腸放進烤爐中烤至蛋面金黃焦香。

十　　雞蛋蒸焗魚腸其實與另一家鄉名菜焗禾蟲異曲同工，但不敢吃禾蟲的朋友就得口啖魚腸過過癮了。

一　　鯪魚俗名土鯪魚，天生怕冷，所以只生長在南方溫帶地區。鯪魚以塘產為佳，肉質細潔豐滿，食法多樣，由於肉質膠韌，用以製成魚球特別柔滑爽口。鯪魚亦出名多刺，吃時得特別小心。怕麻煩者當然可以光吃魚球，還有就是已製成罐頭的豆豉鯪魚，炸得酥香可口，已經骨肉難分了。而十分有家鄉風味的醬鯪魚，將鯪魚洗淨曬得半乾再加醬紙封，放於飯面蒸食，其味無窮，唯是現代家庭已鮮有此製作。

　　這也是為什麼我們要一吃再吃才有比較才有喜惡判斷取捨，而正因如此也可以說沒有一缽魚腸能滿足所有人的需要。當然我們也很清楚我們這樣走來走去並非懷舊，因為過去了的味道怎麼也不可能百分百重現——有趣的是在各種演繹的方法和過程裡，慶幸還有人知道價賤如這一小缽窮人鄉下菜，也得花時間花人力，肥美的草鯇魚腸小心仔細用水清洗用醋微醃又再不斷過水，然後才進入調味下材料的蒸焗程序，時間，時間，還是時間，肯花才可以享受。

　　缽仔焗魚腸的尋寶旅程看來還得繼續，只是同場加映甚至爭做主角的是另一道一向只在家裡才吃到的煎釀鯪魚，這個順德鄉下人最拿手炮製的從來都叫人好奇驚訝的把一條鯪魚化整為零又回復飽滿的戲法，吃的當然也是超越時空的心思和手藝。

香港北角渣華道62‧68號　電話：2578 4898
營業時間：0900am - 0300pm / 0600pm - 1100pm

鳳城酒家

　　創業六十多年的老店鳳城酒家當然是順德經典名菜的總航主。既有玉簪田雞腿、百花釀蟹鉗、脆皮炸子雞等等筵席菜，也有像煎釀鯪魚這種家常精細口味。對於不知煎釀為何物的小朋友，怎可不來見識見識。

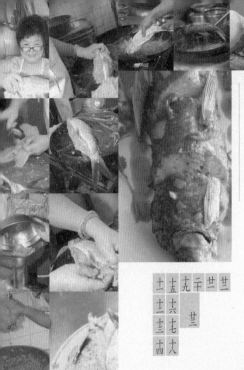

十一、十二、十三、十四、十五、十六、十七、十八、十九、二十、廿一、廿二、廿三

全程直擊經驗豐富的元朗同益街市羅興記鮮魚檔內池姐親手炮製的煎釀鯪魚。這道順德名菜完全是心思心機的傑作。新鮮鯪魚肉剝皮起肉，保留魚皮和魚頭完整連結。魚肉切片剁碎（或用機攪碎），徒手攪揉至起膠，混和馬蹄粒、鹽和胡椒等配料，釀入魚皮內，用生粉封好再放進滾油內約一分鐘，離火繼續浸約十五分鐘至熟（或以慢火煎熟），上碟前切厚片勾一個薄芡鋪面才算完美。

廿四

廿四 北角和旺角鳳城酒家的經典熱賣中亦有順德正宗煎釀鯪魚。外皮香脆，肉地結實柔韌，咬啖魚鮮肉香，叫人驚嘆前人對飲食品味要求之精專刁鑽。

廿一	十七	二十	九	廿二
十八	十三	十六	十五	廿三
十九	十四	十二		

人棄我取

畫家 歐陽乃霑

歐陽乃霑從小看著我長大，因為他是我爸爸。

這位爸爸被分配扮演一個嚴父的角色，也就是說需要動手教訓那兩個把他煩得氣得半死的兒子。但其實他自己也是個頑童，一天到晚揹著他的畫紙畫具往外跑，街頭巷尾深山老林無所不去無處不在，有些日子我在街上忽然碰到蹲在一角寫生的他的機會，比約他去飲茶吃飯見面還要多得密。

這個爸爸把他的時間都花在他鍾愛的藝術創作上，看來是嘴饞貪吃的一家人裡最不

講究吃的一個。但久而久之給我發現他其實吃得很專注，尤其是跟他在鄉間的童年時代和年輕時候在祖父的酒莊、雜貨舖和鮮魚檔有關的食物，他最長情。

就如當年剖了魚被視為下欄隨手扔掉的魚腸，如果用心仔細洗淨挑去髒物又保留肥美魚油，加入蛋液、油條、陳皮、芫茜等等配料，蒸好焗好後是絕對媲美焗禾蟲蚶的精采美味，鄉下粗菜如今成為刻意保留的經典，當中關係到的就是我們怎樣看待味道傳承這回事。

和暢之風

新界大埔墟運頭街20-26號廣安大廈G,H&I地舖 電話：2638 4546
營業時間：1130am - 1030pm

既是武林高手又是廚中奇人的和暢之風掌門人吳師傅，堅持用生焗的方法把整蟶魚腸焗好，魚腸乾身，油條吸盡魚油更香更滑，雞蛋酥軟別有質感。

因為有了蝦，初嚐美味的我們才逐一認識了解
什麼叫鮮，什麼叫嫩，什麼叫甜，什麼叫脆。

一字曰蝦

蝦之鮮、嫩、甜、脆

006

關於蝦，實在一言難盡，不如就先從蝦頭蝦
鬚和蝦殼開始。

伸手捉活蝦，指頭肯定嘗試過被蝦頭那自衛
武器一般的蝦鬚以及蝦殼上的刺刺過，痕痕
癢癢的。小時候乖乖地在廚中幫忙將鮮活或
者急凍的中蝦小蝦剝殼取肉挑蝦腸，蝦肉準
備變身成為主菜也好餡料也好，餘下的一堆
殼原來也是寶。家裡長輩最愛做的福建蝦
麵，不可缺少的就是用蝦頭蝦殼熬上半天熬
成鮮香濃烈的蝦湯，蝦頭有膏的話，湯面就
會浮著薄薄一層蝦油，熬煮過程中鮮美盈室
是絕頂美味即將降臨的精彩預告。

因為有了蝦，初嚐美味的我們才逐一認識了
解什麼叫鮮，什麼叫嫩，什麼叫甜，什麼叫
脆，當然也反面地學懂什麼叫霉，什麼叫
韌，什麼叫軟。從味道到質感的培養訓練，
從此有了定義和標準。至於活潑動詞如跳如

九龍深水埗耀東街4號牌檔 電話：2776 2712
營業時間：0600pm - 0200am

四十多年來除了颱風天除了農曆年節，強記一到入夜都是熱鬧擁擠色香
味全。一方面要以經典口味留住老主顧，亦要以創新特色吸引嘗了新
客，能夠維持穩定大局殊不簡單。

強記大排檔

	二	三	四	五
一		六	七	

一、二、三、四、五

要吃蝦，當然首選到流浮山吃當地特產白灼九蝦。唯是今日偏偏緣慳一面，歡樂少年廚神B哥說換個口味聊解單相思，親自下廚捧出一盤有香脆麵條作墊的柱王醬汁焗龍蝦，一下子幾級跳！炸得香脆的瑤柱，肉嫩汁鮮的龍蝦，盡吸精華的幼麵亦脆亦滑，無話可說。

六　曾經很怕吃瀨尿蝦，因為無從入手且被「反攻」，B哥教路一捏一扭一拉，又甜又脆的蝦肉就在手裡。沾上以黑白芝麻調味的醬汁，惹味十足。

七　歡樂的另一熱賣——砵酒醬汁蝦，用上肥美海中蝦，同樣是下飯以及佐酒的好選擇。

彈，名詞形容詞如曲如直，也與面前的竹蝦甜蝦玫瑰蝦基圍蝦龍蝦瀨尿蝦琵琶蝦牡丹蝦九蝦有直接關係。

早在潮流時興簡約之前，愛蝦之人早已深知白灼鮮蝦最能嚐出蝦之真味。貪心如我徒手把一堆燙熱鮮蝦搶到面前碟裡，又剝又咬又吮，手口不停。飽嚐白灼之後心思思，之後層出不窮的烹蝦大法就每回都叫我難於取捨，從生抽王乾煎茄汁乾煎到椒鹽油泡到鹹蛋黃金沙到火焰醉酒到沙拉涼拌，我都懷疑自己是為了那極配的調味醬汁還是為了蝦本身？以至將蝦打成蝦膠釀豆腐釀油條變蝦棗，混合其他配料成蝦餃雲吞水餃的餡，如果沒有蝦，日子怎麼過？

對於唸美術學設計的色迷而且敏感的一眾，蝦紅色與蝦醬色更是無法取替的叫人一見垂涎的天然美色。

一　酒樓餐廳宴會中比較傳統舊派的還會以「明蝦沙拉」做頭盤。明蝦為什麼叫明蝦，熟了的時候的確並不明。原來有若成人手掌大小的「大明蝦」，顏色淺灰透明，以外殼看進去可以透視它的頭部和內臟組織，所以廣東沿岸都稱此為「大明蝦」。酒家切段烹煮就是「大蝦碌」。而明蝦在北方出售時以一對為一單位，稱為「對蝦」。但每對並非雌雄成雙，皆因雌蝦比雄蝦體積要大，雌雄根本不配。

歡樂海鮮酒家

新界元朗流浮山迴旋處山東街12號 電話：2472 5272

營業時間：1100am - 1030pm

英雄出少年，無論有多少嘉許冠冕給予這位實在有天賦的B哥，最高興的莫如客人進食時發出的由衷讚嘆。上網去瀏覽一下他的傳奇故事，下回吃他親手炮製的蝦該有不同滋味。

八　豉油皇煎蝦碌是眾多酒樓餐廳的招牌菜，亦各有不俗水準。刻意要來新斗記，
　　是因為當年在其前身新兜記一吃難忘。幾乎原班人馬登場，水準亦得以保持未
　　叫人失望。

九、十、十一
　　剪洗乾淨的連殼中蝦，先以滾油炸過，離鑊拭油後再回鑊以中火把蝦煎至乾香
　　金黃，慢慢加入豉油料酒及糖調味，待醬汁收乾，加尾油炒勻上碟。蝦肉鮮甜
　　蝦殼鹹香惹味，叫人邊吮邊想把蝦連殼吃掉。

十二、十三、十四、十五、十六
　　強記大排檔的創意傑作沙丹脆蝦球。鮮蝦肉煎蛋漿上粉炸香以甜酸汁作芡，別
　　開生面的鋪在一層比米粉還要細還要香的炸得鬆化的雞蛋絲上，拌吃起來口感
　　豐富多樣。

借蝦殺人

花藝創作　馬千山

我們身邊永遠該有這樣的死黨摯愛
——Clifford有點胖，有點鬍鬚，沒有
超級理想野心，只在單純地做著喜
歡做的事。也因為愛吃能吃會吃，
所以一談到吃這一回事，眼睛放光
發亮，加上他是個實踐派，在外頭
吃過了回家就蠢蠢欲試一試再試直
到成功好味道，作為朋友的你我就
有福了。

跟Clifford認識的這麼十幾年間，已
經忘了在天南地北吃過多少早午晚
宵夜幾百幾千餐了。可以肯定的
是，只要是在吃，大家都沒有怒氣
沖沖或者板著死臉的，無論是好吃
不好吃，都會輕鬆活躍地討論，即使難吃得上當
大吐苦水或者好吃得驚喜感動，吃喝過程中是真
情流露是最自然最愉快的。同檯吃飯，本身就是
值得珍惜的一個機會，吃飯吃出真心知己，我只
能感恩。

Clifford親自下廚做的糖醋骨和親手
包的上海雲吞已經封了聖，到處打
聽慕名排隊等著吃的人有好幾公
里，加上近年他的精神時間都轉投
花藝，能夠吃到他的菜的機會就更
少了。就像那些頂級主廚玩的遊
戲，有天Clifford特意叫我跑到老遠
的一家酒樓去吃一道沙拉蝦，蝦當
然不是他跑入人家的廚房做的，但
作為老主顧的他有回建議主廚把山
葵加入沙拉醬裡，果然推出後除了
成為他與家人每次都御點的頭盤，
更成了勁受好評的熱賣。

他不殺人，百人為他嘴饞至死，想
不到他四兩撥千斤，有此一著。

一蝦在口，食味當然不俗，但貪心的我正在想方
設法央求Clifford高抬貴手，再苦再累也要為下一
次大食聚會親手包幾百隻有鮮蝦和西洋菜作餡的
上海雲吞。

九龍佐敦長樂街18號　電話：2388 6020
營業時間：0600pm - 0300am

新斗記

剛點了豉油王乾煎中蝦，又心思思想吃茄汁乾煎蝦碌，索性等著A一上就
點B，不要讓它停。

一

不知是哪位大廚或者老饕發明花雕蛋白蒸花蟹這道菜，一隻花蟹大模大樣地瞪著眼看你將要醉倒在牠的美色之前，蟹身的紅、蛋白的白，不多不少的花雕泛著酒香，清甜的蟹肉吃完了，如果滑嫩的蛋白還未完全清場，還可以下點伊麵連汁去燜一下——

當一個小朋友可以用一年的辛苦儲蓄
去吃一隻夢縈魂牽的黃油蟹而不是去買半雙球鞋；
當一個小朋友在同伴只肯花十元八塊吃咖喱魚蛋
或者炸雞漢堡之際，
可以跳昇幾十級去吃一隻鮮甜豐腴的黃油蟹，
他的未來一定如蟹膏蟹油一樣金黃璀璨。

007 少年與蟹

感人如蟹小故事

你吃蟹我吃蟹，每當徒手掀開仍然燙熱的蟹蓋，目睹其中塞滿橙紅晶亮蟹膏，連蟹身蟹足也流溢出半固體半液態海黃油，你我都忍不住嘩嘩嘩連聲，未吃先感動——但我聽過一個更加感人至深的關於蟹和吃蟹的小故事。

一個年僅十三四歲、個子不高衣著普通的來自港島柴灣區的小朋友，有天晚飯時分出現在一家著名的海鮮酒家的門口。這酒家近年事事領先，成為黃油蟹專門店，為食客提供流浮山后海灣集產的真味海黃油蟹，得到媒體廣泛報導，蟹癡風聞而至。

這位看來靦腆害羞的小朋友手執一個小小的購物塑料袋，細看下內裡是一小疊小額紙幣。他站在門口的黃油蟹廣告宣傳菜單前端詳了好久，趨前小聲跟禮貌周周的接待員說：我很想很想吃一次黃油蟹，我已經儲了一整年的錢，但我算了一下帶來的錢，如果

歡樂海鮮酒家

新界元朗流浮山迴旋處山東街12號 電話：2472 5272
營業時間：1100am - 1030pm
不同季節同樣歡樂，海鮮的鮮要跟天氣變化、水流冷暖協調配合，才見真味。黃油蟹季固然人山人海，但重皮蟹、花蟹、膏蟹也是不同季度不同消費預算的好選擇。

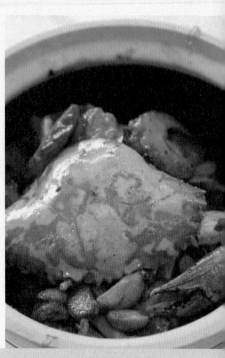

二、三

結結實實的重皮蟹，以油鹽焗之，只見剖開後蟹身佈滿蟹膏，可以連同蟹肉軟殼一同吃，甘香豐腴。

一 要說蟹，令港人有點瘋狂的大閘蟹算是外省親戚，比較親近的高貴親屬當然叫黃油蟹。而最著名的給歡樂B哥用針筒注入玫瑰露的頂級頭手黃油蟹，每隻售價港幣八百至一仟元，要先來麻醉的用意在蒸蟹時不會讓蟹掙扎致斷了蟹爪漏油—身為膏蟹的黃油蟹之所以有這麼多黃油，是因為在產卵期間爬上淺灘遇上潮退，猛烈陽光照射下體溫昇高使蟹膏溶化成油，真不巧這批蟹就砸上了嘴饞遇上潮退的人，從此就成為了老饕手中的一抹油。

吃了一隻蟹，就再也沒錢吃炒飯和付茶錢了。難得有這樣一位少年蟹癡，酒家樓面負責人欣然讓小朋友入座，替他挑了一隻至肥至美的極品海黃油，答允送上炒飯免收茶錢。清蒸海黃油上桌之後的個多小時裡，只見這位小朋友極度欣喜且細心專注點滴不失不漏地吃盡黃油啖盡蟹肉，然後心滿意足地再吃一碗精彩炒飯—

當年第一身目擊參與這少年與蟹的感人故事的友人娓娓道來這故事，叫我第一時間想登報呼籲尋找這位當事少年。當一個小朋友可以用一年的辛苦儲蓄去吃一隻夢縈魂牽的黃油蟹，而不是去買半雙球鞋；當一個小朋友在同伴只肯花十元八塊吃咖喱魚蛋或者炸雞漢堡之際，可以跳昇幾十級去吃一隻鮮甜豐腴的黃油蟹，他的未來一定如蟹膏蟹油一樣金黃璀璨。說來我還是相信精英主義的：要看一個地方的學校和家庭教育是否成功，就看它有沒有自小培養出嘴饞懂吃的夠習鑽有要求的美食家。

香港北角渣華道熟食中心2樓 電話：2880 9399
營業時間：0530pm - 1230am

如果要做音量測試，東寶的分貝單位一定超超高。但當這隻在花雕蛋白裡的花蟹一出場，我直覺四周突然在三秒內安靜下來，太美了，生怕吵醒這醉了的花蟹。

東寶小館

五、六、七、八、九、十、十一

先用蒜頭生粉抹蟹然後起紅鑊加油至有白煙，將蟹放下拉油至八分熟，離鑊備用。再將涼瓜拉油起先離鑊，油鑊裡用味料調勻，將涼瓜放下稍煮，再加上湯入味片刻，放入蟹一起兜炒。最後把蟹蓋放面，放少許生粉然後用鑊蓋蓋上使其乾身，離鑊放入準備好的燙熱瓦煲內保溫上桌。

十二、十三、十四、十五、十六

堅持為顧客精選經典菜式的紫荊閣，不嫌工序繁複，把一度幾被遺忘的百花釀蟹鉗重新放進日常製作中，蝦肉與蛋白及些許肥豬肉拌勻，力度恰好的捶打成蝦膠，用以包住灼熟備用的新鮮蟹鉗，包好的蟹鉗蘸過蛋漿再黏滿幼細的麵包糠，下油鑊炸至表皮金黃即成，隻隻飽滿趁熱吃。

小時候飲宴最希望有人在席間拍拍我頭問：小朋友，你要不要多吃一隻百花釀蟹鉗——那種興奮若狂的嘴饞模樣，現在想起來都臉紅。當年不知百花為何物，咬下去才知道是蝦膠，先蝦後蟹然後炸得金黃，在一個小學生的認知裡也算是某一種奢華。

		九 十	十二	十三
五				
六		十一	十四	十五
		七		
四		八		十六

四　矢志吃苦又好嚐鮮，生記的涼瓜蟹煲是當然首選。師傅手勢熟練屬害，不到十分鐘的程序連環緊扣一氣呵成，才會有如此鮮嫩甘苦和味的極品放在你我面前。

忘了蟹滋味

藝術工作者、廣告導演黃炳培

忘記它，不等於忘掉了一切。

因為種種種種原因（實際上他並沒有說得很清楚），黃炳培在九二年農曆年初四開始，從一個大魚大肉的人變成一個素食者。

我算是除了他太太以外，另一個在餐桌上會努力照顧他為他爭取權益的人，不然的話他會吃得更少，更瘦。

公私兩忙的他其實對吃這回事並沒有太費心神，所以開始吃素的那一年他甚至不太清楚什麼該吃什麼不該吃——到了秋天碰上大閘蟹季，他才忽然知道原來連大閘蟹也不能吃了——

問題是早就答允了要請一眾同事回家吃蟹，一向好客的他還是不負眾望地到他家附近相熟的南貨店裡請老闆挑好頂級極品，多少公多少母的，紫蘇浙醋黃酒一一準備好，讓這終極蟹宴在肉甜膏溢中攀近高潮。當中有位胖胖的年輕老外同事第一次吃大閘蟹，預訂時一口氣點了五隻，當然他在不吃蟹的主人微笑注視中吃得異常痛快——直至他知道五隻蟹加起來價錢不菲為止。

香港中環國際金融中心二期3008-3011室　電話：2295 0238
營業時間：1130am-0230pm／0600pm-1000pm

紫荊閣海鮮酒家

連經典燒味鴨腳包也保留在菜單中的紫荊閣，叫顧客對他們刻意承傳粵菜精華的努力很是認同。

想起來那滑滑的、腥腥的、綠綠白白的，
熟了也還像生的口感和滋味，實在不是一下子
叫吃慣鹹是鹹甜是甜「正常」食物的小朋友可以欣然接受。

豪一豪蠔

008

做生不如做熟

如果叫一個四五歲的小朋友完整地
吃完一隻蠔，先不要說那是生鮮未
煮熟的直接從海邊蠔田裡拔起來開
殼取肉塞進口的；就是那薑葱焗
的，獨個兒蘸蛋白蘸粉炸得金黃
的，或者是加入蛋漿做成蠔餅煎成
蠔餅的，想起來那滑滑的、腥腥
的、綠綠白白的，熟了也還像生的
口感和滋味，實在不是一下子可以
叫吃慣鹹是鹹甜是甜「正常」食物
的小朋友欣然接受，就像果王之王
榴槤一樣，第一趟吃了一口馬上吐
掉的大有人在。

可是印象中實際上我就是個愛蠔的
怪小孩，家裡餐桌上間或會出現有
一整煲薑葱焗蠔，亦有金黃酥脆的
炸生蠔，我是從開始就來者不拒地

新界元朗流浮山迴旋處山東街12號 電話：2472 5272
營業時間：1100am - 1030pm

老友鄧達智義無反顧地推薦，一口香濃金蠔選來不及驚嘆回味，再有堆
成金黃小山一大碟炸生蠔，原來這個生菜包蠔配沙拉醬的吃法，是
William向B哥建議的，互動之下果然精益求精。

歡樂海鮮酒家

		二	三	四	五
			七	八	九
	一			六	九

一　酥而不硬，鮮而不腥，油而不膩……理想中的炸生蠔應該至少是這個質素的。也因為被好幾回不合格的經驗給嚇怕了，終於今日在老友William的帶引下，重拾對炸生蠔的信心。以生菜包裹伴點沙拉醬更是一美妙吃法。

二、三、四、五
生蠔以麵粉輕抹，用水沖走黏液及污物，換水數次洗淨，瀝去水份後加薑汁酒、鹽及胡椒稍醃，再逐隻放入混有蛋白的麵粉漿，然後放進滾油裡炸至香酥金黃。

六、七、八、九
新鮮生曬兩日的足三吋白蠔，產自流浮山對海沙井。以竹鐵穿起曬成半乾濕狀態，蠔肚薄，體形肥厚肉質飽滿。先用薑蔥與紹興酒蒸約十分鐘，再放鑊中以慢火煎炸至兩面金黃，吃時蘸以幼砂糖，咬下去外脆內軟蠔鮮滿口，是一種生蠔的鮮嫩與蠔豉的濃重之間的微妙狀態。

吃呀吃。即使後來得知蠔含蛋白質有豐富荷爾蒙，可以強化免疫力，以至含大量的鋅和維他命B1和E，其實我都不管，至於吃蠔能否壯陽，不在當年一個小學生的認知範圍之內。

說來我只是那種有東西放在面前就會開懷大嚼的小朋友，吃多了才會慢慢說喜歡不喜歡。過年必備的一大盤冬菇髮菜蠔豉，我也是花了一段時間才把鮮蠔的肥白鮮嫩與蠔豉的黑實濃重拉上今生前世的關係。至於那許多年後才第一次吃到的流浮山特產生曬金蠔，價格不菲卻越吃越著迷。那介乎生與熟、輕與重、軟與硬的微妙平衡，是一種對蠔最窩心的認識，最update的理解。

一　大家嘴邊掛著「天然無添加」這個流行說法，但走一趟流浮山，才知道我們從小吃大的蠔油，大都是以蠔汁加上粟粉、糖、味精甚至人造色素加工製成，實在是一種加工蠔油，而真正用生蠔熬湯，以攝氏過百度熬煮十八小時濃縮而成的原味蠔水，才是百分百天然無添加，質地較稀顏色較淺，但其鮮美香濃，遠勝所有大牌子的加工蠔油，絕對值得一試。

裕興蠔油
地址：流浮山正大街50號
電話：2472 4208

得龍大飯店

九龍新蒲崗康強街25號地下　電話：2320 7020
營業時間：0600am - 1130pm
專程走一趟得龍，為的是早早預訂的太子黑豚叉燒，再看菜單上有砵酒焗桶蠔，就讓這晚一路鮮美香濃──

十　或許是聽得太多江湖污染傳聞，也得為自己身體著想，生蠔的鮮甜嫩滑已是記憶中的事，還是熟吃比較安心，砵酒焗桶蠔是近年一個流行選擇。

十一、十二、十三、十四、十五、十六
　來到潮州打冷店，不吃蠔餅好像不怎麼對勁，尤其是街坊版本的打冷店舖，舖前置有大油鑊現炸現吃，洗淨的蠔仔蕪在雞蛋麵糊中，一滿碗材料就放下鑊裡炸個金黃，吃時蘸些魚露或者辣椒醬吃，香脆可口風味一流。

蠔無餘地？

時裝設計師、作家、節目主持 鄧達智

如果硬要把一些活生生的正在進行中的人和事放入香港歷史博物館，我跟身邊的這位老友打趣說，鄧先生你看來是第一個要被五花大綁放進去的，還有你家祖屋的原大仿製，還有酸枝雲石圓桌上的那一碟剛從油鑊裡撈起的鮮炸生蠔。

毫無疑問，William除了依舊在大江南北為他的服裝事業飛來飛去，偶爾打個轉到歐美一圈，還是一個不折不扣的元朗人樣板。從屏山老家到流浮山「後欄」，每逢過年過節盆菜宴或者不時食癮起，他都是最佳導遊──如果大家不介意有兩家電視台攝錄隊和三份報章雜誌的記者朋友同行。

人是活的，蠔也是活的（當然要吃的時候是炸過煎過的），所以有所謂生活。生活有高低起跌，一個社區的演變發展亦如是。目睹熟悉的鄉居四野面目全非，這麼多年來William在不同的媒體公開作過不知多少呼籲評議，似乎盡如意願的少之又少。先不要說元朗屏山一帶的天然秀麗已成歷史，不遠處的流浮山也因為水質污染不再是產蠔重地，當年家家在蠔季都開一油鑊炸蠔的景象再不復見。真正堅持做原味蠔水而不是加工蠔油的老店碩果僅存，過冬時分一群女眷一邊做炒米餅一邊盡訴全年是非的情景也不多見……但越是這樣，從不輕言放棄的他依舊在做他認為該做的事──

William依然熱衷帶著我們這群嘴饞為食的傳媒人將好滋味廣告天下，又或者親身帶兩斤蠔豉三瓶蠔水幾盒屏山九記膶腸飛到天南地北送贈中外友好然後大獲好評讚賞──只要還剩下一兩個人一些餘力一點錢，該是美好的，總不會就此灰飛煙滅。

陵發潮州白粥

九龍太子新填地街625‧627號（近廣東道/荔枝角道）
營業時間：0600pm‧0400am
舊區老牌潮州打冷店，是深宵落腳祭肚的好去處。一樓人熱熱鬧鬧魷魽交錯，韭菜豬紅滷水大腸花生鳳爪酸菜門鱔以外怎少得炸蠔餅。

生鮮現吃固然黏滑甜軟，
油泡過烤過炸過還是脆嫩可口，
至於曬乾再用鹼水泡發開的魷魚，
又是另外一種爽利口感。

軟體報復行動

深淺海滋味

009

當醫生翻開我的健康檢查報告，低頭細看那一堆要是給我看就怎樣也看不懂的文字和符號，然後她微微笑，大致還好，除了你的膽固醇指數有點偏高，看來你不該再吃魷魚、墨魚或者八爪魚這些膽固醇偏高的海產食物了。

為此我確實情緒低落了幾個小時——當然不是因為知道膽固醇偏高，而是馬上懷念起而且想馬上吃的是咖喱魷魚、椒鹽鮮魷、土魷蒸肉餅、烤魷魚絲、墨汁墨魚意大利麵、滷水墨魚和八爪魚，至於鱆魚（八爪魚）花生冬菇雞腳蓮藕湯是否在被禁之列，得趕快問問醫生。

這些切花切片切圈或烤或炸或炒的軟體動物，上碟時是怎樣也想像不出牠們原來長成一派史前驚嚇模樣的。生鮮現吃固然黏滑甜軟，油泡過烤過炸過還是脆嫩可口，至於曬

正斗潮州滷鵝專賣店

香港皇后大道西256號 電話：2548 7389
營業時間：0090am - 0900pm

一條皇后大道西，臥虎藏龍，用上正斗做招牌自然來頭不少。昔日潮州巷滷水名店斗記的大師傅林遠龍練就一身好武功，一家人上下齊心把小小一家滷水店做得有聲有色，墨魚只是開場白。

二	三	四	五	六
七				
八		九		

一、二、三、四、五、六
　　無論是墨魚丸墨魚餅，都以它的彈牙鮮爽口感取勝，強記師傅把一盤新鮮剁打的墨魚膠熟手快手唧成丸，蘸上麵包屑壓成餅，猛火油炸成香口極品，薄薄一層脆皮裡汁多肉甜，又是啤酒時間。

七、八、九
　　路過潮州滷水店正斗總會留意掛出來的肥厚大墨魚，忍不住要老闆林先生薄薄切一碟打包帶走，當然是邊走邊吃，鮮甜夠嚼勁，過足癮。

— 墨魚為什麼又叫烏賊？表面證供是它遇到「追捕」時會噴出黑色腺液，其濃如墨，把海水染得烏黑一片，乘機逃去。但亦有一傳說指奸狡之徒用墨魚汁來寫契約，最初字跡清晰鮮明，但過了半年便淡然無字，契約自然無效，所以墨魚就被冤枉地稱作烏「賊」。

— 墨魚背部有石灰質的巨骨一塊，除了直稱烏賊骨，醫書上亦稱海螵蛸，此骨有藥用，刮取粉末是很好的止血劑，舊時家庭吃墨魚會留下此骨曬乾備用，可是現代家庭只吃冷藏墨魚丸，墨魚長什麼樣子也不知道。

— 經典菜式中常用上九龍吊片，所謂吊片，就是新鮮魷魚用竹串起吊住曬乾。以往本港海域未受污染，九龍灣一帶盛產魷魚，曬乾自然稱作九龍吊片，亦稱土魷——蒸熟下飯的土魷蒸肉餅，昔日電影院門口烤得香傳千里的魷魚乾……如果買到一吋以上的叫作尺魷的頂級正貨，泡浸三數小時後切條炒芹菜，又鮮又爽。

乾再用鹼水泡發開的魷魚，又是另外一種爽利口感，至於將魷魚乾現火炭烤或壓製成絲調味再烤的食法，又是另一種鮮濃柔韌。海裡來的當然是鮮的，但在大太陽曬製之後更出色出味，真的是海天作之合。

在廚房裡跟老管家親手剝過鮮魷魚那一層軟甲，又摘過墨魚那個墨腺，把那俗名烏賊骨的多功能石灰質骨塊掏出來曬乾收藏把玩。至於八爪魚，第一次交鋒就在魚市場買了一隻頭身比兩三個足球大，腕足長達十多尺的超級巨無霸，可惜買來不是吃，是唸設計系一年級時做雕塑的參考材料。不知怎的到最後交出來還拿到高分數的作品是一隻用生鐵版燒焊成的像蟹的多足物體——從八爪魚變成蟹，也算是一趟物種變異進化吧！唯那隻用來做參考的八爪魚，在工作室裡被搬來搬去幾乎遺忘最後發出惡臭然後急急丟掉，想起來真的要說一千個對不起，這趟膽固醇偏高不知道是否冥冥中的八爪魚發起的一次報復？

香港北角渣華道熟食中心2樓　電話：2880 9399
營業時間：0530pm - 1230am
夠膽夠黑，所以義無反顧捧場到底。

東寶小館

十、十一、十二、十三
　　吃過蝦醬油泡鮮魷和豉椒鹹菜炒鮮魷等等古老經典，另一個歷久不衰的招牌熱賣當然是椒鹽鮮魷。因為怕熱氣出豆豆所以自行管制配給，越是期待越是美味。

十四　永遠搞鬼的露比，以墨汁墨魚丸配意大利麵擦「亮」招牌，墨魚丸柔韌彈牙不在話下，連pasta都做到al dente，叫同行的意大利朋友大呼mamamia！

漂亮先行

時裝設計師 彭國成

他的眼睛裡帶著那麼一點困惑，眨了一次，又一次，甚至不自覺地搖起頭來，不對不對，這不是我從前吃的椒鹽鮮魷。

當然我們都回不去了，尤其是當我們有幸身處這個超速的時代短視的社會浮躁的人事當中，我們既顧不及自己也保不住身邊的街巷地標，留下的只能是一些日漸模糊的光影雜念，迴響的是某次囉唆抱怨也只不過說完就算。至於那曾經印象深刻的可以入口的色香美味，說不定都自行加鹽加醋變成甜酸苦辣想像的一部份，本來實實在在的椒鹽鮮魷竟然遙遠不真實。

他的印象中的椒鹽鮮魷，是兒時住處屋邨樓下的一檔深夜九點十點才營業的大排檔的製作。他沒有強調這碟鮮魷有多麼好吃，卻一直說很漂亮很

漂亮，輕輕糊上粉炸過後還是雪雪白白的，沾上了椒鹽，放在一堆炸透的金黃色的蒜蓉上，一見難忘。一家三代人等開計程車的父親收工後偶然一次下樓開飯，給他看中了鄰座點的這一道美味，因為漂亮，他就央求父親也來點一碟，自此就認識了椒鹽鮮魷，也一直找藉口要來一試再試。如是者過了四年五年，大排檔有天忽然消失，再過一陣整條屋邨也拆遷重建，自此那一碟漂亮的椒鹽鮮魷就再也沒有出現過。

由於我自私地苦等這位叫人刮目相看的時裝設計師設計他一直想做的男裝給我穿，所以我並沒有鼓勵他親手去先弄一碟椒鹽鮮魷。以他的聰慧以他對美的要求，自行炮製至鮮至美應該無難度，回不去就只能向前看。

強記大排檔

九龍深水埗耀東街4號牌檔　電話：2776 2712
營業時間：0600pm - 0200am
全方位多面體，說得出做得到，既然可煎可炒可煮，炸物怎會難倒強記的一眾師傅——

請大家在三十分鐘內盡吃上桌後依然皮脆肉軟、
酸甜度適中而不嗆喉的美味，吃罷就真的
要連同桌的老外都豎起拇指good good聲大讚。

咕嚕肉的前世今生

咕嚕嚕一番香

010

究竟是古老？咕咾還是咕嚕？

究竟下了紅椒片青椒片菠蘿片以至夏天當造
的子薑作配料的咕嚕肉，從什麼時候變種出
改下草莓的「士多啤梨骨」？

至於那傳統的甜酸芡從糖、醋、鹽、老抽以
外，何時開始fusion加入茄汁和噲汁？又或者
哪位大廚堅持不用茄汁沿用傳統方法用山楂
乾山楂餅煎調汁？凡此種種，都有待有識之
士去鑑定去引證，水落石出之日該像霍金講
述「宇宙之源起」一樣，筵開百席一邊講述
咕嚕肉之源起一邊大啖咕嚕肉，請大家在三
十分鐘內盡吃上桌後依然皮脆肉軟、酸甜度
適中而不嗆喉的美味，吃罷就真的要連同桌
的老外都豎起拇指good good聲大讚——據說
這也是good＝咕嚕的說法，是咕嚕肉相傳的
起源之一。

香港銅鑼灣恩平道28號利園二期101 - 102室（銅鑼灣店）　電話：2882 2110
營業時間：1100am - 1145pm（周一至周六）/1000am - 1145pm（周日）
從出爐點心到家常小炒到宴席大菜，西苑的台前幕後，協力同心予人親切好
感，百分百信心。一碟香鮮脆嫩的咕嚕肉就是最佳明證。

西苑酒家

<table>
<tr><td></td><td>二</td><td>三</td><td></td></tr>
<tr><td>一</td><td>五</td><td>六</td><td>四</td></tr>
</table>

一　兩個人吃飯，坐下來二話不說就先點咕嚕肉，
　　然後再想別的。四人六人吃飯聊天，早就想好
　　要吃咕嚕肉而且加碼，至於一席十二人，怎少
　　得了這裡夏天當時得令的子薑咕嚕肉──

二、三、四、五、六
港大校友會的主廚昌師傅親自出馬，手到拿來
把切成方吋大小的梅頭豬肉，以生抽、糖、生
粉、油及麻油略醃後，放入加了蛋液的生粉堆
上薄薄黏粉，滾油將肉下鑊，鎮住肉汁，轉慢
火令肉熟透後再推高猛火令炸漿保持鬆脆，炸
好肉塊撈起再起鑊爆香青紅椒及子薑，以茄
汁、白醋及糖調成醬汁，將肉塊回鑊兜勻便可
上碟。

曾幾何時我是無咕嚕肉不歡的，午餐在學校附
近茶餐廳叫的碟頭飯是咕嚕肉飯，晚間小菜又
是生炒骨（比肉多了一小塊骨而已），而且十分
堅持十分有計劃有系統地到處試，也可說是嚐
盡了其不可告人之酸──那種用劣質化學醋精開
水的「醋」，跟純正的米醋或者從外地進口的蘋
果醋，完全不可同日而語，醋精未入口已經嗆
得直咳，未sweet已經sour，連全心全意熱愛中
菜的同胞也嚇跑，更何況那些初嚐箇中滋味的
老外，但也許他們就是喜歡這樣的口味？！

自從吃過用山楂餅以及山楂乾熬汁混入煮成醬
的甜酸汁，就更對那些用劣醋充撐的咕嚕肉不
可接受了。也因為愛上用子薑作配料的吃法，
竟然忍得口盡量在夏天子薑當造時分才開懷盡
吃唥唥子薑的咕嚕肉。至於那些用鮮蝦代豬肉
的咕嚕蝦，或者變身草莓作配料的版本，
sorry，我還是念舊。

一　根據前輩唯靈叔的記錄，永吉街時代
　　陸羽主廚梁教師傅做咕嚕肉的酸甜汁
　　方是白醋六百克、鹽兩茶匙、片糖
　　（蔗糖）四百克、茄汁二百克、噫汁四
　　十克、老抽兩茶匙，也就是說，中西
　　調味mix and match，fusion早就開
　　始。

得龍大飯店

九龍新蒲崗康強街25號地下　電話：2320 7020
營業時間：0600am - 1130pm
老區老舖自然有其留住街坊的秘技，用上三種山楂加料調製的咕嚕肉醬
汁，叫大家學懂什麼叫細節。

	八	十	
	九	二	十
	十		三
七		十一	

七、八、九、十、十一

得龍的咕嚕肉在醬汁方面特別講究，除了基本的米醋、片糖、茄汁、豉油，特別用鮮山楂、乾山楂及山楂餅來熬汁加入調醬中，令醬汁更帶溫醇果香。

十二、十三

小小一碟咕嚕肉，心思細密的各家大廚盡顯身手，從拌粉漿到炸肉程序到醬汁調配都各出奇謀。西苑的醬汁原料陣容鼎盛，除了茄汁ok汁噫汁米醋片糖，更調動出紅穀米、山楂餅、梅子及紅菜頭。巧妙的一碟咕嚕肉上桌不是紅彤彤的版本，叫人刮目相看。

從咕嚕到狗

退休長者吳兆榮

跟八十歲老人家吳伯伯去吃他喜愛的咕嚕肉，齊齊舉筷把那本該是甜酸開胃的炸物放進口，咦，怎麼都不對勁，又硬又韌又鹹，分明就是炸好了半日以上的貨色，上碟時隨便加些顏色水兜兩兜就出場，枉說自己是八十年粵港老店，分明是自毀招牌。

看來老人家沒有我這樣生氣，果然是見慣世面，吃鹽比我吃米多。他把話題一轉，竟然從咕嚕肉一跳跳到吃狗肉。

上世紀六○年代，順利村還是菜園農地，年輕力壯的吳伯伯在那一帶活動，認識一群當差的朋友。當差的當然也嘗饞為食，所以一入秋冬，公然犯罪的事情就不時發生。齊備好枝竹、八角、果皮、薑和麵豉（吳伯伯不喜歡用南乳起鑊），加上不知從何而來的一頭殺了洗淨的狗，主角和配料一起炒至乾水，然後再炆上兩小時，噴香傳千里。老人家還繪形繪聲地說殺狗後一定要把狗吊起才能保證一命嗚呼，否則狗一落地就翻生（？！），果然是民間傳奇。

我也坦然向他招認我這一輩子唯一吃過的一次就那麼一件狗肉，也是十歲左右跟老爸周日行山走到不知哪處鄉村，碰巧一群父老圍爐吃狗肉，揚手招我過去吃了一口。老實說，那個年紀只要是任何新奇的放進口我都會覺得好玩好吃，究竟狗肉好吃嗎？我不知道。應該吃嗎？我也不知道。

老人家繼續說起吃果子狸、穿山甲、野兔，甚至貓。那真是個有膽有色什麼都能吃的年代，相對起來，咕嚕肉真的不是什麼一回事。

香港中環德己笠街2號業豐大廈1樓101室 電話：2522 7968
營業時間：1200pm - 0230pm /0600pm - 1000pm
真人真事，一個人等另一個人，空口吃完這裡的一碟咕嚕肉。

一　無論外婆或者老管家喊了多少聲「開飯咯」，玩瘋了的我和弟妹總是不會乖乖地坐到餐桌前——除非那個晚上有我們最喜歡的蒸肉餅。無論是鹹魚蒸肉餅、梅菜蒸肉餅還是土魷蒸肉餅，從廚房熱騰騰一端上桌，我們都自動坐下乖乖地等著那一勺肉餅放到飯面——

耳畔忽然傳來鏗鏘有致節奏明快的聲音，
不必猜度，這分明就是來自鄰家廚房的剁肉聲。

011

經典下飯惹味菜

肉不剁不香？

週日午後，慣常在家裡收拾短短一個星期已經積壓如山的報章雜誌剪報，特別剪存的是媒體裡每日刊登的關於飲食的資訊，從潮流餐廳新口味推介，經典傳統菜式重現，到飲食健康衛生常識，以至什麼糖果廠工人不慎跌入巧克力池，大胃王比賽冠軍連吞七十六個漢堡包……諸如此類日日新鮮，叫我們這些既嘴饞又八卦的，在飲食文化這大題目之下，邊吃邊喝邊看不亦樂乎……

東翻翻西掀掀已近黃昏，耳畔忽然傳來鏗鏘有致節奏明快的聲音，不必猜度，這分明就是來自鄰家廚房的剁肉聲。唯光從這些或緩或急的聲音，卻並不能分辨這該是土魷馬蹄蒸肉餅？是鹹魚蒸肉餅還是正宗花菇芫荽蓮藕餅？這要等到肉餅差不多蒸好的時候才會傳來各領風騷的厲害香氣，香傳左鄰右里，叫還未準備晚飯的其他街

留家廚房

香港天后清風街9號　電話：2571 0913
營業時間：1200am - 0300pm / 0060pm - 1100pm
身兼藝評人餐評家和第一代私房菜經營者的前輩劉健威，正式面向「地面」街坊的一個成功嘗試。眾多經典特色裡先挑一個熟悉的鹹魚蒸肉餅先嚐，果然連下二碗飯。

二	三	四	五	六
		七		
	八		九	
		十		

二、三、四、五、六

矢志承傳廣東家常好菜的留家廚房，師傳用上馬蹄粒、果皮、實肉霉香馬友鹹魚、手剁肉作料，與薑絲攪拌，加生抽生粉拌勻，淋少許麻油，然後放碟中蒸十分鐘，上桌前撒上蔥花。口感結實有嚼勁，肉味鹹鮮中有馬蹄的爽脆，用以下飯實在一流。

七、八、九、十

街坊小店蘭苑饎館以簡單家常飯餸留住經常在外頭奔波沒空下廚的街坊。欖角蒸肉餅、仁木面蒸排骨，都是尋常卻又難得的家庭風味。

一要蒸出好吃的肉餅，首先從揀肉開始，買來半肥瘦的梅頭肉（豬頸肉），一般要求是要肥瘦比例一比三。要花點氣力自己剁肉，不要依賴絞肉機，因為絞肉太標準均勻，口感沒變化，而肥肉在機動過程中遇熱，亦會軟化出油影響整體口感。講究的應該先將豬肉放冰箱中冰得稍硬，方便切粒，亦只把肥肉細切而不剁，瘦肉切條切丁再剁之，各自妥當後混成一體再加上各種配料，步步為營成功可望。

坊如我忽然肚餓垂涎，也來不及煮一碗白飯伴著這些飄香解決一餐。自由發揮組合的各式蒸肉餅從來就是粵式家常便飯的靈魂支柱，一碟原料鮮美、花得起時間心力人手、切剁工夫細緻、肥肉瘦肉配搭比例恰當的蒸肉餅，單是想想未聞香，已經準備連下二碗半熟騰騰白飯。

當然稱得上經典的惹味下飯菜還是很叫人心頭一暖好生惦掛的，無論是梅菜蒸豬下青、鹹蝦醬蒸豬肉，重型一點的芋頭扣肉梅菜扣肉，即使面前亮著有如霓虹發光招牌大字「健康」兩個字連三個感嘆號！！！這些下飯菜一出場，我既不是天使沒翼可折索性捨命陪魔鬼，吃了再算！

九龍旺角西洋菜北街318號（太子站A出口，新華銀行後面）　電話：2381 1369
營業時間：1230pm - 1100pm（周一至周六）/ 1230pm - 1000pm（周日）
既以龜苓膏和甜點作為鎮店寶，又提供家常小菜照顧日常飯餐，靈活主動，
平實不浮誇，是街坊小店的佼佼者。

蘭苑饎館

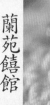

十一、十二、十三、十四、十五、十六、十七
　　馬蹄、土魷、冬菇、梅頭豬肉，不知從什麼時候開始結下這不解之緣，成為肉餅界有聲有色的夢幻組合。先聽師傅雙龍出海的雙刀剁肉的得有聲，然後肉餅蒸出來肥瘦均勻黑白點綴，要嫩滑有嫩滑，要咬口有咬口，還有那肉汁實在是精華所在，沒話說。

肉餅同盟

自由撰稿人、為食人莫韻思

跟Bessie吃飯最好找一家蒸肉餅蒸得最好的店，堂皇高檔的也好街坊地痞也無妨，反正就是要點一碟蒸肉餅而且要加鹹蛋，即使我們今天叫的是土魷蒸肉餅，本身已經夠鹹香夠嚼勁，但始終還得有一顆鹹蛋相伴，沒有原因，她說，概念中意識裡鹹蛋就是跟肉餅在一起，即使看來像裝飾，還是得出場。

飲食習慣分明是一種固執，能夠堅持八卦不捨地找出城中最值得吃的肉餅，以客觀？主觀？評價再向身邊一眾分享推介，是最樂意的義務勞動。其實到處吃多了，一碟肉餅弄得如何好吃也實在只是一碟肉餅，最重要是吃得出當中的誠意，和那種家庭式的像媽媽手工做的質感味道。

肉餅入口，吃出乾曬土魷吊片的柔韌嚼勁，也叫Bessie一下子跳回那個在鄉郊生活的童年。看不出她原來是一個貪玩滿山跑的女孩，經常在吃飯時候就跑到鄰近公園玩個痛快，索性飯也不吃，回到家裡當然就有加料一道菜叫「藤條炆豬肉」──對自己行為絕對負責的Bessie唯一的遺憾就是因此少吃了家裡餐桌上的鹹魚蒸肉餅，自然也沒有傳承到母親的拿手絕技。一代傳一代如有遺失，我們得負責任。

從肉餅出發，Bessie迫不及待與我分享加拿大溫哥華某酒樓的絕頂雞包仔、自家小時候發明創造的薯片麵包和街角麵包店的三粒咖喱魚蛋夾在一個鬆軟豬仔包內的香、辣、熱、軟──

車氏粵菜軒
CHE'S Cantonese Restaurant

車氏粵菜軒

香港灣仔駱克道54-62號博匯大廈4樓　電話：2528 1110
營業時間：1200pm - 1030pm
三番四次說要跟師傅學蒸肉餅，但一轉念還是來吃最方便最有保證。土魷蒸肉餅中剁得仔細的土魷極有嚼勁，香鮮回味。

秋風起，如果怕蛇也還有羊，
街口買少見少大排檔張貼起
「合時黑草羊腩煲上市」的大字報，
迫不及待MSN男性豬朋狗友來吃羊。

風吹草低見肥羊

羊男煲

012

如果你有天真的碰上一個矮小、駝背、腳彎曲、從頭到腳都套著一件羊毛皮，而且頭部還附著兩隻羊耳朵的男子，你會不會帶他去吃黑草羊腩煲？

首先你會要求他先把那件羊毛套裝給脫掉，即使在海洋公園或者迪士尼上班都應該有法律保障勞工的下班時間，更何況羊肉補中益氣、性甘、大熱、溫陽助火，吃了之後渾身發暖，硬要繼續穿著羊毛衣肯定會長出一身熱痱。既然相識也是朋友，不是大丈夫也好歹是男子漢，秋風起，如果怕蛇也還有羊，街口買少見少大排檔大字報張貼「合時黑草羊腩煲上市」，迫不及待MSN男性豬朋狗友來吃羊，同時把面前這位來自東洋的實力派偶像級村上春樹先生筆下的羊男介紹給他們認識。即使言語不怎麼通，但面前那煲剛上桌的熱騰冒煙芳香撲鼻的羊腩煲，大家都不禁豎起拇指大讚，滋味美食在前刺激起同樣興奮的目光和準備作戰的肢體動作。

香港灣仔船街7號實業大廈地下及1樓 電話：2866 7299
營業時間：1100am - 1100pm
從一開業就定時捧場的榮興小廚是灣仔街坊至愛，一群老闆和伙計胼手胝足，由地面小舖變樓上大舖，越做越旺，葱油雞、無錫骨、清蒸海魚都是招牌菜，秋冬時分少不了羊腩煲，但切要留肚吃他們的飯後糖水！

一　雖然現在香港的冬天也不再有「真正意義」上的冬天，但一旦感覺到氣溫下降那麼三兩攝氏度，大家就有藉口鬧哄哄的去吃黑草羊腩煲了。即使高檔餐館也趕這個季節風潮，但老饕們總是要到那些臨街的大排檔小菜館裡，彷彿這煲羊腩才夠道地夠入味。

二、三、四、五、六、七、八、九、十、十一、十二、十三、十四
風風火火中如果不是老闆記起今晚剛有位師傅在後舖燜羊，平日只懂得吃的我就沒機會親睹這龐大工程了。取來黑草羊斬件後經過飛水處理辟腥先放高身大鍋中，放入清熱的竹蔗以及多種草本及藥材，連同冰糖、馬蹄、香菇、枝竹，混合有腐乳、磨豉、花生醬、柱候醬、麻醬、花椒、八角、大茴香、小茴香、陳皮等香料的特製醬料，再有炸香的蒜頭和料酒，燜上至少五小時，令羊腩完全臉身入味。原煲上桌時用時菜墊底，放進早前燜好入味的羊件和配料，澆上濃稠醬汁和上湯，原煲放到你桌前的氣體爐甚至炭爐上，稍待片刻滾燙揭鍋，濃香撲鼻。

毋須翻譯，大家的談論焦點都在一個羶字。於我這個羊癡，不羶就不是羊，千萬不要把新鮮羊腩上那一層又一層肥膏給拿掉，那是羶之源羶之所在，更不要隨意動用什麼花椒八角擅自把羶味辟去，也可以說，就是因為愛羶吃羶，這群新朋舊友才可以走在一起同檯。

然後就是一個鮮字。有魚有羊在一起謂之鮮，如果用上的是肌肉組織已經凍壞了的急凍羊，炆出來的羊又硬又韌像柴皮，如此說來，用上冰鮮羊會好一點，但羊皮卻不如新鮮羊的夠嚼勁。再來就是那用來炆羊的醬汁和同場演出的配料，用上柱侯、南乳和腐乳加上蠔油、薑、蔥、陳皮等等調味，再有不可或缺的枝竹、馬蹄、冬菇等等飽沾醬汁吃不停口的配搭，還有畫龍點睛的自調腐乳醬，把軟滑羊腩往醬裡一沾——唉呀，為什麼秋冬不早點來？

據說羊男的出現是為了把已經失去的東西和尚未失去的東西聯繫在一起，唔，明白了。

— 老祖宗造字之初，來一招魚羊雙拼為之鮮。所以要爭取機會吃到鮮魚鮮羊才算真正了解何為鮮味。說回羊腩煲，真正講究又可以收取食客貴價的餐館會堅持選上新鮮黑草羊腩，連皮帶膏切件，保持肥瘦適中羶香食味和柔韌嚼勁。至於冰凍羊肉是在羊雙屠宰後入袋抽真空然後以攝氏四度保鮮冷藏運送，羊肉組織未受急凍過程破壞，也還可接受。最不可取是急凍處理，攝氏零下二十度已把羊肉質收縮破壞，吃之粗糙無味——

— 雖然我從來擁護羊肉的羶，但如果真的怕羶又要吃，坊間的去羶方法分別有以白蘿蔔、山楂紅棗橘皮、龍眼葉甚至粟子(?!)加入與羊肉共煮，據說就可辟羶。好羶的我是否該專門吃這些用即棄的蘿蔔或者粟子或者山楂紅棗和龍眼葉？

強記大排檔

九龍深水埗耀東街4號牌檔　電話：2776 2712
營業時間：0600pm - 0200am
大堆頭大製作，還未入冬老闆已經誘我以色香味的要我一定一定要試他們的秋冬主打足料羊腩煲——水準上乘不在話下，幾乎忘了一提那應記一大功的加入了檸檬葉調了米酒的腐乳沾醬。

十五、十六、十七、十八、十九、二十、廿一

吃了這家再試別家，榮興小廚的羊腩煲也是眼下每桌第一煲的秋冬熱賣。和老外朋友來這裡仔細跟他解釋這是馬蹄這是冬菇這是枝竹……要他一定要放莆莴進煲裡沾滿醬汁燙熱嘻嘻入口，放心的是吃到所剩無幾都不會汁太稠味太濃。

廿一　總不明白自身總有朋友愛吃羊又怕羶，如果羊不羶就沒性格就不是羊，所以我專挑那些帶皮帶脂肪的嫩滑部位，入口羶到骨子裡—

十五
十六　十七　十八　十九　二十　廿一

做羊做馬

作家、資深傳媒人馬家輝

馬家輝實在很有說服力，一大鍋羊腩煲放在面前再加一碗白飯，一瓶青島啤酒，吃著喝著我完全明白他所說的在某一個特定的時空環境裡，一個男的吃了羊，就會長大成人。

馬家輝當年十七歲，剛唸完大學預科的他有幸跟著兩位報界文化界前輩世叔伯，在一個冬日裡一起到台北。前輩日間有公事忙著，少年家輝就在光華商場、重慶南路一帶逛街逛書店。黃昏入夜，前輩相約他到十分有日治時代風情的六條通的一家小店吃飯。走進那窄窄的街巷，敏感的他已經嗅得出煙花風月江湖味道。室內坐下來，兩位長輩侃侃而談的是時事政治，不時還會垂詢一下身邊這位知識型少年的看法。言談對話中自覺正被引

領進入大人世界的家輝，在那稍後端上來的一個鯉魚煲和一個羊腩煲面前，魚羊合一為鮮為美，就在這種上一代文化人自覺不自覺的言傳身教氛圍之下，禮成，往後日子的精彩探險同時開始，興奮感激也來不及。

然後剪接到他在台灣讀大學的日子，大二的寒假他跟隨學聯的專團第一次到北京，應該是當年認祖關社的又一浪。青年男女七日六夜遊山玩水參觀學習，晚上當然就結伴到館子涮羊肉，在那黃銅涮鍋炭咀蹦出炭屑的星火剎那，家輝意識到身邊一個女子向他傳情示好，這位正在吃羊的羊男自然也積極回應—

冬天，羊肉，一個男人自覺真的是一個男人，與補不補身無關。就是這麼奇怪，牛怎樣也取代不了羊的地位。

香港中環德己笠街2號業豐大廈1樓101室　電話：2522 7968
營業時間：1200pm - 0230pm / 0600pm - 1000pm

吃羊腩煲也講自己當晚的狀態—如果你那天工作得特累，就該來吃這鍋豐腴酥軟入口融化的「懶人」版本。

香港大學校友會

HKUA
香港大學校友
HONG KONG UNIVERSITY ALUMNI ASSOC
http://www.hkusa.org.hk

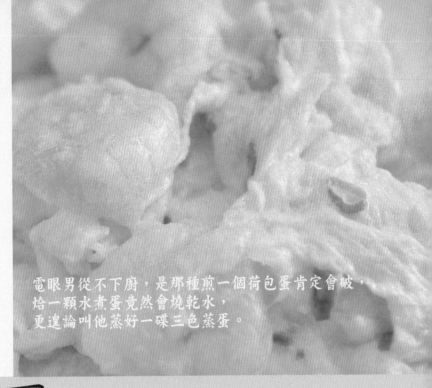

一　一碟蝦仁炒滑蛋，是眾多酒樓餐館招聘時考大廚師傅工夫手勢的「試題」，相信也是不少真正嘴饞的男女測試熱戀中的對方究竟對飲食是否有嚴格要求的好方法──如果一碟炒得又老又硬的蝦仁炒蛋也毫無反應地吃光，那就算了罷。一碟炒得有上乘水準的蝦仁炒蛋，除了蝦要新鮮蛋要健康，該符合蛋滑嫩，蝦鮮甜、不乾不碎不黏不糊的口感，蛋香與蝦鮮渾然一體──

電眼男從不下廚，是那種煎一個荷包蛋肯定會破，焓一顆水煮蛋竟然會燒乾水，更遑論叫他蒸好一碟三色蒸蛋。

013

原來零舛蛋

一個無蛋不歡的

失戀故事

摯友電眼男很清楚知道自己在江湖中活潑行走的絕對優勢：生來一雙電眼其實並不是故意的，他也經常問他的爸爸媽媽在他出生之前究竟經常吃什麼喝什麼，會叫他生就一雙眨兩眨就叫旁人有如觸電的眼睛，嚴重起來的話不論男女，放射性殺人於無形。

我們這群老友因為被他有意無意地電多了，所以開始有了自衛抵抗力，不用帶太陽眼鏡也可跟他四目交投。最近我發覺這雙本來明亮清澈的眼睛有了些許渾濁血絲，理應不是白內障或者長針眼，果然電眼男語帶憂鬱地告訴我，他最近失戀。

據我了解，這位經常放電的的男子又實在沒有多少真正戀愛的經驗，他也接著坦白承認這趟其實並未真正開始

紫荊閣海鮮酒家

九龍何文田窩打老道64A-65D（培正中學斜對面）　電話：2656 8222
營業時間：0700am - 1130pm
以懷舊經典菜式贏得掌聲的紫荊閣，當然不會辜負一眾，沒有機會經常吃到家常菜的顧客，一招蝦仁炒蛋，就像馬上回到家裡。

二	三	四
五	六	七

二、三、四、五、六、七

看似簡單的步驟實在也得累積鍛煉，紫荊閣的主廚絕不輕視這些家常基本手勢。將雞蛋打勻時放進切好的葱花，鮮蝦剝殼理淨泡油備用。燒熱油鑊先將蛋液放進，並將蝦仁落鑊快炒，七八成熟便可上碟——不甘只作食客的你可會親自下廚一試身手？

一　關於蛋關於蒸蛋，各家各派各有秘技。自詡五歲就入廚的中學男同學現為三子（！？）之父，炒蛋時會在蛋液中加入少許鮮奶，說會令蛋更滑。他又建議在蛋液中再額外加蛋黃打勻，炒出來的蛋會更香。

至於蒸蛋，拌和蛋液的水份的比例一般是一比二，水一定要是開水或蒸餾水，不能用自來水。講究的會把蛋液經孔小篩濾過才放入蒸碟，蒸蛋也會用保鮮膜把碟密封以防倒流汗水。

一　為了使那些傳統菜市場的賣蛋叔叔嬸嬸依然有生意，鼓勵大家多光顧這些專賣手捧手照燈靚靚蛋的小拿走走，然後安心讓叔叔嬸嬸用報紙包裝雞蛋，不會一不小心拿走破。如果在超市買盒裝雞蛋，除了要留意盒上的食用期限，也不妨注意部份蛋盒上顯示的母雞可活動空間，以分別不同種類的蛋：

1.Free Range表示母雞可在指定的10平方米空地上活動；

2.Semi-intensive表示母雞可在2.5平方米的活動範圍內走動；

3.Perchery or Barn表示母雞只能在0.04平方米的活動空間內走動；

4.Country Fresh表示母雞僅可在空地上走動。

這些標示並不代表雞蛋等級，但一般人會想為，雞隻有較大的活動空間，健康狀況會較好，蛋的質素也會有所提高。

戀情就已經覺得將會失去。他的對象是公司裡的新同事，合眼緣之外更發覺有共同興趣，就是貪吃愛吃。可是閒談間得知這位女同事有一個聽來也很要好的男同學在五星級酒店餐廳中任職廚師，百般廚藝當中尤其炒蛋最為到家，而這位女同事又偏偏最愛吃蛋，唔，問題來了——

電眼男是我認識的貪吃愛吃的朋友當中少數從不下廚的，是那種煎一個荷包蛋肯定會破，焓一顆水煮蛋竟然會燒乾水把蛋也弄爆的，更遑論叫他蒸好一碟三色蒸蛋，炒好一碟黃埔蛋或者蝦仁炒蛋或者番茄炒蛋，什麼雞蛋煎豬腦或者煎鯪魚肉蛋角就更不用提了。臨時臨急如何把這個廚術零蛋的電眼男惡補至合格可以迎戰情敵的水平，我也不敢拍拍心口做他的堅強後盾輔導老師，因為貪吃愛吃能吃也真的不等於能夠入廚就會做吃的。事到如今，才知道從小蛋不炒不煎不蒸不煮，真的不成器。

九龍旺角西洋菜北街318號（太子站A出口，新華銀行後面）　電話：2381 1369
　營業時間：1230pm-1100pm（周一至周六）／1230pm-1000pm（周日）
午後傍晚，本來只打算吃碗合桃露吃件紅豆糕，怎知被鄰座叫的蒸蛋上桌那絕佳賣相吸引了過去，索性把晚飯也提早吃了。

蘭苑饎館

八、九、十、十一
十二
十三
八

八、九、十、十一　蒸蛋，無論只是簡單的雞蛋加水一比一至一比二，還是分別加入蝦米、瑤柱、肉鬆也好，都是叫人夢縈魂牽的叫一頓家常菜名副其實的 comfort food。蛋蒸好上桌蛋面至緊要加生抽熟油，葱花更不可少！

十二　同樣是炒蛋，高貴版有蝦仁炒蛋、瑤柱炒蛋，街坊一點的苦瓜炒蛋也是下飯至愛。

十三　越是簡單越見功夫，白飯魚煎蛋吃得出魚鮮蛋香，白飯未上已經吃完半碟。

光蛋好吃

攝影監製 麥惠儀

到她和他兩口子家裡吃飯，一年總有那麼兩三次。男的那位，在一眾好吃朋友裡實在是廚藝出眾又肯花時間心思為人民服務的；女的也不示弱，在廚房裡至少也頂起半邊天。我做客，當然扮演一個極其慵懶的角色，唯一要負責的，就是吃。

通常飯局在晚上七點左右，但這趟Ann傳來電郵說要不要趁個早，在早上六時十五分到她家，天啊，早餐也沒有這麼早吧！

其實早起的原因，是要重演Ann兒時清晨起來上學之前要吃蒸蛋的真人真事──事發現場有她必須在七時三十分上早班的父親，不在場的有她正在當值夜班的母親。也就是說，她的父親必須在六時十五分把孩子都叫起床，七時之前都送了上學，而上學之前就得在家裡吃過早餐。早餐通常有二種，一是大頭菜湯米粉，但不知怎的從來都淡而無味，需要下豉油才吃得下；二就是蒸蛋拌飯，還分有慨花或無葱花

兩種，頗受孩子歡迎。

試想想一個冬日早上，吃過熱騰騰的蒸蛋拌飯，摸黑上學的路上是何等的溫暖──然而小朋友也有小朋友的迷信：考試時期如果吃到沒有葱花的蒸蛋，總是有那種要吃光蛋的先兆。所以Ann和哥哥都期待有葱花，起碼可以聰明一點。

這個蒸蛋事件還有續集，後來Ann到台灣唸大學，是那種典型的清純加上清貧的學生，口袋既沒有錢又不懂得打工賺錢，唯有節衣縮食不敢亂花錢吃肉，蛋白質的主要來源就是豆乾和蛋。不喜歡吃豆乾的她只能吃蛋，不是一口就沒了的滴蛋也不是炒蛋，還是那顫顫入口軟滑無比的蒸蛋，因為比較便宜──

那麼你的蒸蛋功力一定很厲害了，我在電郵裡問，不，Ann回郵道，有人在廚房裡替我蒸蛋，我只管吃。

榮興小廚

香港灣仔船街7號寶業大廈地下及1樓　電話：2866 7299
營業時間：1100am - 1100pm

每次在店堂裡遇上親力親為的老闆興哥和阿徐，都為他們越戰越勇越旺而高興。街坊小店就是勝在夠街坊夠吵嚐夠實在，簡單如白飯魚煎蛋，能夠做到嫩滑香口不乾不油，真功夫！

當年的老與少
如今天上人間已經角色對調，
誰是少誰是老也很難說。

豆腐的永恆祝福

老少平安

014

如果早午晚都要提醒自己以作為中國人的一種身份驕傲，我們可以從第一根指頭一直數下去：祖先發明了火藥、造紙、印刷、陶瓷、設計出地動儀、建造了長城，實踐研發出針灸、草本入藥……當然少不了是五湖四海男女老少信口開河的四字詞——有的是臥冰求鯉或者望梅止渴之類的有後台有出處的成語故事，有的是皮黃骨瘦或者肚滿腸肥之類的方便拼對的日常說法。應用到日常非日常飲食中，我們的菜牌裡有明喻暗喻借喻的發財就手笑口常開金華玉樹之類，上桌之前先訓練一下大家的想像力。

總算是這個時代的明白人，每當要拿起菜單點菜，總是很難開口點一道金玉滿堂，如果菜單碰巧有英譯，那倒有根有據的肉是肉菜是菜。點菜時候唯一點得名正言順的一種用上四字代號的叫「老少平安」，說出來磊落大方，直接就是一種溫暖的祝福。

九龍何文田窩打老道64A-65D（培正中學斜對面） 電話：2656 8222
營業時間：0700am - 1130pm

紫荊閣海鮮酒家

真的沒有時間在家入廚做老少平安的話，跑到紫荊閣也可以一解嘴饞和思家之苦，吃罷老少平安又跳級百花釀蟹鉗，算不算過分出軌？

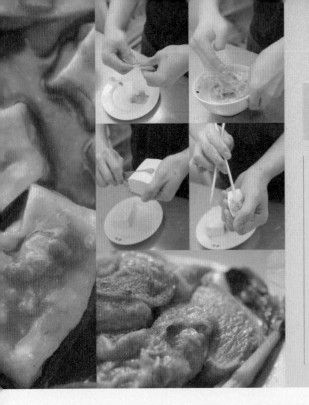

<table>
<tr><td></td><td>二</td><td></td><td>六</td><td>七</td></tr>
<tr><td></td><td>三</td><td></td><td>八</td><td>九</td></tr>
<tr><td>一</td><td>四</td><td>五</td><td colspan="2">十</td></tr>
</table>

一、二、三、四

　　閉上眼聞著香，稍緩一下那一口搶食的衝動。放在面前這碗白飯面上是一勺混和了豆腐、鯪魚肉和蛋白，加少許陳皮拌好蒸成的老少平安，吃一口彷彿人也該慢下來，慢鏡頭好好來一趟時空歸家之旅。

五、六、七、八、九、十

　　盛在砂煲裡的客家釀豆腐，煎得金黃脆軟的豆腐皮下是軟滑細嫩的板豆腐。餡料用上半肥瘦豬肉、鯪魚肉和少許霉香馬友鹹魚，材料剁爛以手攪捷，再把板豆腐一開為六，用筷子戳開豆腐把肉釀進去，然後再放鑊中煎成金黃。豆腐煎好放進砂鍋加鹹魚碎芡汁以慢火炆煮至汁液微稠便成，和暢之風的道地客家人吳師傅，堅持把這道客家名菜保留。

十　　豆腐菜式千變萬化，留家廚房的生根炆豆腐為什麼可以百吃不厭？除了豆腐鮮生根香，鮮香鹹美的蝦籽居功不少。

　　這種用上布包豆腐、鯪魚肉、半肥瘦豬肉、蛋白，分別拌碎剁碎起膠調味混在一起蒸熟然後撒上葱花芫荽淋上滾油和豉油的家常得不得了的菜式，就如釀豆腐、蒸水蛋一樣，從來只在家裡吃到最好的。吃多了甚至不愛吃，千方百計明示暗示老管家瑞婆給我做炸豬扒西檸雞甜酸排骨之類香口炸物下飯，其時當然也不警惕這些油膩食物跟老少平安是背道而馳的。直到老邁的瑞婆終於久病離世之後，某天翻出她生前的一些生活照，才忽地憶起這一道營養豐富入口綿滑的豆腐菜式，當年的老與少如今天上人間已經角色對調，誰是少誰是老也很難說。

　　但話說回來，老少平安中用上的鯪魚肉有太多細骨，其實並不百份百平安。所以瑞婆一定先把魚肉切薄片切碎細骨，甚至事先挑走細骨，一心為了家中老幼的真正平安。

和暢之風

新界大埔墟運頭街20 - 26號廣安大廈G, H&I地舖　電話：2638 4546
營業時間：1130am - 1030pm
身為惠陽客家人，老闆吳師傅遵從古法，把餡料釀在豆腐內而不是隨便鋪放在外，盡得「釀」之真諦。

十一、十二、十三、十四、十五

精彩的豆腐菜式固然需要屬害大廚烹調得宜，但每日新鮮手製的豆腐才真的是靈魂所在。晨早目睹硬豆腐製作，驚嘆師傅的熟練專注。這邊廂浸黃豆磨成漿的程序剛結束，那邊廂豆漿煮好和石膏粉快速撞出凝結物，待未完全凝固時就得拿出放入鋪了紗布的木框內定形，更要以重物如石頭壓走水份，成為實地可煎可炸可釀可焗的硬豆腐。

十六、十七、十八、十九、二十

豆腐菜式中的一大家族：腐竹、腐皮、枝竹、炸枝竹以至鮮腐竹、生腐竹、甜腐竹甚至頭頭尾尾腐皮碎，全都是從濃豆漿面層薄膜變身出來的。新鮮煮好的豆漿表面接觸空氣自然就形成薄膜，只要將薄膜剖開拉起，懸掛於竹架上，風乾便成腐竹。未經風乾依然濕軟的是鮮腐竹；枝竹就是將薄膜自然捲結成條，再以發熱管烘乾，腐皮就是整張薄膜風乾；厚身甜竹就是豆腐鍋底的「精華」，甜味來自黃豆的天然糖分；更有製成需要冷藏的素雞……位於老區深水埗的樹記堪稱腐竹專門店，進門豆香撲鼻，不少名牌餐館也長期向他們取貨，亦吸引四方八面聞風而至的街坊捧場。

以身試法
專欄作家黎堅惠

即使曾經是多麼要好的朋友，但一旦大家再沒有共同可以分享的信念和價值觀，也就是道不同吧，也沒有辦法繼續做朋友了——

Winifred以她一貫的俐落明快，道出她並沒有後悔的一些選擇決定。如果對方還是在抽煙，或者只在夜場出現，她就真正沒法奉陪，只能抽身而去告一段落了。跟她認識的這些年來，Winifred其實都是這樣的忠於自己，從她的喜好與趣到她的文章到她不斷實踐的新生活，她是友儕中真正坐言起行而不甘於只是滿口理論的一員。從衣著到飲食甚至感情家庭生活，Winifred都在現場第一身直擊報導，不是那種引述誰誰誰說過做過的旁觀者。

直接的問她現在還是不是吃全素？因為之前也曾聽聞她因為吃全素而令身體有些小狀況。Winifred說她因為在一段時間內吃太多水果蔬菜，致令某些身體組織有纖維化的現象，容易水腫。所以她現在也吃小量的肉和魚，也會通過雞蛋、豆類來吸收蛋白質。她的寶貝兒子當然也在出生後隨她吃過兩年多素食，但現在也會吃少量肉，最愛吃是豬扒。這個小男孩也實在很有口福，因為可以吃到媽媽親手做的眾多簡單而又美味的豆腐菜式。

走遍活動範圍內可以買得到的豆類產品她都一一嘗試過，目前鎖定的是在幾家日系超市有專櫃的日本豆腐，一些本地老舖自家製的出品也還可以，最不能忍受的是齋口不齋心的扮豬扮雞扮鴨的「偽」葷／素(?!)，所以提起日本京都的豆腐宴，那種豆香撲鼻的純粹真味，又細緻又有層次，實在是上善極品。

對生活對自己有要求，也樂於向大家推廣有別於主流的生活實踐經驗，在這個危機四伏的時世，我們實在很需要像Winifred這樣有原則有態度以身試法的領航員。

九龍深水埗北河街118號　電話：2386 6871
營業時間：0800am - 0700pm

公和荳品廠

十二歲前的我應該是每隔一兩天就在這家荳品老舖內喝豆漿吃豆腐花吃簡單做的煎釀豆腐——老店屹立至今，堅持在舖後工場現做荳花豆腐，店堂一角現釀現煎以供豆腐堂吃，水準如一，實屬難得。

一　親眼目睹這個在烈火中永生的嗜嗜雞煲，才真正明白為什麼每晚幾乎六七成客人都是衝著這個全年全天候供應的強記鎮店之寶而來。

說時遲那時快，熱騰騰一煲上檯，
煲蓋一掀一團白煙，眼鏡一矇——

盡地一煲

015

情陷煲仔菜

想來想去還是決定用上小學時代作文的經典開場：夕陽西下華燈初上，我拖著疲倦的身軀，走在回家的路上，走著走著，空氣裡飄來家家戶戶廚房的菜香飯香——

什麼是華燈？平常日子掛什麼花燈？其實從沒引證考據，只屬於人有我有借來一用的不是成語的四字詞。疲乏倒是真實的，從幼稚園開始到現在，每天都玩得很疲乏。回家的路同時也是上班的路，永遠未完成的工作廿四小時全天候，只好勉強把工作也當作娛樂。唯是當今現世空氣裡一般居家廚房並沒有飄來太多的菜香飯香，原因可能有三，一是一家人下班時間不盡一樣，一餐飯分開好幾個時段吃；火力香氣都不能集中；二是家裡已實行無火政策，廚房已經變成貯物室並只剩下電爐燒水，唯一的熱食是杯麵；三是年輕主婦以及外籍傭工的廚藝都很一般，燒一桌飯菜都不香。

唯一令每天這個黃昏時空依然充滿誘人香氣而且刺激

強記大排檔

九龍深水埗耀東街4號牌檔　電話：2776 2712
營業時間：0600pm-0200am
沒有鮑參翅肚又何妨，粗料細作吃得痛快才是庶民飲食精神所在。

二、三、四、五、六
　其實材料簡單不過，肥瘦
適中的雞件和新鮮豬膶分
別醃好，薑切片蔥切段，
大小不一的雞件先後下
鑊，以猛火迫出雞油，然
後下薑蔥及豬膶，豬膶易
熟，所以隨即加入調味的
南乳海鮮磨豉醬，以鐵鉗
鉗住鐵煲上下拋動，全程
是一種介乎「燒」與「煲」
的狀態，禮成後加煲蓋送
往客人，桌上掀蓋煲中嗜
嗜有聲，入口只覺雞肉鮮
嫩豬膶脆滑，群眾亦嘩嘩
稱快。

— 無論是傳統煲仔菜用的瓦坯瓦煲還是
發展至今更耐火耐用的生鐵鑄模的鐵
煲，反正粵系港式的煲仔菜不同於江
南地區的沙鍋菜，煲比較暴烈，可受
猛火，以新派粵菜裡的嗜嗜煲為例，
烈火逼出肉鮮醬香，說來也只能在外
出餐館成事，一般人家裡無法嗜嗜。

食慾的，就是經過路邊的大排檔，目睹現炒現煲
現賣的活生生食相，也不知怎地總覺得煲仔菜只
在大排檔才吃得到真滋味——

秋涼風起，街角半明不暗處摺檯摺叙，一開塑料
碗筷一擺，檔主建議今晚來個大馬站煲嗜嗜雞煲
或者胡椒蝦煲，同來的還惦記著上一回吃的魚香
茄子煲和生扣花錦鱔煲，至於羊腩煲和荔芋臘味
煲，還得等到入冬時候才最正點。說時遲那時
快，熱騰騰一煲上檯，煲蓋一掀一團白煙，眼鏡
一矇，待得煙霧散去，面前的煲中美味已經進到
同桌饞嘴一眾的碗中。目睹九龍石硤尾耀東街強
記大排檔佳哥神乎其技地在攝氏400度烈火中鍛煉
他的拿手名菜廻廻雞煲，看他如何分階段把大小
不一的鮮雞塊先後放進生鐵煲油炸，再下薑片下
蔥頭以及豬肝同煲，猛火逼出雞油倒去後下南乳
海鮮磨豉醬調味，然後是把所有精彩內容都拋翻
舞動，我看得傻了眼，心裡想的是一旦大排檔這
個形式有天終於消失之後，千煲萬煲盡地一煲，
我們還可以留住大排檔的精神嗎？

十一	十二	十三		
十四	十五	十六	十七	
七				
八	九	十		

七、八

　　另外一個最有煲仔精神的是大馬站煲，用的是切件的燒豬腩肉，加上豆腐、韭菜段，先燒熱鍋把燒腩迫出油，落蝦醬調味，與豆腐韭菜同煮，片刻之間香濃蔥味即可送上桌。

九

　　臨街大排檔內熊熊爐火前一站就是那麼五六小時，秋冬氣候溫度稍低還可以，很難想像夏天時分的消耗。

十

　　已經長年燻得烏黑的生鐵煲，見證一個又一個老饕來取經得道，捧著飽肚欣然買單的盛況。

十一、十二、十三、十四、十五、十六、十七

　　和暢之風吳師傅親自訓練的徒弟徒手把魚肉撻打成膠，混入少許豬肉末和莧菜蓉，完全是祖母的正版客家釀苦瓜。苦瓜切好去囊，將餡料釀入後以上湯慢火炆胺，再轉入煲中上桌，入口甘苦然後清甜，相對烈火嗜嗜版，此煲純良得多。

聲色藝全
室內設計師Andy Tong

約好Andy在一家以煲仔菜煲仔飯聞名的街坊餐館裡吃晚飯，晚上八時黃金時間高朋滿座一室鬧哄哄，典型的下班後的吃的亢奮，管不了三七廿一，吃了再算。

他看來有點累，其實坐在他對面的我也是。然後我們相視苦笑，都把勞累合理化——一是搬台父母輩比我們勞累不止十倍，二是當今時世還可以勞累已經很不錯，當然我們都知道晚飯過後他還得回到工作室與手足們繼續拼摶，我還是要接著趕赴下一個工作約會，也許坐在這個店堂的所有顧客都在這個停不了的魔咒下快樂存活，沒資格怨什麼。

所以不用解釋我也明白，為什麼我們對近乎粗暴的上桌那麼燙手一掀白煙撲面的煲仔菜有一種親切好感，因為那是一種聲色藝俱全的赤裸裸的呈現，看我，吃我，趁熱——

演藝學院舞台設計系畢業的Andy，太熟悉這就跟舞台劇演出經驗一樣，煲仔菜演員跟食客觀眾即時互動馬上有反應。最好的廚師其實也是最好的設計師，如何掌控烹調時間調度食材配搭，如何在芸芸出眾廚藝高手中表現得更出眾，如何反覆修正確認自己正在走的是對路——熱辣辣煲仔在前，刺激起這一切直覺觀感討論，這一餐明顯就不是家常便飯了。

雖然日夜忙碌得根本沒時間下廚，Andy還是透露了偷空閱讀的最愛是圖文並茂的烹飪書，始終嚮往有一天可以自己下廚舞弄擺佈，即使燒焦弄壞了也是樂趣。我告訴他，我等著你親自下手的第一煲。

新斗記

九龍佐敦長榮街18號　電話：2388 6020
營業時間：0600pm-0300am
既有豉油王蝦碌、粟米石斑等名貴菜，也有粗獷型的薑蔥魚雲煲，各適其適！

又燒又刮又吸又擠又洗又壓，
然後再用上湯煨用濃芡配，
平凡簡單如此的一塊柚皮脫胎換骨再生——

一　忘了是什麼時候開始戀上
柚皮——是它的奇異纖維口
感？是它的始終留駐的一
絲清香柚氣？多了便澀少
了又寡，用以煨柚皮的無
論是鮑汁還是鯪魚湯都不
能過濃，如何煨得來自廣
西沙田或者是泰國的柚皮
軟而不爛，滑而不膩，我
等無耐性的不知要入廚修
煉多久才合格。

柚皮的可延續發展

冨貴海棉

016

究竟當今世上有沒有另外一種食物放入口咬
下去跟蒸熟的柚皮有同一種纖維質感和芬芳
香氣？答案是：沒有。也肯定沒有一種看來
只是可以隨時棄置的「廢物」，得到這麼細心
的回收再用，又燒又刮又吸又擠又洗又壓，
然後再用上湯煨用濃芡配，平凡簡單如此的
一塊柚皮脫胎換骨再生——

自小愛吃廣西沙田柚，站在水果檔前看老闆
或者伙計用那專用的塑料仿象牙開柚刀，熟
練地把柚子皮肉剖分，顧客買走的是柚肉留
下的是堆疊成小山的柚皮。如果整顆柚子買
回家，放上一段「供賞」時間在柚皮變皺之
前，就得想方法用大刀小刀又劃又割，然後
徒手用力把柚皮半拉半扯的掰開幾瓣——從破
爛殘缺到光鮮完整，成功保留的柚子皮開始
它的第二個生命——一是變成美味柚皮菜式，
二是刻花鏤空內置蠟燭，成為中秋節的手工
柚子提燈。

九龍新蒲崗康強街25號地下　電話：2320 7020
營業時間：0600am - 1130pm

得龍大飯店

當坊里餐館大多採用泰國金柚，得龍的老闆曾先生卻刻意用並非全年有
供應的廣西柚皮，取其皮厚無渣，而且最後撒上炒好的頂級泰國蝦籽，
更見專注。

二	三	四
五	六	七
八	九	十

二、三、四、五、六、七、八、九、十

以大地魚、鯪魚、蒜頭、蝦米及冰糖熬湯備用，用上已經以火燒過且刮淨青皮的泰國金柚，將整個柚皮用滾水滾過，先辟去部份澀味，浸上一晚後，再用手搓按果皮進行反覆十餘次的又吸水又榨走的「鬆筋」過程，目的是讓纖維鬆透軟化。把水擠掉後鋪於笘上，先澆進油讓柚皮吸收，然後再層疊放進高身鍋上，注入上湯至完全蓋過柚皮，並以注滿水之重物壓之，免讓鍋內柚皮散走影響入味不均。慢火燜上至少八個小時。燜好的柚皮可放冰櫃藏好，待客人點菜時再把湯汁飽滿的柚皮蒸熱並以上湯再勾芡，上桌前再在柚皮上撒上炒過的蝦籽，鮮與香再度結合！

從一瓣外皮青澀的柚皮變成一道出得廳堂的美食，花時間花工夫甚至花體力。記憶裡我這個小幫工曾經在老管家的指導下，用爐火燒焦青皮，再用小刀刮淨，用沸水煮後要浸上一晚，然後又擠水又吸水的反覆數次，以求把青澀味完全洗走，更讓柚皮的纖維逐漸鬆軟。反覆動作至皮浮手軟之際，接下來有用傳統方法把柚皮用豬油炸至完全鬆化，也有現代健康版本直接用上湯慢火煨炆。家裡的平民版本當然只用醬油煨，頂多加入鯪魚或豬肉提味，但酒家就會用上有火腿有雞，有鯪魚和蝦米熬煮的上湯，慢火細煨大半天，上桌前又用蝦籽勾成的芡汁再添鮮味。至於那些用上矜貴鮑魚原汁，慢火煨滲叫那柚皮變得軟滑而不膩爛，入口還有嚼頭，已經超乎一般口感要求和負擔。

曾幾何時開玩笑把柚皮喚作海綿，但能夠像柚皮一樣盡吸日月山海精華，從無用到有用，且跨越貧窮直達富貴的海綿，恐怕也是世間少有吧！

— 柚子古名文蛋，現在都慣寫作文旦。《本草綱目》上清楚寫道，吃柚「能消食快膈，散郁懣之氣。」柚子除了作為水果作為沙拉以及甜品如楊枝甘露的主角之一，柚皮入饌作菜或者作蜜漬做果醬，都保持一種獨特果香，都有開胃通氣的功效。

— 對於粵閩人士來說，用柚皮做菜並不稀奇，但江浙人士卻鮮有此舉。直至抗戰年月淞滬之役期間，上海市民組織後緩會供應物資予跟日軍交鋒的十九路軍，其中有電台廣播呼籲市民搜集柚皮，以供粵閩士兵做菜，大家才知道吃完柚子不應將柚皮直接放進垃圾箱。

西苑酒家

香港銅鑼灣恩平道28號利園二期101-102室（銅鑼灣店）　電話：2882 2110
營業時間：1100am - 1145pm（周一至周六）/1000am - 1145pm（周日）
由80年代已經開始實行無味精烹調的西苑，令顧客更能嚐體會何謂真滋味。對比一般加進味精的上湯只需兩小時就會令柚皮入味，這裡用燉足六小時的全無味精足料上湯去煨柚皮四小時，花得起時間，這就是誠意。

十一　小小柚皮一片也經過這些繁複工序，而且在賣相造形上巧下心思。

十二　多年來這些傳統功夫沒有被淘汰，可見得柚皮早已深入民心，長青不老。

萬物生長

有機農莊「豐之谷」掌門人朱佩坤

如果要用一句來概括總結面前這位老友阿Pad這十年來的姿態動作——我其實想到兩句，一是「身體力行」，二是「為所欲為」。眼看她曬黑了，消瘦了，又再曬黑了，又稍微飽滿一點點，這並非什麼旅遊度假，瘦身減肥的結果，而是她給了自己一個下半輩子都不離不棄的工作，嚴重一點說來是個使命。阿Pad創辦經營起一個有機農場「豐之谷」，而且越來越投入地成為有機種植組織社群裡的活躍份子，簡單的說，她成為了一個農夫，一個新品種。

身邊嚷著要吃有機食物過有機生活的朋友多著，但真正走到鄉郊田裡種植栽培又把田裡的農作物帶到市區帶到街頭，阿Pad絕對是講得出做得到的一個。因此她無可避免的超級忙，努力地從一個另類而單薄的聲音開始，高調突圍，越來越受到三心兩意的市民大眾以及後知

後覺的政府的重視，這當然是件好事，因為大家開始認為這是性命攸關的健康大事，惜身，始終是個共識。

大家之所以忽然有機忽然環保，也許是已經明白體會到原來已經失去太多。阿Pad不是一個素食者，所以依然會和我們一起到處吃，但每次吃到柚皮鵝掌、老少平安或者是豬肺湯這些從前在家裡有順德老傭人手到拿來就做好的家常菜，她都不禁搖頭嘆息，為什麼味道都大大不如前？！其實嘴刁的我們已經是跑到城中最執著最堅持的老店去覓食，還是無法重尋真味。

回憶是個魔咒，叫人常在真實與虛擬之間擺盪。從前的一碟柚皮究竟是什麼味道？實在怎麼說也說不清楚——過去的就讓它過去，阿Pad定一定神冷靜地說，且看未來有什麼可以好好生長。

香港銅鑼灣鵝頸橋街市熟食中心二樓5號舖 電話：2574 1131
營業時間：1100am - 0600pm

這一碗柚皮不求精緻不講賣相，倒是有一種街頭庶民的率真爽直味道，要數工序其實也絕無偷工減料。

也許是有太多這樣的金字塔倒金字塔的不同說法，
到最後簡單化成的三個字大概就是：多吃菜。

017 還我青菜 有危然後有機

從來對那些琅琅上口的口號式宣傳我都有接收障礙，政府有關部門大事宣傳的肉類跟蔬菜跟水果的飲食均衡比例，看著電視廣告或者宣傳海報唸著唸著都糊塗了。也許是有太多這樣的金字塔倒金字塔1+2+3或2+3+4的不同說法，到最後簡單化成的三個字大概就是：多吃菜。

可是多吃了的如果是毒菜，那就大事不好了。與香港人食水和種植食用蔬菜有密切關係的東江水，主流和支流都受到不同程度的嚴重污染。據報導，支流水質的重金屬和有機污染物含量嚴重超標七成至過百倍，不少供港蔬菜的菜田就正正用這些江水來灌溉！！

追查之下，原來港方的文錦渡關口，只為內地進口菜檢驗農藥，卻不會檢驗重金屬含量。而食環署每年只會在市面抽驗蔬菜重金

紫荊閣海鮮酒家

九龍何文田窩打老道64A-65D（培正中學斜對面）　電話：2656 8222
營業時間：0700am - 1130pm
釀節瓜是小時候在家的日常餸菜，吃過超過八百次卻沒有認真自己單獨做過一次，看到師傅純熟手勢瞬間把一條節瓜給釀好，叫我又發夢想學師。

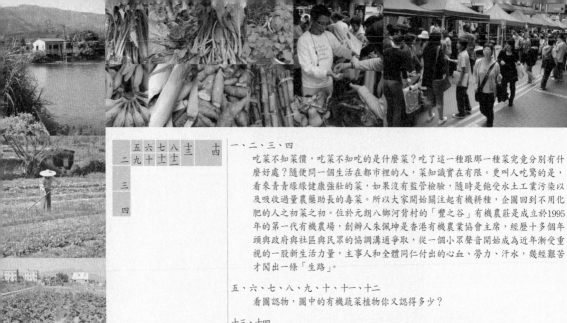

<table>
<tr><td>五
九
二</td><td>六
十</td><td>七
十
一</td><td>八
十
二
三
四</td><td>十
三</td><td>十
四</td></tr>
</table>

一、二、三、四

吃菜不知菜價，吃菜不知吃的是什麼菜？吃了這一種跟那一種菜究竟分別有什麼好處？隨便問一個生活在都市裡的人，菜知識實在有限。更叫人吃驚的是，看來青青綠綠健康強壯的菜，如果沒有監管檢驗，隨時是飽受水土工業污染以及吸收過量農藥助長的毒菜。所以大家開始關注起有機耕種，企圖回到不用化肥的人之初菜之初。位於元朗八鄉河背村的「豐之谷」有機農莊是成立於1995年的第一代有機農場，創辦人朱佩坤是香港有機農業協會主席，經歷十多個年頭與政府與社區與民眾的協調溝通爭取，從一個小眾聲音開始成為近年漸受重視的一股新生活力量，主事人和全體同仁付出的心血、勞力、汗水，幾經艱苦才闖出一條「生路」。

五、六、七、八、九、十、十一、十二

看圖認物，圖中的有機蔬菜植物你又認得多少？

十三、十四

籌備了大半年，有機農墟終於在〇六年底開始於假日期間在灣仔市區行人專用區出現，以半年為試驗期，現場除了販賣有機農產品，亦有環保清潔用品、手工藝品的推介販賣，亦有攤位透過圖文向在場年輕人講解有機產品和公平貿易原則。作為衷心支持者，希望有機農墟可以成為有固定場地的社群組織活動。

屬一至兩次，根本不足以保障港人健康。如此這般我們就把內地皮革廠電鍍廠的污水和沿岸住宅的生活污水通過蔬菜一概接收，難怪我們日常發聲都鏗鏘有力，一不小心都變成金屬機械人。

難怪近年來真正土生土長的香港有機農場生產的蔬菜作物越來越受到「有機會」關心自家身體健康的香港市民重視了，起碼大家確實清楚自己每日吃進的菜蔬究竟是什麼一回事。有了有機認證先求個安心，進而關注其他與飲食健康衛生相關的題目——想不到小小一棵菜背後有這麼錯綜複雜的價值、原則、制度的大問題，還我青菜，也得看是一棵什麼菜。

十五、十六、十七、十八、十九、二十

作為生記的招牌熱賣，浸豬膶枸杞這個家常湯水菜以鮮嫩爽脆贏盡掌聲。先將枸杞和炸香的蒜子用上湯煨煮片刻，隨即離鑊上碟，再將已用滾水燙至八成熟的豬膶放入上湯同時略作調味，豬膶剛熟就得離鑊上碟上桌。

廿一、廿二、廿三、廿四、廿五

不時不食，節瓜是南方夏季當造之物，是冬瓜的變種。茸毛密、肉豐鄹少，清香雋美微甜，是家常菜餚和湯飲中極受歡迎的瓜果，當中以釀節瓜和鹹蛋節瓜湯最為普遍。

廿六、廿七、廿八

清炒一碟豆苗、生煎幾件藕餅、上湯浸一碟特選芥蘭再撒上蝦籽，都是不俗的蔬菜選擇。

		廿三	廿三 廿五
十六		廿二廿四	
七	廿一		
八九二十		廿六 廿七 廿八	
		十五	

苦基因

作家 許迪鏘

迪鏘說他從小就不怕苦，喝完苦茶不用吃嘉應子陳皮梅，更從來都沒有抗拒過苦瓜，也就是說，他不會有忌憚地一提到苦瓜就自動喚作涼瓜。

迪鏘問我如何把一條生苦瓜弄好入口，我搬出不夠十次的經驗，先剖開苦瓜去核切片浸鹽水然後拭乾，或涼拌或放湯或生炒。他比較直接，把切好去核的苦瓜直接放進早已燒紅的鑊中，不下油，讓明火逼走苦瓜的澀味，沖沖水，拭乾，再與其他材料發生關係，但苦瓜依然是苦瓜，照樣保留原來的苦度。

因為愛吃苦，他對以前只在夏天才登場但現在已經四時見面的苦瓜稍有微言。因為現在的全天候苦瓜並沒有從前的苦，溫和得不是苦味

兒。台灣種的白肉苦瓜（對，不是余光中詩裡的白玉苦瓜，那是國寶不能吃），有點肥白白的富泰相，不像雷公鑿那種眉頭緊皺的苦樣子，所以只在沒有選擇的情況下才買來吊吊苦癮。

最愛吃苦瓜炒牛肉的他大致知道苦瓜性寒，牛肉燥，兩者在一起是一種互補。小時候他的大伯母很疼他，一到她家玩就給他炒一盤苦瓜牛肉下飯，後來大伯母走了，他在靈堂上坐著坐著忽然想起再也吃不到那種苦，放聲哭起來，他說，連父親去世他也沒有這樣哭過。

苦瓜有苦自己受，不會傳染給一同下鑊的其他食材，所以又稱「君子瓜」。迪鏘以苦瓜為榜樣，自小基因帶苦，真君子也。

有機園

香港銅鑼灣堅拿道西21號唐二樓 電話：2488 0138
營業時間：1100am-0700pm（周一至周五）/ 1200pm-0600pm （周六）
按鈴上樓購買有機菜，也可以固定訂購每周送到府上。這裡還有手工做的曲奇及其他有機進口乾貨。

喝湯不只是一種飲食習慣而是一種身心需要，
時間到了願意用時間去換取一些寄託。

時間之謎

018

滾滾紅塵老火湯

都說喝湯是一種文化，文化原來都與時間有關。

最懶惰又最想喝一口自主湯水的，來個番茄肉片蛋花湯，肉片買已切好的，番茄自己隨便切，蛋一打，愛吃芫荽的可以洗淨放一把。三數分鐘熱騰騰喝下去，sorry，忘了下鹽。

然後進階想弄一碗小時候經常喝到的芫荽皮蛋魷魚片湯，不能少的是要放一些切好的茶瓜。茶瓜是白瓜，先用鹽漬叫瓜身爽脆，再洗去鹽後用糖漬過，呈蜜糖色，好像只在這個湯裡會出現──忽然想起俗語有說「茶瓜送飯，好人有限」，這與茶瓜加上皮蛋加上芫荽的下火食療功效應該有關。

廣東話把這些三扒兩撥的速成湯水叫做滾湯，單就字面已經看得出很心急。能夠超越滾湯開始自家泡製老火湯，就已經進入了一

香港銅鑼灣恩平道28號利園二期101-102室（銅鑼灣店）　電話：2882 2110
營業時間：1100am - 1145pm（周一至周六）/ 1000am - 1145pm（周日）
每次來西苑都心思思吃這喝那，爵士湯是隆重日子必定出場的至愛。在自家下定決心鑽研煲湯秘技之前，還是完全交託依靠功力深厚的主廚。

西苑酒家

一、二

叫得上爵士湯，叫人在捧碗細嘗前已有莫大期待。聽西苑負責人Lawrence細說此湯典故，得知當年鄧肇堅爵士是西苑常客，某次請客更帶來家傳湯方，要家備如萊市場買螺肉、蜜瓜、雞腳等等材料，請大廚按方煲湯。湯成眾客分嘗，發覺湯鮮味醇又帶蜜瓜清甜，叫人回味無窮。所以在得到鄧爵士首肯，此湯便成了西苑菜譜中的招牌湯。

爵士封街，真材實料不是虛榮，十多種材料包括先下鍋的豬骨、瑤柱、老薑、角螺、沙參、玉竹，然後再下老雞、雞腳和赤肉，慢火煲上兩小時，然後再將已經焗水一晚的花膠放進，亦把半個蜜瓜肉和半個打成蓉的蜜瓜放進去再煲一小時，煲煮期間不得隨便擾動，以免影響湯之醇美。果然湯端上來已聞得一股清甜香氣，入口盡是雞湯與螺肉的鮮美，濃中帶清，平衡絕妙。

定的年紀和狀態。喝湯不只是一種飲食習慣而是一種身心需要，時間到了願意用時間去換取一些寄託。

不知是誰第一次把曬乾的鱆魚和花生冬菇雞腳蓮藕放在一起熬湯，這些並不矜貴的材料在熬煮時候散發的香氣簡直震撼。有回午後開始把材料洗淨放進高身瓦煲裡，先武後文火地讓材料在水裡浮沉翻騰成湯，房間盡頭書桌旁埋頭工作的我竟完全被那種瀰漫滿溢的溫暖幸福的氣氛包圍住，就是這一煲湯，告訴我什麼叫做過程比結局更重要──結局就是因為太享受過程，不慎水乾湯料稍微燒焦黏煲。

始終因為省時的考慮，買過一個高速壓力鍋一個真空鍋來煲湯，不知是否應用不當，高速鍋經常發出蒸氣尖叫，叫人心緒不安十分有壓力。真空鍋又太沉悶，叫人不知內裡乾坤有否進行中。時間也的確是一種迷信，沒有那麼三五小時的心力精神，看來無法變出一煲真正的老火湯。

— 早年香港消費者委員會發表實驗結果報告，說港式煲湯燉湯的營養價值很低。雖然科學實證這回事看來有根有據，但我相信主持這項實驗的有識之士在忙亂工餘要安撫一下心神，還是會回家喝一喝媽媽或者妻子煲的湯。不管喝湯的營養價值高不高，至少湯是美味的，喝下去是溫暖的，是會叫你自作多情地想起家庭、親情、友情、愛情……種種回憶片段與冀盼渴望大集合，湯的「療效」也就在此。

— 想喝老火湯又實在沒有時間自己買足料出動真空鍋壓力煲去煲湯的上班一族，除了光顧餐館飲碗湯，也習慣在外賣老火湯的專門店甚至便利店買來強調不加味精的外賣湯包，無論是即時可飲的熱包裝，或者回家用微波爐叮熱的凍包裝，都大受歡迎。專業營養師提醒顧客要留意含有海產的湯水鹽份較高，喝得太多會加重腎臟負擔，應該如量調節，而且應配合氣候，選擇適時湯水。美中不足的是，外賣湯水一般都不連湯料，少了一點口福。

利苑酒家

香港灣仔軒尼詩道338號北海中心1樓　電話：2829 0333
營業時間：1130am - 1130pm (周一至周五) / 1100am - 1130pm (周六、周日)
午間避免不了與客戶見面邊議事邊吃飯，先來一碗老火湯叫雙方都元神歸位心平氣和，以尊重佩服老火湯的態度與對方共商大事。

四

三

三　經典老火湯蓮藕鱧魚煲豬脹，用上老蓮藕、生曬鱧魚乾和豬脹，夠料夠火一煲便是大半天六至八小時，是利苑酒家每日老火湯單中每周出現一次的經典熱賣。

四　一煲鯪魚粉葛豬蹄湯工序繁複，先把鯪魚煎香，用竹笪把魚縛住以避免魚肉魚骨在湯袋中散落，與飛水後的豬蹄共放湯煲裡與粉葛一起煲上八個小時，煲成湯濃味厚，以豉油熟油蘸湯料亦十分可口，小心魚骨！

老火純青

雜誌編輯 曾金成

作為雜誌資深編輯的金成經常在他的專欄地盤裡形容自己的「麻甩」兼「婆仔」性格，作為忠實讀者的我著實感激有這一個勇敢面對自己的男人，因為如此真實的男人一個，這個年頭十分罕見。

在他決定要來喝湯而把湯也喝了之後，又托人通風報訊說其實他最愛的是話梅，不要緊，頂級話梅極品可以來日方長慢慢吃，老火湯煲好了就得趁熱喝。

這個平日愛喝湯而且要求面前一碗湯要清澈見底的男人，時常撒嬌抱怨媽媽用心費時煲的湯太濃太稠。自己在家一個月才煲一兩次湯的他和另一半會弄的是淮山龍眼肉煲瘦肉，還要下勁多茨實，鱧魚瘦肉節

瓜也是另一選擇，至於外出喝湯，他的首選是西苑酒家的爵士湯。

這一煲用雞、赤肉、螺頭、雞腳、瑤柱和沙參玉竹先煲上兩個小時，再後下已經焗水一晚的花膠，半個蜜瓜肉、半個攪拌好的蜜瓜蓉再煲一個小時的爵士湯，大有來頭也是西苑經典。金成自言認識這個湯，是好友楊天命在04年年初見他總是眉頭深鎖公私兩不如意，就帶他以吃喝解解愁。初喝此湯的他直覺沒有什麼味道，怎知一飲再飲卻從此愛上，之後什麼不快不如意也煙消雲散。相信藥膳效果的固然自有說法，但我覺得他能吃能喝好人一個根本就該有輕鬆好心情。

如果把午夜肚餓醒來
隨便喝罐頭湯配薯片的經驗也插進來，
就實在很對不起這麼正氣這麼傳統的燉湯。

一　自己在家還勉強弄點什麼吃喝，一旦外出又想寵一下自己喝碗燉湯。第一選擇就是蛇王芬，一碗花膠百合燉水鴨，就把所有還是弄不太清楚的博大精深的進補概念喝下去了——

回家真好

019

燉出天地正氣　日月精華

要說燉湯，該先從燉盅說起。

在那個只知道碗就是碗、碟就是碟、煲就是煲的小時候，十分好奇為什麼廚櫃裡會有這麼厚這麼大的碗而且有蓋——其實家裡的燉盅也不只一個，單人份的雙人份的三數人份的，燉螺頭和豬月展這些小巧版本跟燉整隻雞或者水魚的當然需要不同的載體。

即使作為一個貪吃的小朋友，家裡的燉湯倒不是一開始就有我的份。媽媽病後進補喝的花膠海參燉雞、燉乳鴿，以及淮山杞子黨參龍眼肉紅棗燉水魚，我也只是聞得到燉鍋裡隱約傳來的香氣，難得嚐到一口。直到長輩們看到我實在一臉饞得要命的冀盼表情，才從燉盅裡分出一小碗。那種鮮濃甜美清澈滋潤的湯水精華，喝了好

蛇王芬　香港中環閣麟街30號地下　電話：22543 1032
營業時間：1200pm - 1030pm
深得新舊食客推崇的中環老店，開業六十多年來除了馬上叫人想起他們的蛇羹蛇饌，還有種種窩心體貼的燉湯和有若回家吃飯一般現炒的廣東家常菜式。

	二	三
四	五	六
七	八	九

二、三、四、五、六、七、八、九

每天一早，蛇王芬的燉湯師傅便會將已處理好的燉湯材料逐一放進燉盅內，並將早已用鮮老雞、鮮豬骨和金華火腿等材料熬煮十二小時的上湯湯底注入燉盅，適量調味後放進蒸櫃蒸燉約五小時。燉好的湯湯色清澈不濁，湯面金黃純美，一揭盅香氣迎面，心情大好。無論你喝的是清熱下火健脾開胃的白菜膽燉鮮陳腎，是潤肺補腎養顏美顏的海底椰蘋果雪梨燉豬䐓，還是消腫解毒清腸胃熱的無花果蜜棗燉豬肺，在每日店堂高懸的菜單中總可以找到一款幫助調理和補充身體養分的上佳燉湯。

像就得「補」成很乖巧很聰明也很成熟——畢竟這不是水滾兩滾的番茄蛋花湯，雖然這也是我的所愛。

然後一眨眼就到了自己顧自己的年代，如果把午夜肚餓醒來隨便喝罐頭湯配薯片的經驗也插進來，就實在很對不起這麼正氣這麼傳統的燉湯。但說實在的確沒有正經八百的在家裡花工夫花時間燉過湯，所以只能依賴外頭用心足料炮製燉湯的店家。

工作室在中上環，最常光顧的就是六十多年老店「蛇王芬」，冬日吃蛇是必然選擇，平日就肯定是那選擇眾多的明火燉湯。每趟看到房裡牆上竹刻牌子上的「木瓜南杏豬䐓」、「無花果蜜棗豬肺」、「蜜瓜瑤柱響螺」、「白菜膽鮮陳腎」，未喝已經滋潤，貪心的我常常都拿不定主意。慈祥可親的老闆娘吳媽媽一臉笑容，有回還帶我到閣樓的廚房看燉湯的過程，絕對是一絲不苟點滴精華，從此我知道，喝燉湯也就是一種私密的信任，一種回家的好感覺。

九龍運動場道1號（太子站地鐵D出口）　電話：2380 3768
營業時間：1200pm - 0200am
有一班老街坊老顧客捧場的新志記是那種「鄰家的男人」——不要想歪，
他是那種老老實實，古道熱腸的好好先生。

新志記海鮮飯店

十、十一、十二

深宵夜半如果依然想來一盅燉湯給自己打打氣，以免五癆七損太傷身，就得到地鐵太子站D出口旁的街坊老舖新志記，一邊喝一邊感動。因為身邊既有一家大小集體宵夜，亦有中老年男子獨斟獨飲，燉湯五六款，從海底椰雞腳燉螺頭、南北杏菜膽燉豬肺，到川貝杷杷燉鷓鴣，還有沙參玉竹燉龍骨，都是滋陰清熱化痰潤肺，好人喝不壞的誠意好湯。

十三

始終義無反顧偏心地認為杏汁燉白肺是燉湯中一級極品。當年淺嚐一口就認定原來瓊漿玉液不是一個誇張的形容詞。收費不菲的一鍋湯，吃喝的全是心機時間，專人負責把豬肺徹底灌沖六七次，保證清除所有血水和氣泡，然後再切件過白鑊兜炒，將可能餘下的血水迫出。這邊廂將南北杏按比例配好（九成半南杏半成北杏），加水打碎並用篩和布袋隔渣出杏汁，那邊廂把杏汁放進已載有豬肺、火腿、果皮、雞腳等等材料的盅內，移入蒸櫃燉約五小時──昔日陸羽茶室名廚梁敬以此令陸羽聲名大振，杏汁燉白肺也從此成為鎮店好湯，這麼多年過去，除了陸羽繼續提供這款燉名湯，農圃飯店也有水準以上的製作。

湯湯水水

創意總監 侯維德

老友們都親暱地叫他阿水，但其實還可以考慮叫他阿湯。

湯湯水水，Walter就是喝著這些滋潤溫暖長大的，即使一年到晚飛來飛去，看來並沒有時間親自下廚為自己燉湯，但他絕對是喝湯的專家。

年齡也不是什麼秘密了，所以三十多年來，Walter的媽媽每天早上為他準備好一整暖壺的湯，斟出來可以滿滿成兩碗。不要少看就這麼一壺湯，之前的準備工夫可真不簡單──

豬肚要反覆清洗，豬腦要耐心挑走筋血，如何在一千幾百家海味舖裡找到最好的響螺頭？如何找到沒有漂白又沒有餘渣的淮山？如何「發掘」出收藏了久遠得幾乎遺忘了的陳皮？這都是花神費勁的事，甚至要動員起Walter的乾媽乾爹去張羅。當然這位自小人見人疼的小朋友也實在幸福，一眾長輩大汗疊小汗地熱燉出一小碗好湯，喝得他高挑健碩，絕對可以成為傳統燉湯代言人。

言不可代，因為這當中維繫著母子兩代深厚細膩的關係感情，真的一言難盡。Walter還仔細道來母親如何拎著買好有夠重的一整菜籃湯料，小心地走幾層舊樓樓梯回家，如何先把熱湯待涼再放進冰箱讓多餘油脂凝固，方便拿掉，然後再把湯燉熱才入壺等他有空喝，這面前的一碗湯，也不再只是一碗湯。

陸羽茶室

香港中環士丹利街24‧26號 電話：2523 5464
營業時間：0700am - 1000pm

頭頂光環的金牌餐館，自有一套功夫氣派，溫醇如昔的杏汁燉白肺湯顯得格外寬容包涵。

當然還有那畫龍點睛的夜香花，
一出場就把之前所有的繁雜百味給壓住，
保留那夏天該有的一縷清香。

從冬瓜到西瓜

洗手喝羹湯

020

端午一過，寒衣可送。正式踏入汗流浹背的盛夏，走一小段路已經弄濕一件T恤，往壞處想，還有半年要面對這樣又濕又熱的日子，往好處想，就盡情地擁抱跟夏天有關的一切飲飲食食吧！

首先想到的竟然是大堆頭的冬瓜盅，還是那種舊式飲宴時中場近尾聲隆而重之捧上的一個黃銅大鍋，掀開來熱氣騰騰，瓜皮刻花刻字綠白紋樣叫人眼前一亮，開口成鋸齒的大冬瓜燉得軟綿，湯料豐富得有點誇張，吃上那麼一兩碗，除了鮮甜熱湯，你可以吃到雞片、火鴨絲、田雞片、肉粒、火腿、帶子、蟹肉、蝦仁、冬菇粒、瑤柱、鴨腎粒、鮮蓮子、絲瓜、竹笙等等湯料，當然還有那畫龍點睛的夜香花，一出場就把之前所有的繁雜百味給壓住，保留那夏天該有的一縷清香。當年大膽，在一眾長輩面前毅然開口麻煩遞

香港北角渣華道62-68號 電話：2578 4898
營業時間：0900am - 0300pm / 0600pm - 1100pm
本以為鳳城老店都是以濃重傳統口味見稱，原來一招什錦冬瓜盅，清香豐美還是把大家對夏天的想像一一重拾重組發揮。

鳳城酒家

二、三、四、五、六

如果不嫌太文藝，冬瓜盅也堪稱仲夏夜之夢，只是這個夢的幕後製作有點複雜龐大。先找來至少六斤的厚身大冬瓜，不太高不太瘦不太肥不太矮，亦要長得皮翠紋少，拍打下去鏗鏘有回聲，如此驗身過後馬上「開刀」。將瓜隨瓜蒂切去上蓋，挖去瓜瓤，隨手用刀把四周修製成鋸齒形，再在瓜身刻上設定的吉祥圖案。冬瓜原盅先蒸半小時出水，以免稍後燉湯時瓜肉會把高湯調得太稀，待涼後把蝦仁、蟹肉、帶子、火腿、肉粒、雞片、火鴨絲、冬菇、瑤柱、鴨腎、新鮮蓮子、竹笙等等湯料放進瓜內，加入以老雞、赤肉和火腿熬成的老湯，入蒸爐燉上四五小時，離爐前半小時再將絲瓜和夜香花放入。講究的冬瓜盅一定是將生料連瓜連湯一起燉，才會湯鮮肉軟。如果碰上省時偷工減料將冬瓜湯與料分別蒸煮好再臨時湊合的不湯不水的「放水燈」，就真的是一場夏夜噩夢了。老店鳳城的師傅落足心機，以傳統古法炮製冬瓜盅，燉好上桌時還在瓜邊排上蟹肉、火腿蓉、夜香花等點綴生色，保證有姿勢有實際，暢快一夏。

湯「挖料」的伙計叔叔只給我鮮湯和瓜茸，不要湯料，其實這才最饞嘴最貪心。

一般要吃冬瓜盅得在外頭酒樓餐館吃，因為勞師動眾費工費力，但水準不一常常會喝到俗稱「放水燈」的冬瓜盅，冬瓜和湯料分開處理，上檯時勉強湊合，盡失原燉的美味。所以家裡老人家也會慢工細活地自製小型版本，保存材料精火候夠的真諦，我通常爭著負責洗夜香花，手癢的時候還會在冬瓜皮上刻些火柴人仔卡通。

獨立自住以來當然未曾自製冬瓜盅，倒是go west做過西瓜盅。這個西瓜也真太懶，整個剖開成半，挖肉搗碎成冰沙狀，注進大量gin酒或者rum酒，再放回西瓜裡，蓋上保鮮紙放進冰格半小時，上檯時撒些切細的薄荷葉，又甜又醉，又吃又喝，百分二百炎夏。

— 冬瓜盅的起源據稱的確與西瓜有關：清朝皇室每到夏令季節，都需要清涼解暑的菜餚，清宮御廚將大西瓜切去上蓋挖去瓜瓤，放進高檔材料蒸製成「西瓜盅」，湯清味鮮很受皇室和群臣歡迎。此皇廷菜式後來隨著官吏夏巡出訪流傳各地，廣東地區率先用冬瓜代替西瓜，並用夜香花撒在冬瓜沿邊，吃時清香撲鼻，又稱「夜香冬瓜盅」。

— 冬瓜在夏天採收，可貯存至冬天食用，故得名冬瓜。冬瓜瓜體變化很大，小者三數公斤，巨型的可達五十公斤（超過一百磅）。現在食用的冬瓜都經長期培育改良品種，雲南西雙版納的冬瓜野生原種，瓜體只有小碗口大，味道帶苦，傣族人稱之「麻巴悶烘」，完全脫離我們對冬瓜的認知。

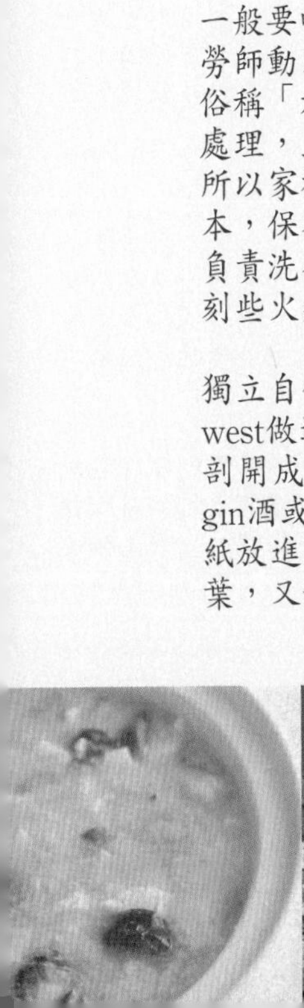

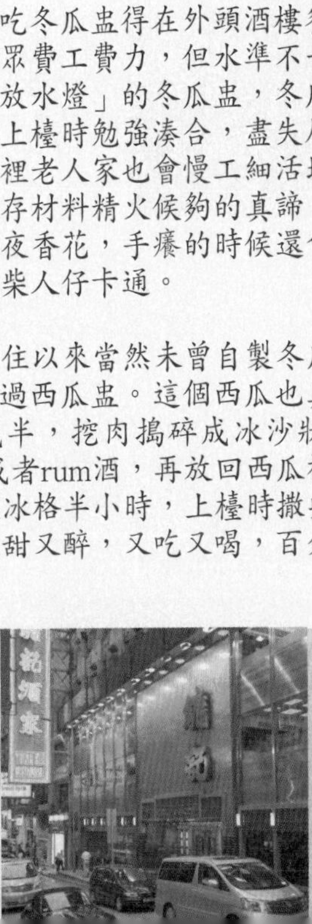

鏞記酒家

香港中環威靈頓街32-40號 電話：2522 1624
營業時間：1100am - 1130pm
別無分店只此一家，鵝髻是什麼質感什麼好味道，該由你來試！

八

七

七　湯與羹是兩回事，再濃再鮮的湯也是「稀」的，但羹卻是「稠」的，多有生粉芡，湯料也作蓉，給人一種隆重的豐厚口感。從冬瓜盅到冬瓜羹，就是用上冬瓜蓉取代部分湯水的做法。此外魚雲羹也是傳統廣東食製，魚頭雲配上豬骨髓、白花膠絲、冬筍絲、火腿絲等，以上湯煮好再調粉漿下蛋液成芡變稠。面前的鵝掌魚雲羹，幾乎是鏞記獨賣，以他們日賣燒鵝三百隻，自然可以有足夠的燒鵝掌，片皮後放魚雲羹中燴之，別有一份酥香腍滑。

八　魚肚粟米羹、瑤柱羹、豆腐羹，都是大筵小酌中常見的羹湯。走一趟老牌酒樓喜萬年，本只集中注意力在DIY手剪乳豬身上，但一嚐他們的粟米魚肚羹，稠薄正好濃淡得宜，叫人有新驚喜。

夏之盛會

影評人林紀陶

已屆秋涼，他忽然說要吃冬瓜盅。

雖然現在一年四季都有冬瓜，但始終覺得冬瓜在盛暑時候最正點，簡單的加一片蓮葉煮成解暑湯水，複雜的當然就是足料冬瓜盅。

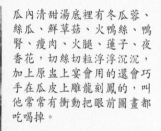

紀陶說他從小只知有冬瓜湯，家裡人多，買來冬瓜半個加點瘦肉再加點蓮子之類，隨隨便便已經好喝。但在中五畢業謝師宴的時候，竟然讓他認識了有冬瓜盅這回事，自此他成了一個冬瓜盅迷。

因公因私到處走的紀陶，吃過無數或大或小或豐厚或孤寡或富或貧的版本，有人由用冬瓜變為用節瓜，有的從原大變成迷你，有的湯底先用田雞煎水取味，而在內地更吃過冬瓜盅的湯料中有梨有蘋果的水果版，但吃喝了這麼多回合，始終還是香港的老牌餐館做得最原始最足料好。大冬

瓜內清甜湯底裡有冬瓜蓉、絲瓜、鮮草菇、火鴨絲、鴨腎、瘦肉、火腿、蓮子、夜香花，切絲切粒浮浮沉沉，加上原盅上宴會用的還會巧手在瓜皮上雕龍刻鳳的，叫他常常有衝動把眼前圖畫都吃喝掉。

從前幾乎只有在夏天才會吃到的冬瓜盅，如今幾乎全年有供應，反而失了珍貴感，甚至覺得食味也不及從前，問他為什麼還是這樣迷——他說是那種瓜蓉在湯水中的透明感以及那一種無法取代的幽幽的綠——

作為影癡的他更提起由吳回導演執導的粵語長片「大冬瓜」，老牌演員張瑛和羅艷卿夫婦倆用心種出的超級大冬瓜足夠讓人躲在瓜裡面，那是純樸的古早世代，若然從小長大在鄉間田裡，紀陶一定會抱著冬瓜睡。

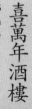

香港灣仔軒尼詩道1號熙信樓1樓　電話：2528 2825
營業時間：1100am - 1200am
如果你目睹一群好漢剛吃完乳豬猝然後一起點了粟米魚肚羹、瑤柱羹和海鮮豆腐羹，幾乎一人一鍋──對了，我就在其中。

喜萬年酒樓

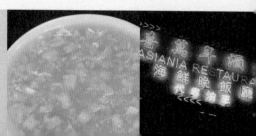

一 一片滷水鵝肉可以好吃到怎樣？當你在別處吃過鹹得苦澀，鮮得嗆喉，肥得打呃，瘦得乾勒的不必再與之掙扎的鵝片，你就知道你追求的是一種平衡和諧，甘香醇美。醇，也就是滷水食物的至高境界。

滷水是一年三百六十五日不斷翻滾昇華，
盡取香料的複雜細緻盡吸肉汁的渾厚精髓，
完全叫人有信心待會入口親嚐到的將會
是絕頂人間美味。

新陳代代

021

滷水跨界飄香

在那一鍋三代相傳了六十年的陳年滷水面前，看著鍋中熱騰騰冒煙的滷水和正在滷製的好幾隻十斤重平頭鵝，空氣中全是早已渾然一體的各種香料芬芳加上豐膩的肉香，細聽店主陳老伯娓娓道來如何每早加香料添味每晚隔肉渣殺菌，反正滷水是一年三百六十五日不斷翻滾昇華，盡取香料的複雜細緻盡吸肉汁的渾厚精髓，完全叫人有信心待會入口親嚐到的將會是絕頂人間美味。

從前不知就裡總覺得一鍋黑沉沉的滷水為什麼可以傳幾代？認識了解過後才知道凝聚當中是一種幾十年上百年如一日的耐力與心神。滷製中的食材不時提吊轉浸，為的是讓滷水能夠滲透滷物令其內外入味，而剛剛滷好食材那一鍋滷水亦不能即時蓋上鍋蓋，否則「倒汗水」會壞了整鍋日月精華，這種全天候全方位的渾身解數打點照料，「滷」出了當事人的一種忠厚內斂穩健細心。

陳勤記滷鵝飯店

香港上環皇后大道西11號地下　電話：2858 0033
營業時間：1000am-1000pm（周日休息）
直系老店一鍋傳了三代的滷水，加上經營者的穩重低調，叫這裡的種種出品從滷鵝到蠔餅蠔仔粥以及潮州粉麵，都是一貫的實而不華，內斂精彩。

二、三、四、五、六、七、八、九、十、十一

六十年老舖陳勤記就是有這一鍋醇美沉實的滷水，滷出來鵝肉豐腴軟嫩，薄切一片芬芳入口。由衷感謝默默站在櫃台後滷鍋旁的店主陳老伯，每日晨早把每隻重約五六斤的鮮宰平頭鵝清洗處理好，放入滷水鍋中浸煮至熟。當中要不斷反覆吊起放下，讓鵝腔中變冷的滷水汁流出，再放下讓熱滷水再注入，保證鵝隻全身內外入味。陳老伯平實謙盧地說他的滷水料只有簡單基本的八角、胡椒、桂皮、丁香、沙薑、冰糖、老抽等等香料和醬油，酒料也只用玫瑰露，調味用上魚露代替鹽，這完全是由他父親那代傳下來的，也傳到他的兒子那一代，代代承傳，滿室飄香。

六	七		
二	八	九	
三	四	五	十	十一

一 每家潮州滷水店都小心翼翼地呵護著那視作靈魂的一鍋滷水，經歷時間越悠久越香濃醇厚。究竟一鍋滷水「初生」之際是什麼模樣？據潮州老師傅口述，要先將肉排、豬腩肉、豬腳以及老雞飛水後下鑊，加入南薑、乾蔥頭、蒜頭和芫荽頭，熬上八至十小時成為濃汁，去掉肉渣後，再加入片糖、鹽、紹酒、玫瑰露酒、老抽等味料，再放入以胡椒、八角、桂皮、甘草、陳皮、草果、小茴、丁香、芫荽、胡椒粉等製成的滷水藥材包，慢火加熱三十分鐘，便成為潮州滷水—

雖然經常企圖很理性地提醒自己食物就是食物，不宜太濫情，但認識的好些滷水店的店主以及其家人卻的確是格外有人情味——這絕不是那種嘴甜舌滑小恩小惠招徠顧客的在店堂裡表演一樣的商業計算，而是看出一家人的確胼手胝足幾代同心地為生計也為那一鍋滷水的傳承維護作出的堅持以及犧牲。畢竟飲食行業是費時勞累且要面對競爭壓力的，特別是已有其他專業學養技能的下一代到了某些關鍵時刻就要作出要否接班繼承家族事業的決定，這可不是我們作為顧客隨便叫一碟滷鵝片一碟滷掌翼再加墨魚呀鴨舌呀這麼輕鬆簡單。當中最難得和特別的也可能就是潮州家庭上一代那種刻苦拼搏的生存意志，竟在滷水翻滾飄香中潛移默化交到了下一代的手裡。

香港皇后大道西261號 電話：2547 4035
營業時間：0900am - 0900pm
人氣旺盛的生記早晚擠滿外賣人群，這個要滷鵝的上莊那個要又脆又爽的滷豬頭肉，另外一個嬸嬸走回來說要添一些鹹菜。

生記滷味

十二、十三、十四、十五

昔日西環潮州巷拆卸改建後，原來的老店遷到鄰近，沿著一條皇后大道西，遍地開花，也吸引後起之秀一爭高下。生記滷味的老闆李先生轉行加入滷味行業，以潮州人的踏實拼搏，短短幾年就打出名堂。店內的滷水品種特多，有特別從潮州引進的獅頭鵝，汕頭「福合埕」的手打牛筋丸，以豬頭、豬腩肉及豬腳熬煮後凝結成的豬頭粽，滷水拼盤中有腎有肝有腸，有滷水蛋和滷豆腐，連豬頭肉豬頸肉和大腸都滷得精彩入味——最愛坐店堂裡喝一口功夫茶，耳聞目睹不絕長龍各位街坊叔嬸各自點買的不同喜好，很生活很實在。

十六、十七

從昔日潮州巷滷水名店斗記的小工做起，正斗的老闆林先生盡得真傳。多年輾轉後自立門戶，與一家大小胼手胝足，令正斗在競爭激烈的這一個滷水老區重鎮站穩陣腳，深受街坊和閩風而至的客人捧場。這裡的滷水鵝片、鴨舌、掌翼和豬耳豬手都是上乘之作，滷水秘方中特別多加了新鮮南薑和胡椒，別有一股辛香。

達人尋味

蘇三茶室掌門人蘇三

說起來，我認識的好幾位曾經或正在當報紙或雜誌飲食版的女記者，都是身材嬌小甚至算得上瘦削的，似乎她們從早到晚飛來飛去嚐遍大江南北以至世界各地美食的這份「優差」，並沒有為她們帶來體態上的強烈落差變化。換句話說，她們真的很適合在這個行業裡發揮所長——我面前的正在忙得不可開交的蘇三，正就是一個典型的例子。而更厲害的是，她從一個資深的飲食雜誌記者的基礎出發，再進一步經營起自家的餐飲實驗品牌：蘇三茶室。

關於茶室的美味種種，還是留待大家親自去驚艷。我趁一個下午大家比較閒，在蘇三店裡跟她和她的攝影師丈夫和丈夫的父母親聊得高興，話題當然關於吃關於廚房關於經營茶室的種種苦樂。不知怎的，從魚蛋粉談到潮州滷水鵝，除了幾家大家一致公認的殷實老店，她極力向我推薦

九龍城的順記——是一提起就忽然雙眼發亮的那種，要不要現在就過去吃，我在旁推波助瀾道，其實是我也早就被她的熱情推介打動了。好，蘇三爽快地回應，且馬上撥一通電話確定那邊是開門營業了。不到三分鐘，我們已經坐在往九龍城的計程車裡。

至於順記的滷水鵝和其他菜式有多精彩多好吃，也留給大家去第一身直擊報導吧，我只能說三個字：不得了。而我一邊吃一邊聆聽蘇三跟店主的友好對答，我馬上感受到一個人對食物食事的關注和細心是可以深入無止境的，當中也不止是純粹技術性的交流探索，更多的是做人處事相互尊重的難得態度。吃這一回事，果然把一個人該有的潛在能力和積極性都導引出來。我也因此馬上明白：蘇三這麼用功，其實也真的很難會胡亂胖起來。

正斗潮州滷鵝專賣店

香港皇后大道西256號 電話：2548 7389
營業時間：0900am - 0900pm
一家笑口常開穩守店堂，除了提供上乘滷水極品，亦是家庭生活教育的模範例子。

指指點點菜式配搭是否成功，
是經驗更是修養，都需要時日鍛練
也得感激同桌共食一眾的冒險精神。

潮 吃 一 朝

指指點點打冷去

022

對於嘴饞的人來說，吃吃喝喝面子攸關。一眾出外吃飯，自然就自告奮勇擔當起點菜的角色，一眼望去既要顧及面前的新朋舊友，記憶搜索開口探聽各人口味，又要翻開菜單盤算濃淡素葷乾濕組合，也得跟服務生互動了解當日精選推薦，憑直覺作取捨判斷──未吃之前就已經把所餘能量耗掉一大半，難怪面對一桌好菜永遠有第一時間起筷的衝動。

指指點點菜式配搭是否成功，是經驗更是修養，都需要時日鍛鍊也得感激同桌共食一眾的冒險精神。一路吃來，常常提醒自己切忌「眼寬肚窄」，如果吃到最後還剩下半桌美食，負責點菜的我肯定責無旁貸。

如何做得到「點」到即止，對一個什麼都想吃什麼都想試的人來說，實在是一趟身心考驗。經驗裡最失控的飲食場面，就是在潮洲「打冷」店裡面發生的。

說起來早在學生時代已經有這種「坐下來吃要聽我

九龍太子新填地街625‧627號（近廣東道／荔枝角道）
營業時間：0600pm - 0400am
位於太子老區的陵發，開業五十多年來都是供應那四十多款傳統潮州菜式，以不變應萬變，也正因如此，真味此中尋。

陵發潮州白粥

	二	三	四	
			八	
	五	六	九十	
一		七	土	

一、二、三、四、五、六、七、八、九、十、十一

三更半夜，潮州打冷店還是座無虛席，一眾潮州非潮州籍人士還在熱鬧嘈吵開懷大啖。坐下來先點一大碗韭菜豬紅，然後問問伙計阿姐還有什麼魚？不用想還是點了大眼雞，蘸上普寧豆醬和秘製豉油，正好，到檔口前看看，決定要滷水大腸，酸菜門鱔和花生鳳爪，怎知吃呀吃著看到鄰座點的凍蟹也不錯，還是多要一碟，一行四人該是吃得完面前滿桌美味吧！

的」傾向，而且樂於很「豪」地請客。其實以當年（甚至現在）的經濟收入狀態，勉強吃飽自己已經很了不起，所謂「豪」，也就是在最廉宜最街坊的地方開懷大嚼，而「打冷」店的環境氣氛菜式選擇還有價錢收費，還算叫一個普通中學生如我「豪」得起。

我不是潮州人，所以更對那潮州「打冷」店堂裡在進門處擺滿掛滿的熱的冷的五花八門很好奇很有好感，因此一坐下也就一發不可收拾地點點點，從最簡單的白粥、鹹菜、鹹蛋、菜甫和筍叫起，到滷水鵝片鵝掌翼、滷水豬腸拼生腸和鵝腸，還有必吃的韭菜豬紅、炆豬腳雞腳加上花生，以及那稱作「魚飯」的凍魚如烏頭、沙鯭、沙錐、大眼雞、鯛魚……至於那湯汁特多的鹹菜煮門鱔、肥嫩鮮美的蠔仔粥鱠魚粥、香辣惹味的炒田螺炒薄殼，叫滿了一桌還想再叫，幸好當年的「打冷」店並沒有甜品如芋泥、反沙芋，甜湯如清心丸綠豆爽，點心如糕粿，否則的話，眼寬肚窄這個美味的罪名就得一世擔當——六個男女中學生，點了二三十碗碗碟碟，到最後連路過的兩位老師也得坐下來幫忙。

— 吃潮州菜為什麼會稱作「打冷」？吃高檔的潮式魚翅與吃碗潮州粥加花生菜脯又可否同樣稱作「打冷」？「冷」是潮語裡「人」的意思，「打」是否拳打腳踢的「打」？又或者是光顧的意思？上文下理總是不通。親自詢問過不下十個開「打冷」店的老闆，做傳統或者新派潮菜的師傅，甚至身邊的文化「潮」人，有說「打冷」真的是打人，源起自上世紀上環皇后街潮州小食店潮籍鄉里共對付賴帳的霸王食客，群起擁前「打冷」，但亦有人指此說無稽，既然答案莫衷一是，為免誤導，還是無可奉告，繼續追尋。

— 潮人好醬，即使一般潮菜已經是鮮濃鹹香，但不同的醬料還是放滿桌，好以配合不同的菜。普寧豆醬最適合用來配蒸魚（魚飯），浙醋用來點凍蟹及花枝，魚露和辣椒醬都可用來配蠔餅，蒜頭醋多是自家製，以蒜頭粒辣椒粒和米醋混成，配滷水食物最妙。

九龍九龍城南角道41號 電話：2718 7737
營業時間：0600pm - 1130pm
從前多番經過並不起眼的順記門口，不知門路並無光顧。幸得當幾同道學妹蘇三的指引，一試驚為天人。自此招朋引伴，一眾一致評為極品。

順記潮州飯店

十二、十三、十四、十五、十六、十七

有粗豪版本的街坊打冷店如太子道的陵發，但價錢相差不遠的九龍城順記卻以精細用心叫人眼前一亮，與水瓜烙製法異曲同工但口感食味都不一樣的蘿蔔烙，芬香醇美的鵝片拼豬腳，外脆內軟的豆腐卷，汁鮮彈牙的墨魚卷和酥香粉嫩的芋頭卷三拼上場，還有從未在別家潮州館子吃過的炸得酥到骨裡又沾滿甜蜜梅子醬的鱿魚仔，就連小小一碟自製鹹菜加上自家製的辣椒油，都是難得美味。當然要感激的是老闆陳先生一家人在廚房內外合作無間，踏實低調地為顧客提供最好。

文藝鮫魚

「阿麥書房」負責人 莊國棟

James說他不是文藝青年，他只是一個曾經住在西環的潮州人。

說實話我也不覺得他像一個文藝青年，因為我認識的好一大堆文藝青年（特別是潮州人士）都很自覺、很緊繃，很認為這個世界欠了他們她們好多，並沒有如James這樣寬容、坦白、放鬆。這也是為什麼我會常常向認識的所有文藝青／中／老少年建議，該到阿麥書房逛逛坐坐買買暢銷和滯銷書，你會察覺了解認識到經營也是一種創作，商業可以跟藝術結合，當中一樣有我們汲汲追求的真善美。

其實我想說James有種佛相，圓潤慈祥，至少是Q版小活佛。接近午夜時分和他坐在一個嘈雜光猛的潮州打冷店裡，他三番四次地問服務小姐有沒有鮫魚，小姐像是聽不見的沒有正面回答，只一

味推薦韭菜豬紅、大腸花生之類，可見有求未必應，眾生（不？）平等。為了眾人福祉，在大學主修電腦狂看電影的James視開書店只是一個開始，在這個小小空間裡讓大家開心，學習相處邊就磨合，接著可以做的要做的還有許多。

來自一個傳統潮州家庭的他，秉承所有慳儉、勤勞和生意經營的能力，對於食物，問他最期待馬上能吃到的是什麼？他的答案竟是隨遇而安——看來是那段一條半條根本可能不存在於這店裡的鮫魚，沒有，也真的沒有什麼大不了。潮州食物大多用上很便宜的材料，James說，即使貴，也就是用了複雜的烹煮方法，把便宜的變得矜貴。他這樣隨便的就說出了一個看來甚有經營體會的大學問。很明顯，他真的不是一個文藝青年。

九龍九龍城城南道60‧62號地下 電話：2383 3114
營業時間：1100am‧1200am作為九龍城老區的潮菜名牌，早晚到此朝聖的老饕絡繹不絕，在入門處open kitchen稍事停留指點，最新鮮最揀手最道地正宗的潮式大菜小點就會隨即上桌。

汕頭創發潮州飯店

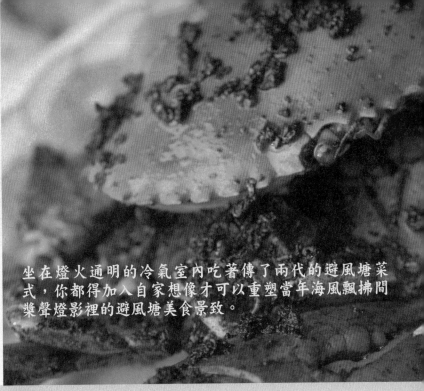

坐在燈火通明的冷氣室內吃著傳了兩代的避風塘菜式，你都得加入自家想像才可以重塑當年海風飄拂間槳聲燈影裡的避風塘美食景致。

023 風流避不了

將槳聲燈影

我所知道避風塘並不是那曾經可以讓一般市民在堤岸上納涼然後慢慢發展成高檔海上飲食娛樂場的銅鑼灣避風塘，說知道而不敢說認識其實是小時候經常乘渡輪從深水埗碼頭往中環或西環方向途經的油麻地避風塘。

印象中油麻地渡輪從老舊的深水埗碼頭開出，先經過左岸一些類似修船廠、貨倉和裝卸碼頭，然後就是那泊滿船桅高舉的漁船和蓬船的避風塘，直覺知道那該是一個我們這些岸上人無法闖進的獨立世界，誇張說來有點像海上的九龍城寨。因此作為九龍深水埗小街坊的我更不清楚對岸銅鑼灣避風塘為什麼可以變成紙醉金迷夜夜笙歌的一個飲食娛樂場，也無緣吃到那些在食艇上架起火水爐用豆豉和蒜頭現炒的蟹和蜆，那些用燒鴨骨和瑤柱熬煮湯底的沙河粉切得格外幼細的燒鴨湯河，還有傳說中的艇仔粥，油鹽水浸泥鯭加上耳畔傳來歌艇歌女獻唱的《Beautiful

避風塘興記

九龍尖沙咀彌敦道180號寶華商業大廈1樓（近山林道）　電話：2722 0022
營業時間：0600pm - 0500am

當年在避風塘以賣燒鴨河和油鹽水泥鯭聞名的興記，九五年封艇上岸後輾轉於六年前重開，由興叔的大女兒蓮姐掌舵。慕名第一次來興記朝聖的，樣樣好味道樣樣想吃，但在蓮姐面前，一定要乖。

二	三	四	五
六	七	八	九

一、二、三、四、五、六、七、八、九

有眼不識泰山，曾經被碟裡鋪天蓋地炸香金蒜熱氣非常的炒蟹吸引過去，以為這就是避風塘炒蟹了。直至來到正宗避風塘興記，在掌舵人蓮姐的指點之下，才知道古法避風塘炒蟹用的味料是豆豉蒜頭和辣椒，豆豉先浸水去鹹，搗爛加進蒜頭一同起鑊，再加入辣椒乾和鮮辣椒與碩大無朋的越南蟹共兜炒。蟹的辣度有小、中、大，狂辣和顛辣，但保守如我想吃得到蟹的鮮甜，還是小辣好了。上碟的古法炒蟹單論賣相已經先聲奪人，炸得酥脆的豆豉鹹香撲鼻，加上椒蒜的辛香，我不客氣了。

一 避風塘，顧名思義是為船隻停泊躲避颱風而建，後來亦成為水上人家在打漁歸航期間的一個集居地，水上人家都有駁艇方便出入上岸，發展下來也開始接載到岸邊遊玩的市民遊船河乘涼，更從初期一小時艇租五毛錢發展到六〇年代後一小時艇租五十元的高消費玩意。

其時從農曆三月天后誕至重陽節之間的夏夜，是銅鑼灣避風塘熱鬧風光的時候。每晚有艇女撐著駁艇接載客人到避風塘中的客艇，客艇只設座席，食物由食艇供應。當中最出名的是漢記，以豆豉蒜頭炒蟹炒蜆招徠，而以燒鴨河聞名的就是興記。

避風塘中亦有賣酒賣生果賣糖水的艇販，擠著歌女和樂師的歌艇也隨風逐浪而至，無論是粵曲、國語金曲、江南小調以至英文金曲都可以點唱，幾首曲子下來動輒幾百元，加上租艇錢，飲食消費，實在是一個繁華銷金窩。

及至九〇年代初，政府終於因為海上污染與安全的問題，通過法令禁止在艇上煮食，致令眾多食艇決定封艇上岸，避風塘的繁華歲月告一段落。

Sunday》……好久好久之後我第一次吃到標榜正宗的避風塘炒蟹的時候，維港兩岸的油麻地和銅鑼灣避風塘都因為污染問題早已把艇戶遷徙上岸，避無可避成為歷史，面前那碟堆滿炒得酥香蒜頭的炒蟹，原來已經是遷就岸上人口味的變種金蒜版本了。

坐在燈火通明的冷氣室內吃著傳了兩代的避風塘菜式，無論你刻意探根尋源找到由當年避風塘食艇大廚師及下一代主理的「興記」「喜記」或者「橋底炒蟹」，你都得加入自家想像才可以重塑當年海風飄拂間槳聲燈影裡的避風塘美食景致。吃罷了一段歷史，好不好吃自有個人標準，沒有懷舊的包袱就行，反正蒜頭豆豉還會繼續下鑊延續當年風流豪氣，蟹還是會肥美橫行。

避風塘喜記

香港銅鑼灣謝斐道379 - 389號（近馬師道） 電話：2893 7565

營業時間：1200pm - 0430am

灣仔鵝頸橋一帶眾多以避風塘菜式為主打的餐館，其中以喜記的避風塘炒蟹最受注目，老闆廖喜早年於避風塘練得一手炒蟹功夫，上岸後更吸取顧客意見互動改良，發展出多款只此一家的獨特風味菜式。

十 其實在炒蟹未上場前可以先來一盤當年避風塘經典菜式白灼小食，六小福拼盤裡面有白灼海蜇、魷魚、豬肚、豬䐃、粉腸和韭菜花，只要材料新鮮處理得宜，白灼最能突出鮮美原味，再蘸上少許用以提味的辣椒豉油，一絕！

十一 燒鴨河是興記的m1招牌菜，據聞昔日在避風塘每日光靠賣它也可做上萬元生意。燒鴨雖然不是自家燒烤，但那用大地魚乾、瑤柱和鴨骨熬成的鮮香甜美的湯底，加上那用手切得特別幼細只約三毫米的河粉，盡吸湯汁，滑溜入口，是從未有過的燒鴨河經驗。

十二、十三 久違了的白灼東風螺和豉椒炒蜆，亦是避風塘食制的兩大主打。近年不敢胡亂在外吃貝殼類海產，怕的是來貨不潔處理不當，但以興記與商販交往的江湖地位及其安全細心的服務，海產都以化學海鹽貯養，叫人放心重拾往日鮮美。

十四、十五 足料馬蹄竹蔗水一解火爆熱毒，喝不停口。

十一	十二	十三
	十四	十五
	十	

宵夜風流

演員 黃子華

相約子華去吃他最想吃的東西，他並沒有守規矩查看我提供建議的選擇名單，劈頭就說要在宵夜時候去吃鮑魚或者燕窩甚至魚翅——說來這樣政治不正確的高檔東西也真是他最喜歡的。

回想當年剛畢業的幾個廣播電台男工友因為人工少開支大被迫同居的好日子，我們頂多是在何文田勝利道街口買魚蛋粉買白粥炒麵宵夜大家一起幾份分吃。時移世易，想不到吃不起的不該吃的都出場了。見我臉色有變他馬上改口，還是去吃避風塘炒蟹吧。

屈指一算恐怕也有二十年前，子華第一次也是唯一一次跟著外公到銅鑼灣避風塘宵夜，算是見識見識。老實說，他對究竟當晚是炒了蜆還是炒了蟹沒有什麼印象，倒是深刻記得吃過了平生嚐過

最好最好味的一碗燒鴨河粉，而且是完整的一碗，並不是那些子華夾兩箸試試的版本。他對那碗燒鴨河粉的惦念迷戀推崇，就像他的眾多「粉絲」苦等經年就是為了看他再度公演棟篤笑一樣，正，正，還是正，無話可說。

當然他還記得外公喚來歌艇點唱《客途秋恨》，付了三百大元叫子華目瞪口呆，至於之後有沒有獻唱《Beautiful Sunday》，記性其實不大好的他說忘了。

多年老友開口，一碟避風塘炒蟹就盡情地拆吸吮咬吧，早已吩咐少辣因為三天後就要看他一人獨站台上笑得台下人仰馬翻。那碗燒鴨河粉當然也少不了，吃罷一碗可以再叫，誰相信風流終被風吹雨打去。

實在也弄不清為什麼身邊土生土長的香港自己人也真
有怕蛇和堅拒吃蛇的，
﹨其實廣東人從來都有吃蛇的傳統，
生吞活剝，拆骨取肉，都是光明磊落的動作

引蛇出洞

拆骨取肉 一蛇羹

024

其實從來都不怕蛇。

成長在鋼筋水泥「森林」的市區的我，連花草樹木也不多見，更遑論蛇。

因為少接觸，沒感情也就談不上愛恨，而且人蛇地位從來不平等，管你是飯鏟頭、過樹榕、金腳帶、白花蛇或者三索線，蛇好像早就被困於籠中浸於酒裡，等那呼呼秋風起。我們這些路過蛇店的，只是稍稍地好奇地張望一下，保持一個安全的距離壓倒性的姿態。

說來也是，又要怕又要吃，作為四體不勤五穀不分的一份子，根本沒機會也沒打算認清這種蛇跟那種蛇的不同長相和不同療效，只是到時到候，就心思思想吃一碗蛇羹，呼朋結伴去吃蛇宴，近年更樂此不疲的吃椒鹽蛇碌以及蛇肉火鍋，也早就把當日SARS時候對野味的恐慌及其對蛇的牽連給忘掉了。

實在也弄不清為什麼身邊土生土長的香港自

香港中環閣麟街30號地下　電話：2543 1032
營業時間：1200pm - 1030pm

蛇王芬

作為半個中上環街坊，蛇王芬是我在忙亂工作過後累了餓了的最佳稍息歇腳地。時屬秋冬，蛇羹、臘腸膶腸 雙拼飯，再來一碟青菜─回家一樣的有安樂茶飯。

一、二、三、四、五

理所當然的每到秋冬就要吃碗蛇羹，補不補身在其次，倒是在蛇羹蛇肉那獨有的一種鮮味。用上「鮮」這個形容詞其實還真的不太準確，在我的認知裡那是一種介乎手腥、羶、野的味覺，很曖昧很含蓄，無可替代。特別是做成羹湯之後，更是發揮出一種特別魅力。從前家裡有自製蛇羹的習慣，我算是落手落腳小幫工，現在當然忙了懶了，找一家有信心有保證的老店就可以一嚐所願第一選擇當然是蛇王芬。用上鮮豬骨、鮮雞、鮮蛇骨，十五年以上的陳年果皮、華東金華火腿、圓肉、蔥粒、竹蔗段和生薑絲，花上十二小時去熬煮蛇羹的靚湯底，再以人手去撕拆鮮雞絲和鮮蛇絲，將香菇、木耳、果皮和薑都切得幼細均勻，更放進特製的可怯風寒又不令蛇羹味道奇怪的無辣薑絲。將材料放進湯底燴好蛇羹後更加上靚花膠，讓湯底更加濃稠，進食時再以檸檬葉絲和薄脆作為佐料，一碗豐足完美的蛇羹就在眼前。蛇羹以外，蛇王芬當然還有不少經典的蛇饌菜式如海參花膠蛇脯煲、酥炸蛇丸、炒蛇絲、胡椒根燉五蛇和椒鹽蛇碌，都是每年一入秋冬的熱賣。

六、七

既重視傳統亦不忘創意，和暢之風老闆吳師傅將珍珠炮蛇皮用火腿上湯浸了兩日，配上海蜇皮，加上乾蔥、薑蓉和麻油拌勻，口感柔韌爽口，味道鹹鮮，實在是前菜中的驚奇──而到了甜品時間的蛇膽果凍，澄澈幽綠，入口柔滑甘美。

己人也真有怕蛇和堅拒吃蛇的，我只好笑笑口地跟北方來的朋友像「推銷」說，其實廣東人從來都有吃蛇的傳統，有如儀式一般的生吞（蛇膽）與活剝（蛇皮），拆骨取肉，都是光明磊落的動作，蛇入了大戶人家也變成聞名四方的江孔殷太史五蛇羹（至於相傳的龍虎鳳大會中的貓，又真的挑戰另一個禁忌！）。那天在「蛇王林」看師傅伸手進籠取蛇，被早已脫掉毒牙的蛇反咬一口，師傅也習以為常地把血抹走就繼續工作，也沒有膽不膽大英不英雄的多餘說話。

養蛇捉蛇殺蛇是一回事，比較男性，但一說到蛇羹，面前就出現一群巧手撕蛇肉的「女工」。我家餐桌從來沒有那些誇張厲害的宴客大菜，唯在秋冬時分總會隆而重之地做三數次蛇羹暖身補身。從相熟的蛇店買來剛剝好的整條蛇肉和蛇骨，媽媽、外婆和老管家瑞婆圍坐一起把蛇肉連同雞肉瘦肉分別拆成細絲，蛇絲用薑汁和酒炒過以辟去腥味，新會陳皮和冬菇和花膠也浸透剪細成絲，馬蹄或者筍切幼備用。放有蛇骨的雞湯熬好後隔走湯渣，放入所有材料再燴，完成前加入調味料，好事手癢的我通常也拿起剪刀，負責把將要撒在碗中的檸檬葉剪成幼絲──所以很長一段時間一聽說要吃蛇羹我都像忽然聞到檸檬葉的清香。

蛇王林

香港上環禧利街13號地下　電話：2543 8032
營業時間：0900am - 0600pm（周一至周六）/ 0900am - 0500pm（周日）
只賣蛇肉蛇膽蛇藥而不賣熟食的蛇王林，利潤微、風險高，加上近年各種突發疫症，守住專一這兩字，代價太大。

			十	十一	十二	十三
八	九	十四	十五			
		十六	十七	十八	十九	
		二十	廿一	廿二	廿三	

八　蛇王芬開業六十多年來，用的蛇都由上環百年老店蛇王林提供，師傅手執大蛇小蛇向我展示其新鮮
　　生猛──換了是幾十年前蛇業最風光興盛的時候，哪有空招呼我這些無聊好事的。

九　店內的蛇櫃都是古董級文物，每扇櫃板都寫著毒蛇兩個鮮紅大字也夠驚嚇。

十、十一、十二、十三
　　師傅手勢純熟的示範徒手生取蛇膽，破囊並混入酒中成幽綠顏色，我一時大膽拿過來一口就喝了。

十四、十五、十六、十七、十八、十九、二十、廿一、廿二、廿三
　　每回到蛇王林，如入時光隧道般細看店內屬於上上世紀的蛇櫃蛇籠以及貨架上排列整齊的瓶瓶罐罐
　　蛇酒蛇藥，一方面奇珍奪目另一方面也不禁懷疑老店面對行業式微如何維持生存能力，連舖內老員
　　工老師傅也不予厚望地奉勸後生一輩不要入行，可能在不久將來我們就被迫目睹這些老字號進入不
　　知何時回暖的蟄伏期。

引蛇入室

廣播電台DJ、電視節目主持森美

電話那端森美興高采烈而且立場堅定地說非蛇莫屬，叫我差點誤會他可能是蛇王森或者蛇王美的第八代後人。

事實真相不是森也不是美，倒是一家喚作「聯盛」的大寶號，是森美祖父輩經營的一家包辦筵席的店舖。近廚得食，少年森美一年到晚吃盡不少酒席宴會菜，大魚大肉不在話下，失傳冷門菜如「金錢蟹盒」或者買少見少的「大良野雞卷」也是家常菜。既有廚師班底，秋風起三蛇肥，當然也少不了花神費時百吃不厭的五蛇羹。

說到蛇，森美眉飛色舞地說，記得小學時代傍晚時分在石硤尾下課後穿過街巷到深水埗乘地鐵回家，當街就有蛇王某叔叔在擺檔賣藝，亮刀徒手取蛇膽讓有需要的客人和酒生吞，再同場加映活剝蛇皮拆骨取肉的短片，猶記得蛇王某還向少年森美展示蛇體生理知識，大言不慚地說蛇有二鞭，叫街頭一眾目瞪口呆嘖嘖稱奇。當年在電台直播室認識的小同事森美，現今已經在影視廣播媒體以及舞台上縱橫闖蕩，他的家裡也並沒有再延續包辦筵席的生意，只留下幾雙當年刻龍雕鳳的象牙筷子。包辦筵席這一個行當的式微固然有其迫不得已的時世原因，但至少已經培養出一個像森美這樣先行一步盡嚐美味的嘴刁執著的小朋友。

香港銅鑼灣波斯富街24號　電話：2831 0163
營業時間：1130am - 1200am

蛇王二

有九十年歷史的蛇王二，舊舖原在上環。搬到了銅鑼灣的現址後，以蛇羹和臘味打出名堂，成為好蛇之人的秋冬進補地。

雖然說隆冬時分氣溫驟降之際，
相約親朋好友圍爐共聚才真正有氣氛
亦合乎生理狀態，但嘴饞愛吃的一眾
又怎麼有耐性苦候春夏秋呢？

一　火鍋湯底千變萬化，如果說這是時代進步了，我也懶得去爭執議論。喜歡不喜歡，如此而已。所以溫和如面前的豬肺湯作火鍋湯底，也是未嘗不可。如果有人只用清水打邊爐，或者只用陳皮加江南正菜絲加清水作鍋底，那是更高檔更能吃出食材原味的選擇，何樂而不為？

停不了的民間傳奇

炎夏火鍋

025

攝氏三十二度的炎夏傍晚，太陽提早收工躲起來，烏雲壓頂但又久久不下雨，四周空氣幾乎凝固翳悶到不行，電話響起那端是老友，聞其聲也知是悶熱得不耐煩了，第一時間相約吃晚飯——去吃火鍋？Why not？

開著冷氣吃火鍋，早已是香港民間傳奇習俗，雖然說隆冬時分氣溫驟降之際，相約親朋好友圍爐共聚才真正有氣氛亦合乎生理狀態，但嘴饞愛吃的一眾又怎麼有耐性苦候春夏秋呢？

放下電話不到一個小時，我們已經坐在九龍城那個冷氣隨時把人轟倒的小小店堂裡，翻著那密密寫滿火鍋用料和特色湯底的菜單。老實說，我對火鍋這回事，實在又愛又恨。愛的是那種親密直接的桌面關係，一切吃的喝的都光明磊落透明度高，加什麼調料混什麼醬都有自由，而集體參與互動力強，同檯相互照顧也好搶掠也好，少嚕嗦不客氣。但恨的也就是坐下來你我各有所好，結果點出一桌紛紛雜亂：肥牛肥羊五花腩脆鯇鱔魚腩魚卜扇貝海蝦魚扣雞腸鵝腸豬粉腸生根金菇野生竹笙

龍城金記海鮮火鍋

九龍九龍城南角道71號地下　電話：2718 8660
營業時間：0630pm - 0200am
在九龍城老區這個飲食重鎮面對各種挑戰又可以站穩腳步，龍城金記的掌門人和服務團隊付出的努力不止是洗洗切切調沾醬那麼簡單——

```
 二  三     四
   五  六
 七  八  九
```

二、三、四
現場手切肥牛肉，看得出的鮮美嫩滑。

五、六
鳳尾蝦、花螺片這些火鍋精選材料，要敏銳準確地下鍋
一灼，其鮮其嫩其美，叫人衝動一試再試。

七、八
從外而內，食不厭精。鮮牛肝與豬前膜，仔細薄片以
刀工去贏取口感。

九　平日謹謹慎慎少吃多滋味的酥炸魚皮，一到火鍋時間就
　　放肆起來盡地一煲。

― 要追溯火鍋的源頭，可以長篇幾萬
字。出土文物裡東漢時期的鑴斗和南
北朝時期的銅甕，都是火鍋的「鍋」
的原型。據說乾隆皇帝最喜吃火鍋，
六次南巡，所到之處都要為他宴席上
用的不同檔次的銀鍋錫鍋銅鍋而張
羅，歷代文人中以袁枚最反對火鍋，
「冬日宴客，慣用火鍋。對客喧騰，已
屬可厭。且各菜之味，有一定火候，
宜文宜武，宜撤宜添，瞬息難差，今
一例以火逼之，其味尚可問哉！」

― 既然你我在外浩浩蕩蕩的火鍋大潮流
中還是得吃，倒不如謹記以下食用火
鍋安全注意事項（如果你還未吃到忘
形的話）――

― 用明火烹煮火鍋時，會產生大量二氧
化碳，因此要確保空氣流通；

― 火鍋材料應貯存在攝氏4度或以下的冰
庫內，在食用時才取出；

― 生熟食物要分開處理，使用兩套筷子
和用具來處理生和熟的食物；

― 每次加添水或湯汁後，應待鍋水再次
煮沸後才繼續煮食

― 必須徹底煮熟食物，高危食物如海產
類，應放在沸水中煮最少5分鐘；

― 不應將熟食蘸上生雞蛋，因蛋內可能
存在的致病原會污染熟食；

― 禽肉必須徹底煮熟才可食用，禽肉中
心溫度須達攝氏70度，並持續烹煮最
少2分鐘

冰豆腐，還有豬橫脷豬氣管牛柏葉牛睪丸，各
式魚丸肉丸水餃加上手唧魚麵和日本茼蒿等等
等等，而近年變化多端的湯底也叫人嘆為觀
止。從最普通的芫荽皮蛋湯、沙茶或者麻辣
湯，到鹹菜魔鬼魚湯、酸辣粉腸豬肚湯、枝竹
馬蹄石頭魚湯、薑汁天麻魚頭湯、番茄蟹湯，
以至英式紅酒牛尾湯、潮州海蜆湯、火焰法國
青口湯，凡是可以放進水裡的都可以成為湯
料，所以這種為多而多為變而變的做法，叫大
家的口味都慌亂起來，也再沒有什麼傳統配搭
的標準，難怪好些前輩食家都對「新派」火鍋
口誅筆伐，直斥沒文化。

雖然我對一度流行的一人火鍋並沒有太大興
趣，直覺好孤單好可憐，但從中也可參考變化
出「集體一人火鍋」――還是大伙兒一起吃，
但一人一鍋一湯底，嚴選不多於四種材料，仔
細嚐出先後真滋味，所謂飲食文化，其實也就
是一種紀律！

香港銅鑼灣謝菲道440號地下　電話：2838 6116
營業時間：0600pm - 0300am

前篇教路，正中合我意，來到謙記要吃這裡的鮮鵝腸和牛頭脊。還是那
個原則，每回集中精神吃二三樣材料，仔細吃出箇中真味。

謙記
火鍋

十　每次吃火鍋，都有參與大型歌舞片製作的感覺，花團錦簇，目不暇給，前呼後應，滿頭大汗……

十一、十二、十三
初來龍城金記，發現這不得了的炸腐卷──豆味特濃的腐皮，在油鍋中一揚一捲，待會兒火鍋湯中輕輕一蘸就盡吸日月精華。

十四、十五
日本春菊、本地菠菜，沒有忘記政府忠告一比二比三的蔬果比例。

十六　要內容有內容，要形式有形式，流行食法自己動手，把魚漿擠成麵條，寓遊戲於飲食。

詩人火了

詩人、童話作家曹疏影
詩人、攝影師廖偉棠

偉棠不嗜辣，但他深愛的疏影卻很能吃辣，所以他就欣然的跟她一道去吃辣了。

偉棠不抗拒火鍋，但在北京生活的那段日子，身邊的朋友無火鍋不歡，天天都圍爐吃呀吃呀吃的，他實在受不了。有天吃飯時候大伙自然就七嘴八舌地說要到這兒那兒去吃火鍋，他聽著聽著，忽然就哇一聲的哭起來了，許是覺得自己太可憐──當我身邊這位優秀詩人和攝影人笑著挨著她的新婚太太疏影跟我說起這段往事，我手中持筴著的那一片肥牛幾乎噗通一聲掉到面前的那鍋湯底裡，掉到清湯那邊還好，掉到麻辣那邊就不好了。

詩人有意思，率真敏感，要哭就哭要笑就笑，我們這些知覺日漸麻木的凡俗人等正正需要像偉棠這樣走在前面的朋友，重新提煉文字，巧妙處理意象，引領我們以創新的敏銳的視角，面對像火鍋吃到一半的那種混亂和渾濁的生活。

既然避不了這天天都可能碰上的火鍋，我打趣著跟詩人和他的來自東北、最懂得酸菜白肉火鍋該是個怎樣的家常味兒的疏影說，不如除了主辦詩朗誦或者攝影展，我們得先下手為強，把各省地各流派的火鍋來一個研究分析整理，也就是說，先吃，然後提出一個更安靜更純粹更個人更風格化的火鍋吃法。偉棠笑不攏嘴，隨即向我推薦這個生化科研項目的創意總監，應該是他身旁的摯愛太太。

英記火鍋海鮮酒家

香港西營盤德輔道西103-109號樂基商業中心1-2樓（威利麻街入）
電話：2548 8897　營業時間：1100am - 0200am
上環老舖英記，早在火鍋行頭風起雲湧前已經領導潮流，鍾情的回來重拾舊歡──宮崎牛刺身、吸水象拔蚌、雪花肥牛肉，還是始終如一的高水準。

我想我這一輩子也不能真正清心寡慾的了，
即使要鼓吹什麼簡樸生活，
也會給自己留一個可以放肆地大啖叉燒的配額。

感激叉燒

半瘦還肥

026

人學瑜伽我學瑜伽，幾年下來始終未能把左腳或者右腳放到頭頂上，除了因為練習時間斷斷續續未盡全力，我想我其實知道真正原因何在。

在練習呼吸調息和各種肢體招式之前，老師會要求我們先冥想放鬆——盤膝舒適坐好，從頭部到脊背都挺直，閉眼，想像面前有一點光，然後慢慢地進入一個絕對平靜的虛無的什麼也不想的狀態——每次我進入這個超然境界不到三分鐘，面前的混沌一片就慢慢從抽象變回具體，在一千萬樣人事重新湧進來之前，往往腦海裡最先出現的，真不好意思，當然是食物！特別是那些漏著油流著蜜，一看就知道咬下去一定多汁多肉嫩，夠軟糯夠焦香的半肥瘦叉燒！

我想我這一輩子也不能真正清心寡慾的了，

香港皇后大道中租庇利街9號舖 電話：2545 1472
營業時間：1100am-1000pm
年逾七十的總舵主蘇慶老先生出身廣州燒臘世家「越興隆」，
開舖四十多年，與兒子、李師傅及眾多忠心伙計努力不倦，近
年更上層樓把老舖翻新，唯是叉燒依舊甘香肥美，始終不變。

金華燒臘

一　半肥瘦外脆內嫩、肉汁滿口蜜香四溢，大膽的更可以選擇微焦邊位，叉燒的終極標準。

二　老舖金華的叉燒用上梅頭肉（豬脊肉），薄切約二吋厚，先啤水一小時，洗淨血水，稍乾後再放入沙薑粉、五香粉、糖、鹽混成的醃粉，再加入磨豉醬、麻醬、乾蔥、大同生抽、海鮮醬、天津玫瑰露，醃製最少三小時。

三　把醃好的豬肉用烤叉穿起，一排六件略留空隙，放進明火掛爐燒約四十五分鐘，燒的時候還得把叉燒不停轉身，保持肉身受火均勻。

四　燒至九成熟之際還得離爐稍涼，由熱轉冷讓豬肉收縮，把肉汁存在叉燒內。接著把叉燒浸蘸麥芽糖，稱為「上糖」，再回爐燒約五分鐘，最後一分鐘將火調至最大，讓叉燒的邊位搶火微焦，稱為「爆香」──完美叉燒大功告成。

五　金華燒臘前舖後廠即燒即賣，燒味源源不絕保證新鮮，是我等叉燒迷之福。

即使要鼓吹什麼簡樸生活，也會給自己留一個可以放肆地大啖叉燒的配額。回頭一想也不妨狡辯，我們練習瑜伽也好氣功也好，其實都是求一種身心的祥和喜樂，而半肥瘦叉燒帶給你我那種滿足那種溫暖那種甜美，唉，一言難盡。

沒有經過父母長輩的戰亂歲月貧困時期，我們這一代即使不是含著銀匙抱著鮑參翅肚來到這個世上，但起碼也可以是一件肥美惹味的叉燒──「生舊叉燒好過生你」只是我們實在太頑皮的時候父母一時意氣的說話──叉燒與我們這些庶民同在，即使偶爾有機會也嚐過高檔餐館的天價叉燒皇，好是應該正是沒話說，但到底還是街頭巷尾茶樓酒館燒臘飯店那種嘈嘈雜雜熱辣辣香噴噴最得我心，一年四季全天候，從孤家寡人到聯群結黨，無叉燒不歡，肥一點點無妨。

── 曾幾何時，香港的燒臘都以炭燒，行內師傅說炭爐有「陰陽火」，弱盛變化間燒出來的叉燒有炭香，別有風味。但為免污染空氣，政府在80年代已經停發炭燒牌給坊間餐館，現時大多採用不鏽鋼煤氣爐。

── 叉燒選用材料上鮮肉跟凍肉口感完全不同，鮮肉叉燒紋理細密，入口夠嚼勁，凍肉叉燒比較鬆軟。

── 醃料是叉燒的靈魂，內容除了磨豉醬、麻醬、海鮮醬、生抽等基本材料，不同店家還會各自加進桂末、甘草、五荽粉、乾蔥、玫瑰露等等，上糖會用長城牌麥芽糖。

── 講究的店家對醃料與肉的比例嚴格拿捏，五十斤肉用上十二斤醃料，更不會把醃料不斷翻用，而醃料亦得先煮成熟醬，醃肉才能入味。

── 一斤叉燒燒好只有十二兩重，更講究的會回爐再燒通透入味，只餘十兩。

西
苑
酒
家

香港銅鑼灣恩平道28號利園二期101－102室（銅鑼灣店）電話：2882 2110
營業時間：1100am-1145pm（周一至周六），1000am-1145pm（周日）
在西苑眾多的招牌菜式中，「大哥叉燒」始終是首選一絕，
叉燒迷更可先來一碟叉燒，再來一籠叉燒包，再來一碟雪影叉燒餐包……

 六

七

六 肉地細緻肥瘦均勻，從選料開始已經領先一步，特別精彩的是把叉燒斬至2cm闊厚，蜜汁裏身誘人——

七 西苑的半肥瘦大哥叉燒明爐現烤，午市和晚市都以限量版姿態出現，叫心急食客如我還未坐好開餐已經先點一碟，以免向隅。

無政府叉燒

攝影師 馮建中

John Fung說要吃一碗沒有叉燒的叉燒飯，果然厲害。

早在坊間吹捧一堆實在太不像話的什麼型男什麼都會美直男之前，我們一眾早在四分一世紀前把John封聖，視為文化性感偶像。這麼多年過去，John Fung仍是John Fung，依然高䠷瘦削舉止俐落，一頭白髮是成熟是滄桑都再不需要巧作文章，有些標誌老了也不失效。

John Fung應該不是那種會刻意減肥的人，近年熱衷起跳Tango的他其實可以大喍叉燒，但他選擇的是一碗只是單純澆上豉油和叉燒汁的「上色」白飯，更顯他跟叉燒的「特殊」關係。

他第一次吃到叉燒是在非洲，那年他九歲。叉燒是他爸爸在後園裡割開一個鐵桶做成烤爐自家烤成的。移民在外一家數口要吃什麼家鄉食品都得自己做，包括叉燒。所以這生平第一塊烤得焦

香甜膩的叉燒跟當日後園裡開得燦爛的太陽花，影像記憶重疊深刻。

後來因為身處的異鄉獨立建國，家人不欲遷往法國，所以重回香港。正式回港之前在澳門住的一幢樓房，樓下偏偏就是茶樓，每日有即做即蒸叉燒包新鮮出爐。這是他二度邂逅叉燒。

剪接到風華正茂的青春期，十分有社會意識而且反叛的John多次離家出走，與友伴參與抗爭平權的社會運動，經常在外頭有一餐沒一餐的。下午時分在灣仔龍門茶樓聚合，有點盤纏的會叫一碗叉燒飯，幾乎身無分文如John Fung的便叫一碗白飯「上色」，看著別人碗裡的叉燒，就吃完自己的白飯。

匪夷所思也不知是革命浪漫還是社會現實，反正John Fung把尋常日子都活得不尋常，來龍去脈有根有據，肯定的是一塊叉燒也有它的無政府重要角色。

香港灣仔軒尼斯道265號 電話：2519 6639
營業時間：1000am-1030pm

傳說中每日賣上五百斤叉燒的六十年老字號，絡繹不絕的店堂坐滿街坊熟客和風聞而至的叉燒狂，門口外賣人龍更是灣仔人氣地標。靚叉燒配上用瑤柱、豬骨、大地魚粉及日本豉油熬成的汁，一絕。

再興燒臘店

一　要吃到永合隆新鮮出爐的炭燒乳豬，每天早上十一時準時在店堂裡恭候——那一片芝麻皮，那一層軟脂，那一片嫩肉，入口既脆且滑，乳香盈口，蘸上配上些許醬汁白飯，完美一天該在早上十一時半終結。

一年半載才能「分配」到一碟一碗炭燒豬肉飯，冀盼渴望加上等待會令本來就美味沒法擋的燒肉更成極品吧！

027

紅皮赤牲

一口乳豬 一口燒肉

究竟一個人一輩子可以吃多少碗多少碟燒肉飯？

答案很簡單也很複雜，簡單來說就是看面前那碗那碟燒肉飯好不好吃？豬皮是否燒成香脆有聲的芝麻皮？皮下的那層肥肉是否晶瑩通透厚薄得宜？肥肉下的第一層瘦肉是否依然夠嫩夠滑？而最底層的間或連幼骨的瘦肉是否夠鹹香入味？如果一一都是水準以上，加上那剛蒸好的軟硬適中的絲苗白飯——唉呀！我沒話說了。

好吃固然可以多吃，但一旦多吃事情就複雜起來了，雖然市面餐館九成以上的燒肉燒味都已經用電爐和氣體爐燒烤，但碩果僅存的仍用炭爐燒烤的老店始終被老饕推崇為正宗，即使從飲食健康角度，炭燒燒出有害物後果自負，但為食膽大的群眾還是義無反顧的，也許有天會立法，一年半載才能「分配」到一碟一碗炭燒豬肉飯，冀盼渴望加上等待

永合隆飯店

九龍太子砵蘭街392號　電話：2380 8511
營業時間：1130am-1000pm
金漆招牌稱得上乳豬燒臘第一家，老字號永合隆穩守太子區九十年，是碩果僅存的還用炭爐燒豬的老店。吃得到至好乳豬和燒肉的同時，不妨豎起耳朵落足精神留意街坊主顧與伙計間的真情對話。

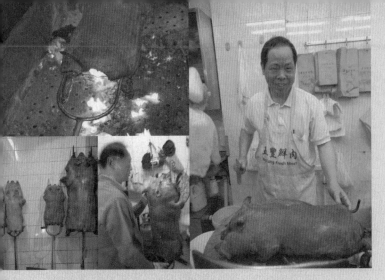

二	
三 四 五	

二　炭爐烤豬得格外留神，徒手持叉不斷翻滾，否則豬
　　身脂肪滴在炭上「搶火」便可能燒焦外皮。

三　前舖後廠地方有限，現烤現賣保證熱辣新鮮，叉架
　　好的大豬小豬排隊待烤。

四　烤好的乳豬要放置十分鐘待涼，皮最脆肉最鬆香。

五　有勞師傅斬豬成件，又或者想捲起衣袖親自出場？

一　街頭巷尾酒樓燒臘餐館都有供應的燒
　　肉乳豬，古早時候可是筵席中的上上
　　品。記載清朝歷史的《清稗類鈔》中
　　有云：「酒三巡，則進燒豬……供人
　　解所佩小刀臠割之……獻首座之專
　　客」，可見燒豬只供VIP品嚐，非同少
　　可。

一　人講慢食，豬也要慢肥，大廚揀手新
　　鮮屠宰的湖南「兩頭烏」白豬，採用
　　傳統方法以菜苗飼養，不吃人工飼
　　料，故此慢慢長肉不會暴肥超標，以
　　此飼法「養」成的五花腩肉，六七層
　　層肥瘦相間，是整隻燒豬最為搶手的
　　部位。

一　燒豬皮入口，質感明顯有別：一是平
　　滑光亮入口香脆的玻璃皮，一是表面
　　粒粒孔狀入口鬆化的芝麻皮。要起芝
　　麻皮，得用糖、醋和酒調成的較濃的
　　「豬水」去醃製，令豬皮變得鬆化，同
　　時亦要以鬆針在豬皮插洞，燒時自然
　　形成孔狀。至於玻璃皮，只需用上較
　　淡的「豬水」就會燒成光滑好看的脆
　　皮，唯是玻璃皮易潮，須在燒成後盡
　　快即食。

會令本來就美味沒法擋的燒肉更成極品吧！

也許是我慣常光顧的老牌炭燒肉店長年集聚一
群忠心耿耿的中老年顧客，那幾乎沒有裝潢的
室內，那因豬油滴落而經常地滑的瓷磚地板，
那幾十年不變的極原始的菜乾豬骨老火例湯，
致令我自小就覺得一入店堂馬上變身中年──
幸好我不像同檯阿伯一邊啖肉一邊喝他的雙蒸
米酒，否則一頭白髮看來比阿伯還要夠格。

如果你曾經被不合格的燒肉嚇怕過，乳豬也許
會更具爭議──因為燒得好的乳豬分明會比燒
肉更嫩更脆更香更吸引，燒得差的就簡直是驚
心惡夢！曾幾何時大家在宴會酒席上故作高貴
地只吃化皮乳豬的皮，剩下的清白之軀不知哪
裡去了，之後回歸實在，連皮帶肉吮骨比較滿
意稱心，當然最過癮是乳豬原隻上桌附上剪刀
DIY──接著的問題是，究竟一個人可不可以完
整地吃光一隻乳豬？答案是──嘿嘿。

香港灣仔軒尼詩道1號熙信樓1樓　電話：2528 2825
營業時間：1100am-1200am

大廚榮哥專挑二分肥八分瘦六七斤重的乳豬，燒得皮薄肉嫩，接近
燒好時還會在豬皮塗油以猛火快燒，叫乳豬皮更鬆化。除了傳統方
法把乳豬片皮斬件，此間也歡迎食客自己持剪刀DIY把乳豬消滅，
豪情十足。

喜萬年酒樓

十二　層次分明，肥瘦適中，加上咬落咔嚓有聲的芝麻皮，配上大盤蒸好的白飯，不要忘了吃時要把燒肉蘸點芥末醬！

十三、十四、十五
總得找個藉口到喜萬年寵一下自己，約六七斤重的乳豬即燒即食，燒十分鐘再待涼十分鐘，然後在歡呼聲中出場。可以持剪動手DIY以最豪氣最熱鬧高興的方法分食之，可是豪氣三分鐘已經開始累了，還是麻煩餐廳經理幫忙連皮帶肉斬小件分上。

六　師傅把從五豐行即日屠宰好送來的豬劈開，取出四柱骨將豬鋪平，戴上手套用大量「豬鹽」（細鹽、細砂糖、五香粉、沙薑粉、玉桂粉、甘草粉）把豬的腹腔擦過。

七　醃上一小時後，將豬身掛起，用清水把鹽粒沖走，再掛著吊乾。

八　用鐵叉叉好豬，在爐火旁乾烘一小時至乾身。

九、十
要徒手舞動一隻重約廿斤的中豬並非等閒事，「轆豬」過程中千萬不要跟武功高強的師傅說話，以免人豬元氣大傷。

十一　身處高溫境界，烈火中得到永生大抵就是這個意思。

火肉風雲

電影美術指導 文念中

好端端的燒肉，為什麼會被燒臘舖和茶居茶樓的伙計叔伯高聲呼喊作火肉？阿Man坦言自小就覺得火肉兩個字從發音到意象，都很有雄性的威勢霸氣和陰性的誘惑，從庶民到天子都會接受，也因此對火肉不離不棄。而我固然也是火肉的支持擁愛者，但我認為從燒到火完全是因為方便因為懶，落筆時候省一些筆劃，如此而已，與性別理論與美學無關。

無論如何，跟這位城中如明爐火肉一般炙手可熱的新一代電影美指同檯吃飯，還是在我們都毫無異議推舉為至愛的燒臘老店裡碰面。同門師兄弟聚舊當然高興，看來應該像旁邊的叔伯們自攜米酒碰杯送火肉燒骨。

畫面剪接，少年阿Man每個周日中午跟老爸到灣仔雙喜樓跟世叔伯見面風花雪月，那是同一茶樓

裡各黨各派有規有矩各佔地盤的老好日子，生客旁人根本插不進去。就是在這個啟蒙地方，阿Man認識了皮脆肉嫩的火肉，啖著啖著甚至偷喝一口米酒彷彿長大成人。

到了真的長大一點自行活動，阿Man像其他早熟少年一般在同一時間想得到最多：乳豬、油雞、燒鵝以及火肉，堆疊組合一次過，自行製造豐盛饗宴的視覺味覺色香效果。畢業後進入電影圈，每逢開鏡都會有開工燒肉，幸運的他每次吃得一手肥油，都吃到他要吃的那些部位。

忽發奇想問這位無火肉不歡的兄弟，如果有天忽然吃起素來，會否影響他在電影中的美指風格，他笑了笑想了好一會；當我吃素的時候，我將會更惦掛著火肉，鏡頭下畫面裡會有更厲害的壓抑不住的慾望！

利苑酒家

香港中環國際金融中心二期3008－3011室　電話：2295 0238
營業時間：1130am-0230pm／0600pm-1000pm

利苑菜式豐富多變，作為頭盤前菜的冰燒三層肉幾乎是每檯顧客必點的鎮店寶。猛火燒得邊皮炭黑的豬皮，刮走焦處留下香脆不膩的內皮，肉地肥瘦相間，切成丁方小粒，賣相可愛，蘸以芥末和砂糖，吃不停口。

那些為了保持超級健美身段的筋肉男，
比火柴廠女工還細心地花上半天時間把那些
油香四溢肥美通透的雞皮一概挑走……

白切雞油雞以及雞皮

整色整水

028

生來算是命好經常備受照顧，家人親友也許都因為怕了我，在我臉色一沉生悶氣破壞大好環境氣氛之前，已經有求必應地把我要用的要吃的一一準備預留，免得麻煩。還好的是我在這麼多年被寵被疼之後也未算太壞，還算懂得開始照顧別人——大事做不了，為大家安排早午晚餐到哪裡去吃，在餐桌上為大家點點菜這些小事我倒是樂意效勞也大抵稱職的，而且在餐桌上我會特別照顧兩族人，一是吃素的朋友，努力為他們她們爭取應有的「平衡」，不致於一桌葷俗人大魚大肉，少數素人只得豆腐和青菜和沒油沒水的淨麵，各自修行也得吃得痛快；二是照顧那些為了保持超級健美身段的筋肉男，不要看他們個個虎背熊腰就以為一定粗豪爽快，一碟白切雞或者油雞上桌，他們可比火柴廠女工還細心地花上半天時間把那些油香四溢肥美通透的雞皮一概挑走。為免把飯桌變作工場，我一定事先跑進廚房或者「油雞部」厚著臉皮央

香港皇后大道中租庇利街9號舖　電話：2545 1472
營業時間：1100am-1000pm

金華燒臘

午飯時分匆匆路過，腹如雷鳴，如果堂食實在擁擠的話，可以買走一盒嫩滑汁多的油雞飯回辦公室安安靜靜慢慢嚼，不能不提這裡隔天更替的老火例湯，有飯有餸有湯又滿足一餐，再忙再累也ok。

一　中午路過金華燒臘老店，隻隻白切雞和油雞以誘人姿態整齊排列，等候午飯時間忙碌一刻來臨。

二　「油雞部」師傅先將光雞浸入開水鍋裡提起浸下提起兩三次，待雞腹清水流走後便放入已滾好收慢火的滷水鍋中。製作白切雞，只要浸在白滷水中約三十五分鐘；如要製作油雞，就得將浸在白滷水中約二十分鐘的雞，再放進黑滷水中浸十五分鐘，以成玫瑰金黃色，再用粟米糖漿塗勻雞身。

三　滷水一直要保持將滾又滾不起的泡泡狀態。

四　難得空閒還不趕快拍個全照留念。

五　自家調配的薑蔥蓉油，與白切雞和油雞都是絕配。

六　不知誰人能夠做這個統計，港九新界每日午飯時候賣出多少碗多少碟白切雞飯和油雞飯。

	二	三	四
			五
一		六	

求師傅先把半碟雞的雞皮去掉，好讓這些筋肉男可以開懷大啖那些光脫脫的雞肉，至於本人是否贊同他們這種嚴格有如軍訓、愛美大於一切的飲食習慣，那是另一回事。

有人直接批評這些吃雞去皮的習慣實在是整色整水，但事實上白切雞油雞的製作也就是一個整水整色以及整味的過程。肥雞除去內臟，洗淨吊乾水後在沸水或者加了豬骨和蒜頭薑汁熬成的濃湯中先以微火略浸再熄火浸至九成半熟，拿起趁熱塗上鹽和燒酒或者麻油，斬件便成白切雞。而油雞就得先浸白滷水入鹹味再浸黑滷水染色和塗加粟米糖漿——縱使人人口邊都掛著健康兩個大字，看來我們還得另設答問大會討論如何善待這些悉心料理過的食之有色有味棄之實在可惜的雞皮。

一　燒臘店做白切雞和油雞的部門俗稱「油雞部」，成品好壞除了雞的選材，滷水更是關鍵。滷水分黑白，白滷水的香料包中有八角、桂皮、草果、甘草、沙薑仁、丁香等等香料，加上清水和鹽，慢火熱一小時就成滷水。用來浸雞，使之有鹹香味，浸好斬件便是白切雞。

一　黑滷水也就是油雞滷水，滷料有老抽、紹酒、白糖、冰糖、蔥、薑和鹽，香料包裡有花椒、八角、桂皮、豆蔻仁、白芷、丁香、甘草等等香料，以油爆香蔥薑後加入所有材料加水熱煮，亦有把適量酒料放進，熱約一小時後便可用來浸雞。先白後黑的滷水程序，就會做出既有鹹香亦有玫瑰色澤和甜味的油雞。

一　滷水鍋千萬不能讓它滾沸，沸過兩三次的滷水會變得苦澀不堪，不能再用。反之將滷水一直保持在將滾未滾的狀態，而且好好補充清水和按比例補充香料和味料，浸過越多優質食材的一鍋滷水就是一家店的無價寶。

九龍運動場道1號（太子站地鐵D出口）電話：2380 3768
營業時間：1200pm-020am
午市飯市同樣擠擁的新志記，招牌沙薑雞是用白滷水把雞浸透後再用燙熱的沙薑汁塗淋雞身，格外鹹香蔥味。

七　看來簡單易做，但要應付川流不息的嘴刁食客又能保持雞身肉地嫩滑高水準，新志記的沙薑雞有街坊一致公認的高水準。

七　八

八　玫瑰油雞的同門師兄就是豉油雞。

白切標準

全職家務總監丁竹筠

當竹筠跟我說她兒時家裡老舖那位掌廚的伙計叫做瑞姐，叫我不由一怔。當然這個地球上大名鼎鼎叫阿強阿輝或者阿娟阿鳳而且分別在不同地方做同一件事的實在不稀奇，只是我家那位掌廚，同時照料足足三代七八個人的厲害人物也叫瑞姐，老了就叫瑞婆。

此瑞姐瑞婆不是那瑞婆瑞姐，一個來自佛山一個來自新會，入廚手勢也應該不一樣。一個要為她家的零售批發商號一日兩餐煮出二三十人份量的飯菜，另一個只須照顧我們家裡六七個嘴饞為食貓。相同的是兩位都是有威有勢有夠兜的，否則又怎可以鎮壓住一眾習鑽挑剔的大小老饕。

兩位瑞姐都分別住在東家的舖裡家裡，舖裡那位

星期一到星期五早晚照顧二三十人的飲食，但到了星期日就會把原來準備分給三圍的飯菜錢全用在一圍桌上。主人一家大小十數人，從菜式到質量都自然比平日的開工飯菜豐富精彩，而每周日在飯桌上出現的，當然就少不了又肥又嫩的白切雞，豉油雞也會客串出場。

說起來這一盤白切雞或者豉油雞究竟做得有多好，十歲還未夠的竹筠的確是說不出一個所以然。其實也就是那種一家人圍坐的和諧溫暖，令每個星期日的一頓飯在不知不覺間成了一種儀式，也是一個在日後可以讓一家人藉以來回追蹤定位的家族團圓影像。每逢過年過節以及初二和十六打牙祭，這盤雞都會出場亮相成為焦點，也成為竹筠日後漂洋過海幾十年來對飲食對味道的鑑定標準。

阿妹小館

九龍土瓜灣北帝街99號D 電話：2768 4673
營業時間：1100am-1100pm
如果不是老街坊舊同學極力推介，家庭式小店妹記的招牌浸鮮雞就會險被低估。
每日用薑、蒜和豬骨熱湯浸雞，浸好還會塗上酒料和鹽，味鮮肉嫩，
且有新鮮和冰鮮雞兩種價錢選擇。

一年兩造的鵝最佳食用時候是清明和重陽前後，
鵝味濃鵝肉滑且肥美，但是對於饞燒鵝族如我，
總不能只在這個時候才吃鵝吧！

一 作為香港嘴饞地標之一的鏞記酒家，每日在午晚時分都在櫥窗中有最新鮮熱辣的裝置藝術，一列皮脆肉嫩骨軟汁濃的燒鵝一字排開。還有出爐叉燒、油雞滷味都以勝利姿態出場，實在是香港當代藝術館的滋味別館。

當燒鵝與瀨粉在一起

我鵝瀨也

029

正午吃飯時候才剛在金華吃過半肥瘦叉燒飯，一嘴油光的一整碗吃得痛快，三個小時過後，身邊一眾嚷著要吃下午茶，我竟又心思思的想到鏞記吃燒鵝瀨粉，難道新陳代謝速率重新變快？

不知從什麼時候開始的執著，肥美叉燒一定要跟米飯相配，放在帶湯的粉麵上只嫌湯底把叉燒浸軟浸淡，反之燒鵝卻必定跟瀨粉在一起。

不知怎的自小竟然覺得瀨粉比米粉比河粉都要高貴特別，或者是瀨粉看來更通透入口更爽滑──滑得很難用筷子好好夾住，從來吃得一檯也是。

說起燒鵝和瀨粉，其實上湯先行一步，無論是用豬肚、粉腸、豬肝、豬骨熬湯，又或者用火腿、雞骨熬成高湯，熱騰騰注入半滿的瀨粉碗中，等待的是剛燒好待涼十分鐘然後斬好肉嫩汁多皮脆的幾件鵝肉這麼一放，鵝油慢慢滲進湯裡的一刻，等不及，先提起匙羹嚐一口湯。

鏞記酒家

香港中環威靈頓街32－40號　電話：25221624
營業時間：1100am-1130pm
幾乎每檯必點的金牌燒鵝當然是鏞記的主打，但其他粵菜宴會經典如玉扣紙包雞、豉椒肚仁，時令菜如仁梔焗鴿，以至家常菜如火腿蒸鹹魚都一樣出色。

二　難得走進燒味部近距離接觸肥美壯碩的頂級燒鵝。

三、四　大師傅手起刀落，準確而純熟地把熱辣辣燒鵝斬件上碟。

五　若說櫥窗的美味陳列是裝置藝術，燒味部內一眾師傅的緊密協調合作就是行為藝術。

六　總得找個藉口又或者不需任何藉口，相約好友到鏞記晚飯，先來一盤金牌燒鵝，分享每日售出三百隻鵝的其中一隻。不能不提的是燒鵝底的那些烹煮入味入口不停的豉油黃豆。

七　60年代中期，鏞記的燒鵝瀨每碗售價一元二角。世易時移，無論現在和將來售價若干，我等鵝瀨迷還是會繼續捧場，一定要吃鵝牌瀨！

二	三	四	五
		七	
	六		

－ 食燒鵝一定少不了配上酸梅醬，甜甜酸酸以中和鵝油的肥膩感，也就是說腰腹自然又甜又酸又肥美。

－ 鏞記外賣燒鵝會附送燒鵝汁，肉汁乃燒鵝精華所在，蘸鵝吃出香濃真味。由於有不少外來旅客買走燒鵝做手信，鏞記的燒鵝又有「飛天燒鵝」之稱。

－ 挑戰自己，鵝牌鵝背鵝胸吃多了，試試吃燒鵝頭燒鵝頸；鵝鬐是個白色軟體，難得不肥膩，既爽口又有鵝脂香，鵝下巴竟然有少許肉絲，出奇的細緻；不是人人敢吃的鵝腦也是粉滑得像豬腦，鵝味甘濃。至於鵝頭夠香脆，只要不是燒得太焦便好。

－ 難得吃到像唯靈叔盛讚的正道瀨粉，原來此傳統瀨粉不同於我們平日吃的爽口身硬無米香的版本，該是比較軟滑且吸盡鵝油及上湯，所以燒鵝瀨粉得以盛極一時。

終於說到燒鵝，最適宜做燒鵝的鵝種是頸身腳均短的黑鬐鵝，鵝不單肉嫩而且皮下有一層油，以剖淨重約三斤半的為最佳。很多燒鵝名店都有自設農場養鵝，保證貨源。而塗於鵝腔的醃料通常混合了香料粉、磨豉醬、麻醬、蠔油，及適量鹽糖。要把剖好後軟作一團的鵝定型，就得在鵝的頸部用氣泵吹氣至鵝身脹起，再放進沸水稍燙。要令皮脆更得用白醋和麥芽糖煮成糖水，澆勻鵝身（俗稱上皮），更要在上皮後把鵝晾上半小時自然風乾。至於很多餐館強調以炭爐燒鵝，為的不是炭香，卻是因為炭燒時爐火由猛轉慢，不僅鵝燒得透，還能把鵝油脂肪迫滲進肉，令肉質更滑更潤，相對於其他器材和燃料的恆溫燒法，始終略勝一籌。

一年兩造的鵝最佳食用時候是清明和重陽前後，鵝味濃鵝肉滑且肥美，但是對於饞燒鵝族如我，總不能只在這個時候才吃鵝吧！至於最好吃的是鵝背還是鵝腩，鵝牌該挑是左還是右，既然說不清楚就逐塊逐件的都來一試！

香港灣仔鵝頸熟食中心2樓5A－5B　電話：2574 1131
營業時間：1000am-0600pm
不同時段會在這裡碰到主攻鴨身不同部位的饞嘴友好。特別在午後四時後擠擁人潮漸散，可以爭取機會跟好客的店主聊聊天偷偷師。燒鴨以外不能不提，惠記的咖喱羊腩也是一絕。

八　金華燒臘除了以叉燒、油雞馳名，燒鵝也是一絕。當鵝髀切開鵝油瀉入上湯瀨粉中，絕不介意一日三餐重覆重覆又重覆都是鵝鵝鵝。

九　對，這是我叫的那鵝髀，看圖可知是左是右？

十　鵝燒好了。某些部位未盡善美，原來是可以用火槍補補妝的。

十一　如何才燒得出一隻靚鵝，即使用三五百字描述也不及走入廚房親自實踐──如果師傅不嫌你我阻手礙腳的話。

燒臘王子

演員 區錦棠

老父有言在先，一句不許他繼承家裡的燒臘和雞鴨和豬牛肉檔祖業，希望他幹點別的更有出息的，叫當年還是初中學生的區錦棠倒是一身輕鬆。依然高興地在舖裡幫忙，一個晚上斬它百來隻燒鴨油雞，但卻大有理由不必要用算盤用秤，也不必提起毛筆在玉扣紙帳簿上龍飛鳳舞書寫符號一樣的「街市字」──現在回想起來，阿棠才遺憾地意識到一種傳承過程裡的落差流散，更加上老父撒手離去，自置原舖物業轉賣，家族生意劃上句號，一家人胼手胝足的營生模式告一段落。

留下的不多，當中最重要的恐怕就是他自幼嘴饞能吃愛吃會吃的真本事。跟阿棠到他指定的位處街市熟食中心的燒臘飯店，一盤肥美碩大的鴨髀端上來，他馬上變成一個貪吃小朋友大嚷道，我早就不吃燒鴨髀──

自小應該吃過不知多少隻燒鴨髀的他，有天發覺鴨髀實在肉地太滑太簡單，開始轉投鴨尾下裝那薄薄連皮帶肉更有嚼勁的部位，那裡的鴨皮最受火最脆最香，加上掛爐燒烤期間味料集中流向匯聚於此，吃來更鹹香入味，一口鴨脂豐膩得不得了。而吃雞的話他只挑肩膊位連有軟骨的部份，貪它肉嫩口感好。當然還有至愛的金錢雞，說起那入口即溶的一片冰肉，他那種興奮雀躍，叫我願意馬上隨他回到他那個吃得更放肆更無負擔的少年時代，看他如何在舞台一樣的櫃台後出演一個燒臘王子的角色。

要他重新拿起那幾斤重的刀去斬燒肉，阿棠坦言得練習一下適應適應，但那些手勢那個神情那種投入和熱愛，卻從未離棄且在日常延伸。

金華燒臘

香港中環皇后大道中租庇利街9號舖　電話：2545 1472

營業時間：1100am-1000pm

常在金華吃的是燒鵝肥叉燒雙拼飯，燒鵝甘香叉燒肥美，旗鼓相當盡領風騷。

對味道的敏感對食物的喜好，
說不定更早在三歲五歲的時候已經定形，
一旦愛惡墾決，一輩子也會跟那些美味糾纏。

金錢雞鴨腳包再現江湖

三歲定八十

030

道聽途說，一個人一生所需的基本生存知識，大概在十歲以前的小學階段已經完全掌握——至少師長已經把那個求生錦囊交到你手，你接不接得住又是另一回事。

至於對味道的敏感對食物的喜好，說不定更早在三歲五歲的時候已經定形，一旦愛惡堅決，一輩子也會跟那些美味糾纏。正如身邊有人從小也不會碰那些用筷子挑起來晃動不已的肥豬肉，我卻是午夜夢迴也會想起那些入口豐腴黏滑的五花豬腩豬頭皮豬蹄膀豬蹄筋，人各有志，緣份早定。

那一團不飽和脂肪是我心中（體內？）的一個盲點，久久不離不棄不散，要感激要埋怨的也許就是小時候外公把他最愛吃的金錢雞和鴨腳包「遺傳」了給我。那絕對高脂的一片雞肝加一片肉眼加一片「梅頭下」的豬脊肥肉厚切醃成的「冰肉」，串疊成金錢狀烤熟再塗麻油塗蜜糖繼續烤至焦香，新鮮出爐不

九龍新蒲崗康強街25號地下　電話：2320 7020
營業時間：0600am-1130pm

得龍大飯店

在新蒲崗老區有四十年歷史，以傳統粵菜作為主打的得龍大飯店，因為飲食潮流更替，金錢雞也一度不在菜單之內，直至近年一股懷舊熱興起，對傳統菜式的興趣重生，加入薑片的改良版，金錢雞得以再現江湖。

| 一 | 二 | 三 |

一　一片黃沙雞膶，一片肉眼筋叉燒，一片由頸脊位豬膥肉加入玫瑰露醃足一個星期而成的冰肉，就是傳統燒味金錢雞的鐵三角組合。得龍大飯店的「再生」改良版，加入了一片薑，叫這個重量級經典美味有了一個減膩的新方向。

二　入爐烤前，所有材料用上煮過的海鮮醬混和蒜蓉、糖及玫瑰露調味醃好。

三　層層疊穿好成串，放進烤爐以猛火快烤封住肉汁，再轉由中火細烤個多小時，烤得外圍香脆內存甘美蜜汁，說不肥膩是騙你的，但偶一為之也不妨。

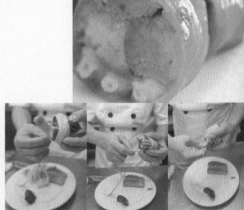

五	六	七
	四	

四　相對於金錢雞這個經典老牌，鴨掌包在坊間餐館更難覓得。紫荊閣的主廚是少數依舊按傳統古法製作鴨掌包的，叫這個一度被遺忘的菜式不致失傳。

五、六、七
鴨掌先用八角和薑等材料一同蒸熟，雞膶跟叉燒亦要預先燒熟，再用上燴熟的鵝腸，把所有疊好的材料穩妥紮好，以免醃製及燒烤期間會鬆散。

知誰人能抵抗這放射性的誘惑。而鴨腳包就以洗淨清理好的結實鴨腳或肥厚鵝掌，腳掌中放入一小塊雞肝和豬肉，以鮮鴨腸或鵝腸繞纏成拳狀，置於滷汁中調醃後用慢火燒烤成蔥味燒物。印象中外公滴酒不沾唇，竟然也可以把這些最好用來下酒的鹹香油膩美味空口吃得淨盡。這無疑對身體健康有不良影響，但也總算讓小外孫見識熟悉過這些放肆的飲食傳統。

由於大眾對自身健康狀況有了進一步認知和警覺，也由於這些傳統特色燒味的製作工序繁複與盈利不成正比，金錢雞和鴨腳包以及桂花燒腸等等特色燒味也真的在依然人來人往生意鼎盛的燒臘檔裡式微絕跡了好些時日。直至近年才有少數餐館打起懷舊旗幟，偶爾做來意思意思點綴一下，既然我在三歲左右吃過美味正宗的金錢雞鴨腳包，恐怕也不必等到八十歲後再來續集吧。以後一年一度，一件起兩件止，算是寵寵自己。

香港北角渣華道62－68號　電話：2578 4898
營業時間：0900am-0300pm / 0600pm-1100pm

鳳城酒家

要吃幾近失傳的順德工夫菜就必須到鳳城酒家。此間的鳳肝金錢雞以兩片冰肉夾著雞肝和叉燒，再以千層餅把金錢雞夾著吃，酒香肉香滿口，叫人馬上明白什麼叫老好日子。

八、九、十、十一

八　鴨掌包紮好後要用叉燒醬醃上一個小時。

九　醃好後以鐵叉串好入燒爐燒二十五分鐘。

十　為了讓鴨掌包均勻受熱，燒至十分鐘左右就要反轉再燒。

十一　一道甘香豐腴又夠嚼勁的經典燒味大功告成，實在是下酒妙品。

忽然富貴

資深傳媒人　張錦滿

很難想像把一樣近二、三十年都沒有再吃過的食物放進口的那一刻，該是怎樣的滋味？

也許是因為我沒這種毅力忍耐力，所以隨身永遠有一個備食名單，又或者一想起某種好久沒有碰過的食物，就迫不及待要在最短時限裡入口嚐到，否則終日不安不樂。所以當滿叔告訴我已經有二十多年沒有吃過金錢雞，還恐怕我年紀「太小」不知什麼是金錢雞時，我馬上決定要跟他在城中老字號吃一回這種有人趨之若鶩有人敬而遠之的經典燒味──燒雞肝、冰肉、梅頭叉燒，一疊三件組成謂之金錢雞，缺一不可。

博學而且健談的滿叔是文化界前輩，筆下的文化藝術評論是本地少有的有個人觀點見地的好文章。但說來在澳門長大的他，自言小時候是一個孤獨少年，大家庭幾房人同住一幢三層祖屋，自家五兄弟他位置居中，但跟家人卻沒有什麼溝通對話，跟同學師長也沒有什麼交情，所以生活簡直如水平淡，唯一與外界關連的就是自個兒看書讀報，從此斗室天地寬。還有叫他有色香味驚喜的，就是家裡有什麼喜慶事兒那幾桌到會筵席裡的並非家常的菜式，諸如金錢蟹盒、鴨腳包和金錢雞。

也許是日常飯菜太「正常」，這麼肥膩味濃的手工菜簡直就像窮家子弟忽然富貴，在滿叔的認知裡佔著一個奇特有趣的位置。平日也檢點注重健康的他如今當然不會大啖金錢雞猛喝玉冰燒，只是別來無恙細意輕嚐，別有一番跨越貧窮富貴的好滋味。

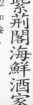

紫荊閣海鮮酒家

九龍何文田窩打老道65A－65D（培正中學斜對面）電話：2656 8222
營業時間：0700am-1130pm

以懷舊粵菜吸引長情顧客的紫荊閣，堅持把這款並非高價的名點認真按古法做好，風味一流誠意可嘉。

經過這許多年嚐過如此這般許多滋味之後，
這什麼也沒有的白粥
忽然顯出其輕清香美的上善真味。

一 一碗不稠不稀、有著
濃濃米香的白粥下
肚，那種溫暖舒服的
感覺無法取代。

終極白粥

031

無味之味

如果要從頭再來，可不可以從一碗白粥開始？
我們知道白粥的好，卻又想盡一切方法脫離白粥的貧窮狀態

我們習慣自滿，over the top自然不過。唯是終於有一天累了病
了，才會隱約記起小時候發燒發冷後被家裡長輩餵食的那一
口好像淡而無味的白粥，就是在經過這許多年嚐過如此這般
許多滋味之後，這什麼也沒有的白粥忽然顯出其輕清香美的
上善真味，這也許就是我們終極尋找的comfort food吧。

小時候家裡老管家叫瑞婆，最拿手煲的是白果腐竹粥，究竟
她煲粥用米時有沒有像現在人講究的用什麼新米舊米配搭，
用什麼泰國絲苗與澳洲雙羊百搭混合，當年只顧大口大口喝
粥的我當然不知道——只知道面前那一碗冒著煙的奶白色的泛
著米香豆香的稠稠滑滑的液體，流動入口好舒服，填進胃納
好滿足。粥稍涼時碗邊和粥面凝結一片皺皺的腐皮，像是同
場加映的精彩短片，而有煲把吃剩了的粥放進冰庫冰了半天
再拿來喝，叫我從此發現冷粥又別有一番好滋味。至於瑞婆
有在白果腐竹粥裡放進一小片新會家鄉捎來的陳皮，從來不
知苦滋味的我一口咬下，竟又是本來嗜甜的味蕾的一次全新
經驗；神奇的感悟到平衡互補提味正氣的深奧大道理。許多

強記美食

香港灣仔馬師道／駱克道382號地下 電話：2572 5207
營業時間：1200pm-0100am（周日休息）
以炒糯米飯、炒腸粉馳名的街坊小店越夜越精彩，留肚吃碗粥，
百分百滿足。

二　堅持用拙樸沉實的白地藍花粗瓷碗盛粥，幾十年如一日的古早滋味。

三　不同店家煲的白粥不盡相同，除了新米舊米以不同比例配搭，有下白果清熱、下陳皮正氣和下腐竹取其豆香，講究的更懂得把粥煲得既有米漿起膠，亦有米花米胎在粥內。

四、五、六
　　有味粥的街坊版本通常有豬紅粥、艇仔粥、及第粥、牛肉粥、皮蛋瘦肉粥等等口味，除了豬紅粥要獨立煮好，其他都是用白粥底澆在已備妥的碗中的材料即成。

一　粥是粥，但有別名一大堆，很多已作廢，並不常用，例如：饘、鬵、糜、鬻、酏等等，只知饘成稠狀，酏是稀粥。

一　再搬出老祖宗一堆關於粥的說法：

「黃帝始烹穀為粥」——《周書》

「夜甚飢，吳子野勸食白粥，云能推陳改新，利膈益胃。粥既快美，粥後一覺，妙不可言也。」——蘇軾

「見水不見米非粥也，見米不見水亦非粥也，必使米、水融合，柔膩如一，而後謂之粥。」——袁牧

年後當我在冰庫乾貨格中隨手拿兩三粒瑤柱放進正在鍋中滾動的白粥中，忽然一怔回想小時候並沒有（也不需要！）這等「鮮」味。

嗜粥如我近年在家裡回歸白粥，先是夜半三更用真空鍋煮粥留待明日醒來綿綿軟軟過口癮，再是清晨早起用不鏽鋼鍋明火煮粥取其米花初爆有口感，接著下來該是用瓦煲嘗試古法先武火後文火，至於古人煮粥講究用水，初春雨水臘月雪水，甚至各有特性的井水泉水，對於我們今天在都市生活只能用上自來水或者蒸餾水的一眾，這種講究已經成了民間傳奇——白粥，本身可也就是一種入口綿綿糯糯滑滑暖暖的傳奇？

說起來，簡簡單單的一碗白粥，不同時間不同心情不同需要，或稠或稀自行拿捏調節，當中當然有無數煮瀉粥甚至燒乾水的經驗，如果說吃下暖暖一碗白粥對我等早已營役過度五癆七損的有養生療效，倒覺得煮粥過程要求心平氣和細心看管，靜待一室瀰漫米香暖意，這已經是絕佳治療過程了。

一碗白粥竟是終極，原來也是開始。

	九
七	八
	十

七　避風塘興記的荔灣艇仔粥粥綿料多，粥料包括土魷絲、
　　海參絲、海蜇絲、魷魚片、燒鴨絲、鯪魚球、花生、生
　　菜，口感豐富多樣，貪心一次過。

八、九　從白粥到有料老火粥，無論是鹹蛋瘦肉粥或者菜乾豬骨
　　粥，都是庶民粗獷版，可以大碗大碗端著吃完。

十　淡菜皮蛋豬骨粥，也保持街頭粗吃的放馬過來的格局。

粥弄人？

Teenaids掌門人 程翠雲

從來沒有想過一碗柴魚花生粥可以負載那麼多，延伸那麼廣——

跟Atty相識是在她主持Teenaids大局的始創期，從當年直到現在，正面主動積極地關懷處理青少年對性對愛滋病的種種問題，Atty和她的一群同工，一步一個腳印，當中所學所學，朋友在旁邊聽來都已經感受到那種考驗那種震撼——為什麼這麼「困難」的工作也要堅持去做？其實我常常想開口問Atty。但目睹她那種義無反顧的專注和投入，我又好像已經明白了一點什麼。

跟Atty相約去吃粥，隱約感覺到這不只是一碗粥。果然面前展開的是六〇年代蔡涌舊屋邨的生活實況：我不單看見年少時的Atty如何風雨不改每個晚上在父親經營的大排檔裡做超級童工，一邊做功課一邊吃晚飯一邊幫忙上菜負責招呼客人，但有一些許差錯就被酗酒越來越嚴重的父親失控打罵；我更看到鄰居一個年輕婦人，

擔著一大鍋柴魚花生粥沿街沿樓叫賣，而婦人的游手好閒的丈夫卻經常無故毒打妻子，每隔一段時間婦人就哭啼著要離家出走，卻又被街坊相勸要看在年幼子女的份上，好歹總得留下——

感同身受的Atty一直問，為什麼世上最不安全的地方竟然是自己的家？為什麼女性要被迫身處這樣一個無助的不公平的暴力境況？能夠排除萬難在閱讀、寫作、戲劇和電影中找到獨處寧靜和投入專注的Atty實在感恩，也因為童年個人親身體驗令她有一個異乎常人的承載苦難的堅韌能力，使她現時能夠細緻而準確地幫助年輕人解決情緒上生活上種種疑惑過失。雖然她直認女人命運有時看來不可逆改，但至少可以把生命中種種負面經歷轉化成對自己的肯定，對別人的祝福——

那碗養起一家人的柴魚花生粥，該是怎樣的一種滋味？

德記粥品

九龍城街市熟食中心3樓CF3
在街市熟食中心的這家街坊粥檔，白粥夠火候，有味粥真材實料，當真價廉物美，不必花巧包裝。

啖著滿滿一口真材實料之際有時不禁停下來問，
我究竟是不是在吃粥

032 從無到有 滾出千滋百味

平常人習慣自家親手洗米量水，心裡有數又武火又文火煲出一家五人份一鍋粥，已經很有成就感，所以根本無法想像粥店老師傅午夜起來花上兩三小時持杖攪動三四尺高那一鍋集體明火大鍋粥。更何況各出奇謀的分別或同時用上皮蛋、魚湯、豬骨、乾瑤柱種種材料去提味熬出與眾不同的粥底。

即使有了本來已經和味的粥底，恃著貪心，我們身邊隨手到拿來粥料千變萬化，從街坊版本牛肉粥豬紅粥柴魚花生粥皮蛋瘦肉粥，到粥中堆滿魷魚片、鯪魚球、海參絲、海蜇絲、燒鴨絲、乾魷魚絲、生菜、花生的荔灣風味足料艇仔粥，又有召集齊豬肉丸、豬心、豬腰、豬膶和豬粉腸的狀元及第粥，更有魚我所欲分拆魚雲、魚腩、魚嘴、魚尾、魚骹、魚卜的生滾魚粥。此外的蠔仔肉碎粥、蝦粥蟹粥鮑魚雞粥，應有盡有各領風騷，啖著滿滿一口真材實料之際有時不禁停下來問，我究竟是不是在吃粥？

香港上環畢街7號地下　電話：2541 1099
營業時間：0630am-0900pm（周日休息）／0630am-0600pm（公眾假期）
四十多年老字號生記是粥界少林寺，先後培養出多名現在各領風騷的粥林高手。來到這家只有二百多平方呎而且三尖八角的舖位，簡直可以朝聖一般逐碗一嚐美味，無論是豬膶粥、及第粥、魚雲粥⋯⋯

生記

	二三四五	
		七八九
一		六

一　一碗雞雜粥裡有雞腸、雞腪、雞心、雞腎，還有原件雞肉。

二　小小櫃台臨街，生滾粥材料整潔，衛生一目了然。

三　即叫即做、特意選取的龍崗雞雜，洗淨去膏再用鹽水浸洗灼熟的雞腸，肥厚爽口色澤金黃。

四　剪刀咔嚓有聲，各種雞雜剪成一堆如小山高。

五　滾熱辣澆上用了鮮腐竹、皮蛋和鹹蛋白煲的粥底，粥底至少煲了三小時，還加進自家手打鯪魚球來提味。

六　湯鮮蠔肥配料充足的潮州蠔仔粥，是每回心思思到陳勤記的主因之一。

七　用上真正從汕頭來貨的新鮮蠔仔，反覆沖洗去掉殘留細殼，只見粒粒飽滿，入口甘鮮。

八　煮好的潮州粥底有原粒米飯，先放上肉碎，烘香研碎的方魚、冬菜、葱粒和芫荽。

九　把灼熟的蠔粒加入，再澆上一勺以豬骨、大豆芽、大地魚和雞骨熬煮的濃湯，熱騰騰上桌道地正宗。

早在外公帶著不到六歲的我走訪當年名聞港九的俄式西餐廳覓食，重拾當年他在上海外灘生活的繁華氣度，我的主動「獨食」經驗應該就是拿著那麼幾毫子去「正式」的在大排檔吃一頓白粥油條葱花蝦米腸粉加豉油荳芽炒麵。圖紋畫成符一樣的藍花白瓷碗，或稠或稀的白粥，啪一聲上桌時經常附送伙計的手指頭（還好不是在碗裡！）最理想時候是有一條熱騰騰剛炸好的油條，「辣手」撕成一段一段投進白粥裡載浮載沉，沾滿豉油灑點炒香芝麻的腸粉滑進嘴裡，正在發育的我還得吃掉一整碟油油的炒麵……幾乎不到桌面高的我掏錢付帳時該是很風光得意的樣子吧，請自己吃一頓開心開心是後遺一輩子的好／壞習慣。

所以當我接著再進階一個人走進正式的粥店去吃生滾粥，煞有介事地思考打量著該是豬膶拼鯪魚球、肉丸拼魚片，還是滑牛加皮蛋，甚至要不要再加一隻鮮雞蛋，這已經是接近一種專業的評估計算和生涯規劃了。

從小吃大，且練就出不斷更新的複雜口味，從白粥開始滾出千變萬化，既抽象，又實在。

明記雞什粥

九龍油麻地廟街32號永星里1號H　電話：2332 9818
營業時間：1100am-1200am

位於三教九流雲集的油麻地廟街地段，每日用上過百斤雞雜作粥料的明記其實一點也不「雜」，大抵一談到吃，全民都專心一致天真無邪。

十　每回在店堂裡看著師傅煮粥，驚訝的是他同時應付幾鍋粥的調度能力，簡直出神入化。

十一　肉丸、豬心、豬膶、粉腸、豬肚……鮮美豐盛的及第粥。

十二　魚骨魚腩粥是每回到生記的首選，一大碗裡有脊骨六件、魚腩四件，另用小碗盛著芫荽豉油蘸吃。

十三　師傅，再來一碗骨腩。

十四　「靠得住」店主Peter引以為傲的鮮魚湯底，以五六種魚炮製而成。

十五　粥底以慢火煲約四個小時，一整煲容量達六百碗。

十六　生滾粥加進鮮魚湯底，鮮甜十足根本不再用味精。

十七　粥料新鮮是一碗粥成功的一半。

十八　Peter親自落場，一樣功架十足。

十九　來一碗粥底綿密，豬膶細滑的豬膶粥。

二十　拆肉生滾泥鯭粥是「靠得住」的看家本領。

小病是福
廣播電台DJ、電視節目主持　阮小儀

說起來小儀的確是我的師妹，可是在設計學院看來四通八達然後又忽然迷路的走廊裡，我們應該沒有碰過面（是我太老還是她太年輕？），倒是後來同在廣播電台工作，不同部門一眾同事應該可以組織一個小型校友會。大家坐下都在說，真的為自己母校自家學系驕傲，為什麼這群唸設計的畢業生都跑離本來跑道，都這麼能幹（！）這麼忙這麼累，這麼容易病。

小病初癒馬上復工，小儀的氣色看來好多了，作為過來老鬼還是千叮萬囑她要注意健康懂得調理保養，儘管照鏡看看自己也好不到哪裡。問她有沒有空給自己弄點吃的，她搖搖頭笑了笑，但還好，還有母親親自全天候照料，病了的時候還是會喝到一口下了乾瑤柱的清粥，再加上半顆安全鹹蛋，一如普天下忙碌的人，病了才知媽媽好。

從無料白粥說到有料有味粥，小儀馬上記起一種我倒是從來沒吃過的鴨心豬膶粥，那是baby時代母親會從街市場買來新鮮材料加蔥加薑，拌勻然後煮粥的baby health food。她又毫不客氣地笑說母親煮的魚腩粥從來都很腥，陰影所蓋叫她連在外頭也不大敢吃魚粥。至於那些真的屬於上一代的，只是小時候在外婆家裡早上吃粥才會吃到的甜茶瓜，她竟然是印象奇佳十分愛吃。然後她並沒有不好意思地說起自己動手煮粥的經驗，煮瀉是必然的，煮來煮去米也不開也不罕見，直到有天母親告訴她可以到市場裡買配好的煮粥米——

什麼時候不用病也可以歇一歇，真正的為自己煮一碗好粥？

香港灣仔克街7號地下　電話：2882 3268
營業時間：1130am-1030pm（周日休息）
每回到靠得住都必定叫它的拆肉泥鯭粥，還有那蛋黃鹹肉粽和那碟爽滑魚皮，一試難忘！

靠得住　魚湯專賣店　CONGEE KING

菜薳牛肉飯之外，窩蛋免治牛飯是第二選擇。
多心的我應該因為免治這兩個字
有過一陣子無政府的快感。

一 永遠把這一碟菜薳牛肉飯視為長大成人的一個標記，是離開家裡的飯桌進入外出世界覓食的第一個嘗試，至於菜薳是不是炒得太老？牛肉有沒有下過鬆肉粉？興奮也來不及怎會知曉。

獨立宣言

033 曾經碟頭飯

為了向「知識分子」進一步靠攏，為了遠離「工友」的市井形象，中學三年級的我，曾經向碟頭飯嚴正聲明告別。

中學母校位處新蒲崗工廠區，學校對面的地痞茶居裡，煙霧瀰漫酒氣薰天粗口滿場飛擠滿在周圍工廠和地盤幹粗活的阿叔阿伯，汗流浹背肆無忌憚坦胸露臂，我們幾個穿著一身白校服的近視小男生，一不小心推門進去忽然變成驚惶小白兔──不知何來的潔癖叫我們慌忙跳彈開，更甚的我從此跟叔伯們大啖大啖撥進口的碟頭飯有了距離。

其實碟頭飯不也曾經是我告別家裡飯菜的獨立宣言嗎？打從小學四年級起，原來唸下午班只在家裡吃午飯的我，開始有較多的課外活動，也有了在學校附近吃午飯的機會。在那個連鎖快餐店還未流行的年代，在那個碟頭飯還是從一元八角勉強加到二元五角的七〇年代初，學校附近那鋪滿白瓷磚牆水綠磨石地板的餐室推出的菜薳牛肉飯是我百吃不厭的至愛，愛到甚至叫家裡老管家

皇后飯店

香港銅鑼灣希慎道8號裕景商業中心地下D舖　電話：2576 2658
營業時間：1130am-1100pm
究竟是主菜配飯？還是飯跟配菜？每回掉進皇后飯店的時光隧道裡都顧不了那麼多，反正這裡提供的已經超越碟頭飯的思維模式。

二　香茄炒蛋飯一度是我整整半年幾乎隔天就吃的選擇。

三　咖喱牛腩飯是暑熱天時的一個對著幹的選擇。

四　經典的窩蛋免治牛飯，中西文化交流基因早種。

五　鑊氣十足的豉椒鮮魷飯充份發揮all in one的精神。

一　曾幾何時，有人將碟頭飯又叫咕喱飯。咕喱即苦力，也就是從事體力勞動的草根男子。無論有無家室，午飯晚餐都得填飽肚，所以一碟飯多肉多汁多的碟頭飯，無論是梅菜扣肉飯、粟米肉粒飯、枝竹斑腩飯還是涼瓜排骨飯都很受歡迎，加上老火例湯一碗，匆匆吃罷又再開工，也算是早於連鎖快餐店的快餐一種。

也要放下高超廚藝參照碟頭飯形式為我們三兄妹準備午飯——好端端地炒好菜薳和牛肉鋪滿飯面，還要加上糊糊的一個漿粉芡。

菜薳牛肉飯之外，窩蛋免治牛飯碎牛肉飯面加生雞蛋是第二選擇：除了第一次知道雞蛋可以如此放肆生吃之外，也尋根究柢地知道免治原來是mince絞肉的音譯（！？），多心的我應該因為免治這兩個字有過一陣子無政府的快感。再次選是火腿雙蛋飯，由於各家各派處理雞蛋大小生熟不均，火腿厚薄質素不一，而且豉油色澤與鹹味經常參差，所以一直對腿蛋飯有保留，以為自己有文化的我直覺這沒什麼文化。

直到許多許多年後的今日，已經步進阿叔阿伯階段的我在經過快餐連鎖一哥焗豬扒飯、日式鰻魚定食親子丼以及意大利risotto的衝擊之後，回歸街坊面對現實，再開始在茶餐廳大排檔叫一碟推陳出新昇價不止十倍的紅洋蔥咖喱雞翼飯、涼瓜銀鱈魚飯或者鮑汁玉蘭雞粒飯之際，那一碟相對有點單薄的菜薳牛肉飯忽然這麼遠那麼近的如在眼前。

香港中環威靈頓街15-17號　電話：2525 6338
營業時間：0700am-0400am
充份發揮香港茶餐廳東西匯聚應有盡有的特性，想得出，做得到。

翠華茶餐廳

六　每回經過翠華門口都會刻意放緩腳步停留三至五秒，好讓那也是
　　刻意釋放出街外的咖喱香氣充滿身心。

七　皇后飯店的chicken a la king足以象徵一個溫飽豐腴的盛世。

八　俄國炒牛肉絲飯輕微地提供了一種對陌生異地的想像。

九　街坊組合火腿煎雙蛋飯的終極豪華版，豉油另上也是一種姿態。

碟頭愛與誠

漫畫家、設計學系導師 小克

如果要把身邊熟悉的重感情的男人來一個先後排名，小克肯定在三甲之列。

對人對事對貓對花草對建築對周遭生活環境，小克全天候全方位地觀察、關愛、尊重，付出的心力之多，叫人驚詫。更通過他早期的動畫插畫製作、劇本寫作以至近年廣受同行和讀者高度評價的漫畫創作，具體而細微地展示了他開放包容又同時沉靜內斂的性格，這樣的男人在當今時世已經是瀕臨絕種的了。

所以小克可以把我們平日不會怎樣留意的生活細節清楚記錄剪接。一眼看出放在一碗公仔麵中的蔥花反映出茶餐廳主人的誠意，這並不是每個粗枝大葉的食客會留意會欣賞的。

和小克坐在他極力推薦的一家喚作「壹新」的街

坊茶餐廳裡吃碟頭飯，普通不過的裝潢，晚飯時分顧客也不算特別擁擠，叫來的港式咖喱豬扒飯卻又真的叫人吃得津津有味：豬扒嫩滑，並沒有那種份醃製處理的潺軟；咖喱香濃，卻沒有太嗆太辛辣；用的馬鈴薯也先炸過⋯⋯這裡標榜的不是那種嘩眾取寵的噱頭，平易近人卻又有自家執著，就是真性格。

小克娓娓道來跟這家茶餐廳的因緣：店本來開在他家灣仔舊居樓下，少年小克間或光顧本不覺得怎麼樣，後來店搬走不知去向，小克也搬離家人自住。有天在街頭忽然有人在馬路另一端向他遙遙招手，原來是茶餐廳老闆夫婦倆，而新店正正就跟小克新居隔一條街。舊街坊跨區重逢，也是某一種前緣再續。然後小克又再搬了，卻念念不忘經常找機會回來。

士丹利街大排檔

作為港島中環區碩果僅存幾家大排檔的匯集地，午市晚市都有街坊熟客捧場，坐下只吃一碟碟頭飯不會不好意思，現場感受什麼叫做鑊氣。

想來想去唯一想到的是要吃荷葉飯，
就是為了那荷葉翻開的撲鼻荷香飯香，
讓這個惡毒的夏天忽然清純溫柔起來。

慢食一夏

荷葉飯與湯泡飯

034

夏日如果只是炎炎還算好，未到正午走在街上已經被噴得一臉烏煙車屁和空調熱廢氣，臭汗一身黏黏稠稠的，很是難受。為己為人，常常隨身多帶一件白T恤，走進健身室淋浴更衣改頭換面，人是涼快清爽了，只是一旦熱昏了頭直到午飯時分，還是提不起勁沒胃口。

說沒胃口倒還是要吃的，否則能量水平急劇低跌，情況更差。想來想去唯一想到的是要吃荷葉飯，就是為了那荷葉翻開的撲鼻荷香飯香，讓這個惡毒的夏天忽然清純溫柔起來。

荷葉飯不陌生，小時候每到夏季鮮荷葉當造，老管家瑞婆就會把蒸熟的米飯加點叉燒、冬菇、草菇、蛋絲炒成乾身，再用荷葉包好去蒸。家裡自製的荷葉飯用料不算講究，印象中也沒有怎樣下瑤柱以及雞丁，只是我們這些貪新鮮又愛美的小孩，荷葉飯的

香港中環國際金融中心二期3008－3011室 電話：2295 0238
營業時間：1130am-0230pm／0600pm-1000pm
儘管有眾多招牌名菜和創意特色吸引目光和胃口，但每趟到利苑都要留肚吃一小碗粒粒貴妃泡飯，介乎零嘴與主食之間的絕佳創意，好味好玩。

利苑酒家

二 五 八
三 六
一 四 七

一　闖進廚房偷師，荷葉飯製作進行中。大廚用上泰國香米，材料有火鴨絲、冬筍、瑤柱絲、日本花菇、雞肉粒、鮮蝦或者鮮拆蟹肉。先把冬筍及雞肉泡油備用，炒飯時先下蛋漿，飯落鑊快炒並加醬油調味，其他材料一併放進炒香炒透，後下蟹肉及瑤柱絲，飯炒好後就可以包進鮮荷葉中。

二、三、四、五、六、七
　其實忍不住已想先來一碗，但想到荷葉飯蒸好後上桌剪開荷葉那一縷香氣，飽滲荷香的米飯進口依然清爽，就得稍沉住氣，靜候美妙一刻。

八　不厭其煩地經過又炒又包又蒸的工序，為的是一種色香味全的視覺和味覺經驗。

吸引力總比一碗白飯大得多，再熱再提不起勁，也可以在淡淡荷香下慢慢把面前的有味飯逐一入口，這也許就是瑞婆能夠把我們家裡從媽媽舅舅到我和弟妹兩代人都帶得健康白胖的屬害本事吧。

其實適宜在炎夏進食的還有湯泡飯，但瑞婆擔心我們這些小孩性子急，三扒兩撥連湯帶飯吃喝進去，對胃腸不好，所以在家裡是不太允許用湯泡飯吃的。只是後來年紀稍長，中午下課後在外吃飯，除了那些經典碟頭飯如菜薳牛肉飯粟米肉粒飯以外，還看見牆上張貼的菜單裡有陳皮鴨腿湯飯和蟹肉冬瓜粒湯飯等等。起初還是不太敢嘗試，只是一試之後又真的情投意合。無論是有清香陳皮配搭濃郁鴨香的，還是鮮甜蟹肉配搭清甜冬瓜粒的，我都會謹記老人家教誨，很乖很乖地慢慢嘴嚼細細品嚐，而且刻意把熱湯待涼後才拌進飯裡，不慌不忙格外好滋味。想起來這可真是我們早就流行的慢食傳統，有了荷葉飯和各式湯泡飯，悠悠夏日好好過。

— 講究的荷葉飯得用上新鮮荷葉，但翻開來卻有段遠至南北朝時期的典故。相傳梁朝始興郡太守陳霸先陳太君，奉命鎮守重鎮抵禦北齊入侵大軍，守軍糧食不足，幸得民眾以荷葉包飯鴨肉為餡去勞軍，結果打了一場美味勝仗。

— 清初屈大均著的《廣東新語》中，記有「東莞以香粳染魚肉諸味包荷汁蒸之，表裡香透，名曰荷飯。」至今東莞人仍稱荷葉飯為荷包飯。

— 師傅吩咐，如要讓荷葉飯蒸出來飯身仍然爽口，煮飯時米水份量比一般少三分之一，煮成飯身較硬，加上湯炒起來依然柔韌，再入蒸櫃蒸時，偏乾的飯身就會再次吸水，讓荷香滲入飯內。

香港中環雲咸街19-27號威信大廈　電話：2628 0826
營業時間：1030am-1100pm（周一至周六）0930am-1100pm（周日）
如何在不斷發揮創意的同時又能保持基本功夫，鴻星酒家的一包貌不驚人卻清香入心的荷葉飯說明一切。

鴻星海鮮酒家

九　從前只在炎夏才心思思想吃的湯泡飯，如今因為四季大兜亂，也得全天候登場。心中首選是利苑酒家的粒粒貴妃泡飯，清甜鮮美的清湯裡浸泡著的鮮蝦、瑤柱、時令瓜菜，蒸得香軟的米飯加上炸得酥透的米通，口感對比叫人驚喜，創意盡在細節當中。

十　老字號蓮香的鴨腿湯飯是招牌菜，用上每隻斤半左右的鮮鴨，肥瘦老嫩適中。鴨用豉油上色後炸過，放進加了老薑和陳皮的上湯裡，先快後慢火煲它五六小時，煲成湯清味醇，鴨肉酥軟而不老不韌。昔日勞工階層的夏日午餐首選，如今一年四季供應。

十一　鴨腿湯飯以外的另一選擇是冬瓜粒湯飯，也是全年午市熱賣。

父與子

廣播節目主持鄧威信

茶樓裡熙熙攘攘風頭火勢，同桌對面的兩位叔伯正在討論報紙新聞裡有位「嚴父」強迫兒子每天瘋狂離譜地跳繩拉筋跑步以訓練體能，連一把年紀的他倆也被這新聞事件弄得哭笑不得百思不解，然後跟我約好吃午飯的Wilson剛趕到，一下就被兩位叔伯認出是廣播電台裡的財經男，然而這是小休時間，不談金股。

Wilson今天有點感冒有點累，瞄了一下菜單，還是興致勃勃地點了鴨腿湯飯，我湊熱鬧，也點了方魚肉碎湯飯，兩個男人捲起襯衫長袖，大口大口分吃著面前馬上就送來的湯飯，很跟這個街坊茶樓的叔伯食客和環境氣氛協調。

未等我開腔，Wilson已經娓娓道來跟鴨腿湯飯的一段恩怨情結。八〇年代初Wilson年方十五，是家中老大，從事建築業的父親在暑假裡會召集他們三兄弟到工地幫忙，三個由十一歲到十五歲的超級童工跟其他伙計一樣要擔要抬，炎炎夏日毒太陽底下猶如軍訓。中午時分跟大伙到茶樓開飯，曝曬半天的Wilson什麼胃口也曬壞了，只想也只能跟其他師傅一起吃鴨腿湯飯冬瓜湯飯之類，湯湯水水三扒兩撥入口。當年紀小小的他並沒有埋怨父親，好像很明白在那個經濟起飛的年代，一家男人就得這樣努力。後來Wilson到加拿大升學，在一個相對舒適的環境裡，卻怎麼也不想再記起那段其實很辛苦的「童工」日子，更不要吃鴨腿湯飯。直至這麼多年過去，偶爾菜單裡出現的鴨腿湯飯卻叫他心頭忽然悸動，回憶起來才懂得慶幸原來也算捱過半點苦，原來真的要感激父親。

香港中環威靈頓街160-164號地下　電話：2544 4556
營業時間：0600am-1030pm

蓮香樓

日賣六七十份的鴨腿湯飯高踞熱賣榜首，用上二百元一斤的新會陳皮熬成的鴨湯居功至偉。其實轉轉口味也不妨支持此間清淡一點的冬瓜粒湯飯。

其實我們營營役役的確都是為了討一口飯吃，能夠爭取到一個茶樓一般嘈雜熱鬧的人氣環境吃這口飯已經是很不錯，

一　熱騰騰出籠盅頭飯，尚在籠中已經精彩熱鬧各自風騷，一出場更不得了。

035 一切從盅飯開始

開工大吉

很長一段時間都不能理解為什麼有些叔伯嬸母晨早起來可以第一時間興高采烈地吃完一盅飯？也很奇怪為什麼每盅白飯上面像是鋪了一籠點心？

也難怪我們生於安逸的這一代大都是軟手軟腳甚至膽小怕事的，可能就是沒有像上一兩代長輩的，晨早起來必須要先飽肚，才有氣有力面對粗重工夫。我們上茶樓飲茶是為了蒸籠裡的大碟小碟點心，長輩們卻沒有忘記那實實在在的粒粒飽滿的米飯。

北菇雞飯、豉汁排骨飯、牛肉飯、鳳爪排骨飯、鹹魚肉餅飯……各式盅飯在蒸籠裡無論用的是傳統的白瓷厚盅還是近期的不鏽鋼碗盛載，都是燙手熱騰騰，飯香菜香撲鼻，永恆吸引。師傅先得把適當的米和水放飯盅內，在蒸籠裡蒸約三十分鐘，取出待涼後鋪上各式材料，然後再入蒸籠蒸約十五分鐘才

美都餐室

九龍油麻地廟街63號　電話：2384 6402
營業時間：0830am-0930pm
又船又車遠道而來，固然為了一碟焗排骨飯和眾多經典美味。但這身處舊式唐樓已成經典茶餐廳地標的美都，有最五〇年代的紙皮石、家具和室內格局，「食環境食氣氛」在這裡有深層意義。

二、三、四
　　鳳爪排骨飯、蒸牛肉餅飯、雙腸臘肉飯、北菇蒸
　　雞飯、鹹魚肉餅飯……各有所好，所取所需。

五　午飯時分，蒸籠前的阿姐施展渾身解數，掌控調
　　度恍如三軍統帥。

— 有說盅頭飯最先出現在上世紀二三〇
　年代的廣州茶居。從事體力勞動的苦
　力們清晨開工前必須吃飽飯才有氣
　力，所以茶樓便順應提供用早市點心
　拼上蒸飯的二合一選擇。方便快捷而
　且便宜的讓苦力們飽肚後開工大吉。
　此風氣流行開來普及至一般民眾，歷
　久不衰。

— 在密閉的烤箱裡加熱使食材水分氧化
　由生至熟，這方法明顯是粵菜吸取西
　餐烹調法，有說焗豬扒飯是省港澳最
　熱賣的西餐，與焗粟米石斑飯、焗葡
　國雞飯與焗牛崧飯同為廣受食客歡迎
　的焗飯四大天王。

— 坊間店家有用瓷盅蒸飯也有用不鏽鋼
　盅取代，但據資深大廚指出，不鏽鋼
　盅散熱快，保溫能力弱。反之傳統的
　瓷盅雖然容易碰壞，但勝在能夠有保
　存熱力的能耐，讓蒸好的飯內的水分
　可以慢慢收乾，進口柔韌有嚼頭。

算大功告成。小時候無規矩，貪心好玩地叫
了一盅飯卻只把飯面的菜吃掉，激怒了從來
節儉的父親幾乎要用筷子敲我的手指頭。

曾經犯過這樣不懂珍惜的錯，真正了解到粒
粒皆辛苦還得等到畢業後闖入社會第一份
工，在荒山野嶺拍廣告時烈日當空汗流浹背
地吃那一盒叉燒乾瘦堅韌米飯半生不熟青菜
瘦黃變味的飯盒，才忽地懷念起茶樓飯盅裡
那溫軟香滑的一口飯。說來好誇張，但其實
我們營營役役的確都是為了討一口飯吃，能
夠爭取到一個茶樓一般嘈雜熱鬧的人氣環境
吃這口飯已經是很不錯，否則無日無夜在電
腦前在公園路邊在便利店在交通工具裡，捧
著飯盒匆匆填肚的大有人在。有工開還是大
吉的，kick start的是一盅飯簡直是個恩賜。

香港銅鑼灣希慎道8號裕景商業中心地下D舖　電話：2576 2658
營業時間：1130am-1100pm
與連鎖快餐店貨色不可同日而語的焗豬扒飯，告訴大家什麼叫超水準。

皇后飯店

六　這邊廂中式盅頭飯長期熱賣，那邊廂西式
焗飯不遑多讓。美都餐室的招牌美味是熱
辣噴香的焗排骨飯，搶先翻起只見以蛋炒
過的飯底粒粒俐落分明，吃時柔韌爽口，
排骨酥軟入味。

七、八、九、十、十一、十二
美都的焗排骨飯用的都是新鮮排骨，醃上
一夜後蘸粉下滾油鑊炸好。再另起鑊把冷
凍過的飯粒拌入蛋漿炒好備用。上湯底和
茄汁兜勻成醬並加進炸好的排骨，鋪放飯
面放進開業至今用了五十多年的油渣爐，
焗約五至六分鐘即成飯面微焦的極品。

七	八	九	十
十一	十二		
六			

充滿自己

創作人黃偉文

Wyman說他一定要有米，要深深的感受到被充滿——

如果我們身處的廟街街口美都餐室的卡座櫈底有一部不小心由某報娛樂版記者留下的錄音機，又不小心地開啟了正在錄音，以上一段獨白就會出現在影視娛樂版頭條，天曉得會刺激起怎樣的創意寫作。

沒事，沒什麼大不了，反正面前的一大盤焗豬扒飯在五分半鐘內已經被他吃個清光，毀屍滅跡而且沒有骨頭下地。他以實際行動說明了他是一個極愛吃米飯的人，他的comfort food就是一碗（有餸的）飯。再補充，他是無豬（肉）不歡的，從日式美式歐式吉列豬扒到粵式豉汁排骨到有色素咕嚕肉生炒排骨到五星酒店扒房貴得有道理的豬扒到拍戲開工拜神燒豬肉，他無任歡迎一概奉陪，除了那自以為烤得很香的豬肉乾——所以

那回三更半夜約他找一天去吃一樣他喜歡的，他毫不猶豫極速回答：焗豬扒飯。

焗豬扒飯，而且還要是此時此地美都餐室的版本。Wyman是這區的「老」街坊，從美都的二樓卡座往外望，手一指便望到他的老家。可是印象中Wyman倒從來沒有來這邊堂食過，從來都是母親在家打麻雀時，麻雀腳阿姨撥一通電話送過來的外賣，當少年Wyman被分得生平第一小碗焗豬扒飯——從來家裡炒飯就是炒飯，這個稱作焗豬扒飯的除了有他最愛的焗豬扒，竟然還配有蛋炒飯，簡直是雙喜臨門。

一盤像模像樣的焗豬扒飯應該不難做，但江湖中還是有把大家嚇得半死吃得一肚子氣的版本。Wyman說他沒話好說，我幽幽的有所悟，原來要被充滿，說到底還得靠自己。

添記　九龍深水埗北河街54號
深水埗老區街坊餐館，提供的不一定是什麼頂級極品，但卻叫大家一嚐庶民滋味。

未來的中學會考課程可否多加一項必修必考的，
就是要求不論男女考生都要炒出一碗合格的飯。

必炒無疑

036

炒金炒銀炒出好飯

如果有天在港九新界酒樓餐館或者碩果僅存的大排檔開懷舉筷之際，忽然發覺鄰桌的是教育統籌局高官和一眾手下，我一定毫不猶豫冒犯地走過去請願——未來的中學會考課程可否多加一項必修必考的，就是要求不論男女考生都要炒出一碗合格的飯。

煮一包即食麵也會煮得糊成一團，烚幾條菜會弄得又黃又爛甚至燒乾水，煎荷包蛋更是超高難——現在的幸福的小朋友說不定比我們更嘴饞，但要他們她們入廚動手的確很艱難，說不定連小朋友的父母們也不怎麼願意也不太懂得在家裡親自「開火」，只得依賴東南亞家務助理或者到左鄰右里街坊餐館求助，好好歹歹勉勉強強完成早餐午餐下午茶晚餐連宵夜五餐。什麼是真正的家常飯？如何才炒得成一碗可以入口的蛋炒飯？看來真的要動用特區政府危難應變儲備金來再教育再培訓，否則明日之後下一代，就再沒有標準和依歸了。

新界元朗流浮山迴旋處山東街12號 電話：2472 5272
營業時間：1100am-1030pm
專程到流浮山捧B哥場的老饕人數眾多，試過食神炒飯手勢的都一致
叫好。至於這裡的海鮮主打，嘿，還用說。

歡樂海鮮酒家

	二	三	四	八
五	六	七	
	十	
一	九	十一	十二

一　先以聲色奪人的「食神炒飯」，是流浮山歡樂海鮮酒家人稱少年廚神的B哥的自創鎮店之寶。

二、三、四、五、六、七、八
先用蟹籽在碟底鋪成形備用，燒紅鑊先下蛋液，再馬上將煮熟隔夜些微脫水乾身輕身的舊裝金鳳米飯與蛋拌勻炒香，此時原來的猛火要轉至中火，再下蛋漿讓蛋皮包著飯粒，做成金鑲銀的效果。再將其他材料：青豆粒、冬菇粒、墨魚粒一併炒好，亮麗又不油不膩。放進碼盆覆過來上碟就有極其討好的一碟食神炒飯。

九、十
鴻星酒家大廚親自下廚示範白玉蟹炒飯。

十一、十二
留家廚房也有招牌熱賣黃鱔炒飯。

話說回來，第一回正式入廚拿起鑊鏟為自己服務，就是炒出一碗連自己也不可以原諒自己的飯，不要說什麼飯粒「潤而不膩，透不浮油」，我竟然有本事把一碗飯炒出半碗黏黏濕濕蛋液半生另外半碗乾乾巴巴蛋塊成團的狀態。先下的叉燒和鮮蝦和醬油混得幾近焦黑，後下的蔥花還是生腥嗆鼻。我應該是把下醬油，下蛋液，下飯粒，下配料的次序都完全錯調，更不要說什麼用台灣蓬萊米和泰國香米相互配合以產生又韌又糯的口感，炒的時候也因拼命揮鏟而把飯粒切斷壓碎，真是名副其實的「碎金飯」。

失敗乃成功之母，問題是這位眾飯之母似乎住得很遠，又或者都逃入了人家的廚房一去不回。我得承認我有繼續努力繼續炒飯——尤其是更努力地在外頭不斷尋找從最基本到最富貴的蛋炒飯和生炒糯米飯，希望我這個飯桶有朝一日拜師學藝成功，為自己再炒一碗好飯。

一　儘管坊間餐館都叫自己的出品作生炒糯米飯，但為了省時亦有先蒸煮再炒之偽版本。其實真正炒出來的糯米飯粒明顯地粒粒分開，不會過分胳軟黏結，但蒸煮過的分明會黏成一團一團，連賣相也欠佳。

留家廚房

香港天后清風街9號　電話：2571 0913
營業時間：1200am–0300pm／0060pm–1100pm
以承傳粵菜經典為己任，留家廚房一碟黃鱔炒飯除入口魚香軟潤，還有食療補身作用。

十三　已有六十年歷史，由街頭推車經營至入舖的強記美食，以一鍋生炒糯米飯吸引了無數在秋冬夜晚瑟縮街角的過客。

十四　儘管一碗豐盛飽暖油香撲鼻，早已三扒兩撥迫不及待，但還是要再加上兩條香脆蔥味的臘腸盡興。

十五、十六、十七、十八
　　　撒上大把蔥花，不僅是添色也是提味。嫻熟手勢應付專程前來嚐新的堂食或者外賣的顧客。

十九、二十、廿一、廿二、廿三
　　　炒蛋備用，先下臘味爆香，再將蝦米冬菇等等材料下鑊炒好，再放進用熱水燙透的糯米，不斷在鍋裡拋炒並以上湯灑焗至米粒變軟，加上蔥花拌好便成。

廿四　臘味鹹香，飯粒油光飽滿，黏糯有嚼勁，一起筷就吃不停口。

不忍噴飯

廣播電台節目主持、演員、歌手……林海峰

林海峰06年底這一趟棟篤笑以噴飯為題，但其實我知道他是捨不得噴飯的，尤其是生炒臘味糯米飯。

幾乎是十項全能的他這麼忙碌，看來在未來的好一段日子都不會進廚房親手生炒糯米飯。但還好的是他懂得吃，懂得在哪裡吃到油香撲鼻、料多味正、既軟糯又夠嚼勁的生炒飯，而且既有高檔極品也有街坊驚奇。

這種冬日限定的胃納滿足，總叫他想起勵德邨舊居時代，白英奇學生時代，以至初入商業電台工作的那些老好日子。糯米飯看來不宜獨食，是那種多加一雙

筷子又再多加兩隻匙羹然後多加兩條膶腸的集體分享——可以是家人可以是同學可以是同事，是那種高高興興又一年的日常生活饞嘴動作。

說來他還是略有遺憾地說，現在比較不可能一家大小坐在灣仔街角吃那一檔遠近馳名的生炒糯米飯，頂多只是專程駕車前往然後停在路旁叫外賣回家共享。這一點付出了代價的時空距離，始終影響了糯米飯的水準和滋味。要補償，可能就得在晴朗的一天早上在一眾維園阿伯裡誠徵備有督憲府服務經驗的家廚回家炒飯了。

灣仔馬師道／駱克道382號地下　電話：2572 5207
營業時間：1200pm-0100am（周日休息）
站穩街頭風雨無間，越是小本經營越見強韌拼勁，食物水準更是穩步上昇。

強記美食

從前艱難時世吃飯焦是惜物，現在計較的是
究竟用上湯還是淡茶把飯焦泡開，
要下多少唐芹、蔥花、芫荽和鹽花，
要磨多少薑蓉調味才算正點。

一　人手剁碎的新鮮牛肉嫩滑彈牙
　　多汁，炒香後放進已經在焗爐
　　焗透的煲仔飯面，打下鮮雞蛋
　　加蓋馬上上桌。

別無選擇

037

保保保煲仔飯飯飯焦

究竟我們還有沒有選擇？

說有的請舉手，面前的十幾煲煲仔飯，有堆滿傳統
經典足料臘味的，有油鴨髀單打獨鬥（加了鯪魚乾
又偏向順德口味的），北菇滑雞貪心又再加雙腸，免
治碎牛一定要加蛋，豉汁鳳爪排骨少不了生切紅椒
絲，原隻膏蟹連蔥段薑片鋪滿飯面，黃鱔和白鱔一
起成後起駕鴦，豉汁魚雲、鹹魚肉餅和鮮魷馬蹄肉
餅各領風騷……

還有從泰國潮式回流的加上芋頭粒的，以冬蔭功湯
料入飯的，日系釜飯變身的鰻魚海膽作料，韓風的
石頭鍋飯，西菜的雜菌田螺以至大片鵝肝……萬佛
朝宗，都歸入煲仔飯的又簡單又直接的龐大系統，
所以我說，其實我們別無選擇，此時此刻，煲仔
飯，煲仔飯，還是煲仔飯。

剪接到吃第一口飯焦的六〇年代，家裡廚房正處於石
油氣爐取替煤油火水爐，電飯煲取代瓦煲煲飯的交
替期，由於傳統口味習慣也因為節儉原因，家裡老

永合成茶餐廳

香港上環蘇杭街113－115號地下（近市政大樓）電話：2850 5723
營業時間：0600am-0500pm（周六至330pm，周日／公眾假期休息）
午飯時間永遠人山人海的永合成，老闆許伯一家上下和氣融洽。該趁
早或較晚趁空檔和許伯交流麵包爐焗煲仔飯心得，讓他向你傳授令飯
粒更鬆爽更好吃的「筷子撈飯」法。

二、三、四、五、六、七、八、九
勞煩永合成許伯親自示範麵包爐焗
煲仔飯秘技：泰國絲苗新米加中國
油粘舊米以一比一比例調勻，用熱
水洗米縮短飯熟時間。先將煲仔放
在煤氣爐上明火煮，飯滾一收水便
放進麵爐焗約十五分鐘，同時把用
鹽糖生粉調味醃好的牛肉快炒後放
於焗好的煲仔飯面上，打進鮮雞蛋
便成美味窩蛋牛肉煲仔飯。

二	三	四	五
六	七	八	九
十	十一	十二	

十、十一、十二
醬汁香濃的黃鱔煲仔飯亦大受歡
迎，快炒過的料頭鋪在飯面，趁熱
一嚐。

一 善其事利其器，充滿鄉土風味的煲仔
飯始終要用上傳統的瓦煲，煲出萬眾
期待飯焦。瓦煲比其他器皿容易傳
熱，即使用上不大吸水的新米，瓦煲
亦能保持將新米煮得軟滑，而且很多
人吃煲仔飯是為了吃飯焦，好的飯焦
應該色澤金黃香脆，一刮即起，過分
焦黑乾硬都不該入口。嘴刁的順德人
用現磨薑蓉加入鹽花及葱粒，沖入淡
普洱成飯焦茶泡。坊間亦在原煲內加
入上湯，撒入芫荽及葱花煮成稀粥好
共食。

人家還是會留住瓦煲煲湯，偶爾也會用瓦煲煲
飯，意思意思。早已忘了那些家常飯菜的普通作
料，唯是忘不了那隨時弄斷筷子匙羹的力刮飯焦
的激烈動作，更往往是未等用淡茶用慨花泡開就
把飯焦放進口裡猛嚼，畢竟那是珍珍和卡樂B薯
片還未流行的時代。

就是因為這味道原始的飯焦，給煲仔飯增添了出
乎意料的附加價值，甚至成為好些人戀上煲仔飯
的主要原因。所以瓦煲內飯焦的厚薄軟硬、焦黃
色澤、香脆程度竟都成了評定煲仔飯好壞的標
準。親眼看著師傅們在炭爐前表現雜技似地把一
煲二煲飯限時限刻地斜身烘轉身烘，為求煲內四
周都有均勻飯焦成品，用心用力都是為了讓顧客
激讚「到底」——從前艱難時世吃飯焦是惜物，
現在計較的是究竟用上湯還是淡茶把飯焦泡開，
要下多少唐芹、葱花、芫荽和鹽花，要磨多少薑
蓉調味才算正點，其實對一煲「好」的煲仔飯的
要求，刁鑽起來真的可以是篇幾萬字論文。

十三 新翠華的原煲炭爐臘味滑雞飯，臘味鹹香油潤，雞肉鮮嫩汁多，炭香與飯焦香縈繞，色香味覺總動員。

十四、十五、十六、十七、十八、十九、二十、廿一
接單現叫現做，用熱水洗米後，原煲飯放於炭爐上煮熟，先加兩三滴豬油令飯更香，途中再加入臘腸和醃好的雞肉，後下蔬菜。把煲放側可燒出更多飯焦。飯好上桌快手加進用上紅蘿蔔、洋蔥、芫茜炒過調好的豉油，再蓋上煲蓋焗三數分鐘，揭蓋時噴香誘人。

廿二 功不可沒就是這批明火炭爐！

花開煲仔

作家 聞人悅閱

八〇年代，少女悅閱在口味依然單一的杭州應該還沒有嚐過道地港式煲仔飯。

她的第一次煲仔飯經驗是在紐約，九〇年代中期大學剛畢業的她進入職場，認識了兩個從小就在曼克頓中國城長大的朋友。兩人年輕、優秀，在外人看來依然有點亂的中國城裡，明顯有別於祖輩老移民，紮根社區又沒有傳統包袱，別有一種朝氣一種驕傲。悅閱跟這一男一女朋友特別要好，自然也跟著到處闖到處吃，也在一家很有規模的專吃煲仔飯的廣東飯店裡，見識到熊熊爐火中一排又一排滿載飯菜的煲仔，一室料香飯香飯焦更香，入口更是不得了，悅閱最愛的是有臘味配搭的版本。

剛畢業剛獨立的悅閱，對於稱為家的這個個人空間特別敏感關注，自然也對寒冬裡室內一煲煲仔飯提供的溫暖美味特別感到溫馨。悅閱記得除了在餐廳裡吃還會經常叫外賣，而那些不回收的煲仔竟然開始在家裡堆疊起來。曾經想過要利用這些煲仔來種花，但也因為經常要出差而被迫放棄，煲仔開花始終未實現。

這幾年來碰巧悅閱在香港勾留，私人收穫當然是添了個可愛小女兒，經營過驚鴻一瞥的藝術二手書店「十一行」，當然還有她的小說創作……來到這個煲仔飯的大本營，悅閱的初嘗試是在一幢顯赫住宅的會所中餐廳裡，服務生端出的煲仔飯早已恭恭敬敬替你分好在碗中，少了那種自己掀開燙手煲蓋澆進豉油起匙起筷的熱騰騰鬧哄哄的街坊風味。這樣說來這個冬天我們這些朋友就得一盡地主之誼，該帶她在這個煲仔飯的江湖中肆意闖蕩。

蛇王芬

香港中環閣麟街30號地下　電話：2543 1032
營業時間：1200pm-1030pm
入冬後到蛇王芬吃蛇羹，同時一嚐臘鴨雙腸煲仔飯，滿是溫暖人心。

說到底，水、氣候、環境氛圍等等-
這麼具體這麼複雜的本地因素，
是無法在異地翻版的，真正的雲吞麵的
自家味道也只能在香港得到圓滿呈現。

無病也思鄉

雲吞麵情意結

038

如果還有所謂思鄉病，雲吞麵大抵是香港人在外地思鄉的一個「病」因，也是心病還須心藥醫的唯一療方。

我沒有十年八載長期離港的經驗，沒有親歷國外華人社區裡雲吞麵的「進化」——多年前路經多倫多，因為實在口饞，走進一家雲吞麵舖，領教了從麵條份量到雲吞體積都比正統大三倍的情況，更不用說麵條的粗幼與硬度，湯底應有的清中帶鮮的味道——印象實在不很好。然而親友都說近年情況有所改善，「真正」的雲吞麵也可以吃到了。我未親嚐不敢說，當然我不會懷疑有心經營者以花盡心思力氣，把食材一一空運過去，把熟手老師傅請過去甚至把室內裝潢佈置都搬過去，但說到底，水、氣候、環境氛圍等等這麼具體這麼複雜的本地因素，啊，還有跟你一起在麵舖麵檔裡吃雲吞麵的相識的不相識的人，是搬不走的，是無法在異地翻版的，

香港中環威靈頓街77號地下 電話：2854 3810
營業時間：1100am-0745pm

背負祖輩廣州池記雲吞麵大王的美譽，第三代傳人之一麥志明主理的麥奀雲吞麵世家，堅守傳統的同時刻意開拓。作為顧客的走進這個樸素的店堂，吃到的卻是努力承傳的深厚功力。

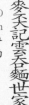

麥奀記雲吞麵世家

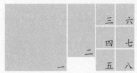

		三	六
	二	四	七
一		五	八

一 和胃納大的小朋友來吃雲吞麵，小小碗內麵一撮雲吞四個清湯半碗，一口氣就吃光了意猶未盡，還瞪大眼好像很詫異的樣子。對呀，雲吞麵本該就是這般嬌小細緻。

二 此間銀絲細麵全用機器打，雖不及竹昇手打麵般強韌，但還能保持最新鮮最佳狀態。

三、四、五、六
麥奀雲吞麵世家的店面有師傅臨窗表演手勢功夫，少許散尾的雲吞淥好置碗中，然後把早已抖散盡量走賺的銀絲細麵投下沸水，只見麵隨柄勺攪起的漩渦直入鍋底徹底受熱，就在那近二十秒間把麵撥散撈起瀝水，過冷河，放碗中雲吞之上，下幾滴豬油以筷子一挑一拌，再澆進一勺滾熱的以大地魚、蝦籽和豬骨熬成的清湯。禮成，可以上桌奉客。

七 原身大地魚用火炙過加入蝦籽和豬骨熱湯，湯底鮮甜濃香。

八 正宗講究的雲吞麵都以匙置碗底，先放雲吞再放麵再澆湯，避免太多湯水把麵浸得太久太軟。

真正的雲吞麵的自家味道也只能在香港得到圓滿呈現。

也不知是什麼時候開始的一個習慣，離港遠行上機之前總得去相熟的雲吞麵老字號吃上一碗，長途跋涉盡嚐各地美食後回程窩在機艙裡面對懶得挪動的飛機餐的時候，已在盤算下機後如何第一時間能夠吃上一碗雲吞麵。我很清楚這跟肚不肚餓飽不飽無關，那簡直就是一種回家的依賴。

印象最深是年前SARS肆虐最兇最狠的那個時候，怎麼也不安於室的我戴著那很必要也很討厭的口罩跑上街，不知怎的也就跑到那平日其門若市此刻實在有點冷清的雲吞麵老舖去。當那熟悉不過的小小一碗雲吞麵端上來，我迫不及待拉開口罩，深深吸一口那用豬骨、大地魚、蝦籽蝦米等等材料熬製的鮮美湯底冒起來的熱氣，環顧一下幾十年不變的店堂，四周那些依然定時定刻捧場的熟客，我心頭一暖眼前一濕，平日死命不濫情的也終於失守了。

— 廣東人稱的雲吞由北方餛飩演變而來。相傳清代同治年間，由湖南人在廣州開設的一家三楚麵館，率先把餛飩兩字減去筆劃寫成雲吞。但其製作之雲吞依舊粗糙，只有麵皮肉餡白水湯，後來幾經改良，以雞蛋液和麵擀成薄皮，包上以肉末、蝦仁和韭黃裹成的餡料，自成一派。

— 二三〇年代廣州街頭流行以麵擔擺賣雲吞，檔主敲竹板作「獨得獨得」聲招徠。其中最有名的池記（也就是由麥奀父親麥煥池主理）賣的是圓眼雲吞（如桂圓大小）以及髮菜麵（如髮絲般夾韌）。麵用上等麵粉按一斤麵粉五個雞蛋的比例搓勻，以竹竿壓成彈牙細麵。雲吞餡用豬後腿，嚴格以瘦八肥二比例，加入鮮蝦仁雞蛋黃拌勻。雲吞皮薄如紙，雲吞上湯以大地魚、蝦籽、冰糖熬製。色香味俱佳受達官貴人包括蔣介石、陳濟棠以及眾多粵劇紅伶賞識。

永華麵家

香港灣仔軒尼詩道89號地下 電話：2527 7476
營業時間：1200pm-0500am（周一至周六）/1200pm-0100am（周日）
一試以傳統竹昇壓麵法製作的銀絲細麵，看你能否分辨出其與機製麵條的不同。

十一
十
九 十二
十三 十四 十五 十六
十七 十八 十九 二十

九、十、十一、十二

永華麵家也以巧手雲吞麵見稱，只見師傅不停手地把以鮮蝦肉調好的雲吞餡包成形，邊包邊說從前的雲吞該更嬌小，雲吞皮更散尾，可是現在的食客都只知貪多划算。

十三、十四、十五、十六、十七、十八、十九、二十

永華麵家在灣仔本店的樓上自置工場，邀得退休老師傅重出江湖，以傳統方法用竹昇壓麵。師傅先將雞蛋鹹蛋白混和高筋麵粉，再加小量鹼水搓勻成麵糰，接著師傅便坐於竹昇上，以槓杆原理將麵糰作360度研壓，橫紋直紋交錯縱橫，如是者反覆摺疊再壓，以增加麵糰的柔韌彈性。麵糰壓好後以機器切成銀絲細麵，以手將麵條分撮，完成的麵條要擱放一天才用，讓鹼水完全揮發減少苦澀。

信心雲吞

髮型師 姚永洪

清楚記得那天午後心血來潮撥一通電話跟他約好，然後按指定時間出現在他面前跟他說：Pius，從此我就把我的頭交給你了。

很簡單，這是信心問題。對這個多年老友我當然有信心——專業、負責、有創意、夠親和力、沒架子……只是因為他太忙，所以中途好一段時間我都是自行了斷。就用一個百多元的電動鏟往頭上刮呀刮的，其實也OK，但就是不夠專業，不夠細緻，總是少了／多了那麼一點點——

後來我就做了決定，把我這個頭託付於可信可靠的他，三數星期就麻煩他一趟，在他飛來飛去的時間表內佔上那短短的珍貴的半小時，乘剪髮之便可以跟他談天說地。說實在也真的軏誤他的正常工作時間，無以為報只好請他去吃點什麼——

雲吞麵，Pius不假思索立即說，還得是威靈頓街的麥奀記。雲吞麵是他的至愛首選，也往往是出門前上機必定要吃一碗，下飛機後家也不回地馬上又要再吃一碗。究竟為什麼，叫他這麼投入這樣痴纏？就是因為有信心。

我們在小小一個碗中喝的是由大地魚、豬骨、蝦籽熬出的湯底，清鮮香甜絕不嗆喉，雲吞有蝦有肉亦嬌小玲瓏，一小撮銀絲細麵在十五至二十秒之間下麵掠起過冷河落豬油，麵條還在半透明的al dente狀態，爽韌十足。吃時即使極慢極仔細，也不需七八分鐘，湯熱麵爽正在狀態，就已經全進肚裡——唯一在此處，他是放心喝得滴湯不剩的。這就是信心，有了這經年累月的專心細心才累積起才爭取回來的信心，一切好辦事。

忠記麥奀記

香港中環德輔道中267號地下　電話：2662 6168
營業時間：1030am-0800pm

同出一源的另一分支，有心食客可以平常心比較。畢竟都是真傳，都是水準以上各有特色各自精彩。

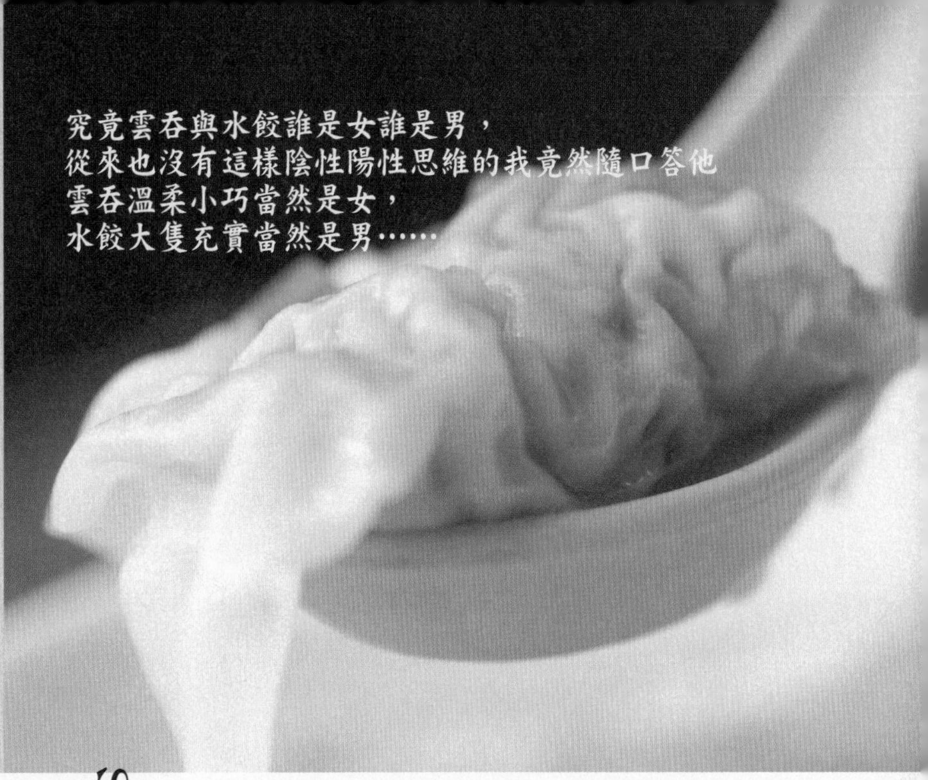

究竟雲吞與水餃誰是女誰是男，
從來也沒有這樣陰性陽性思維的我竟然隨口答他
雲吞溫柔小巧當然是女，
水餃大隻充實當然是男……

一

一 雲吞麵吃多了，來一碗淨水餃。大肆宣揚的名店去多了，多花一點時間去發掘一些被遺忘的老舖──陳成記。

039 水餃雲吞？

shuikow vs wanton

常常不明白為什麼我們從小吃大的廣東雲吞就可以名正言順的用英語發音作Wanton，廣東鳳城水餃卻沒有得到Shuikow的官方音譯，害得我常常要向饞嘴老外朋友推介水餃時，又要花唇舌解釋水餃與雲吞其實像親戚，同樣的皮卻有不同的餡，而廣東水餃都習慣放湯中和北方的餃子一整盤沒湯的又完全不同，更不能都以dumpling來籠統稱呼。然後越說就越複雜，結果一個捉狹鬼就問我究竟雲吞與水餃誰是女誰是男，從來也沒有這樣陰性陽性思維的我竟然隨口答他雲吞溫柔小巧當然是女，水餃大隻充實當然是男，但過後三思又自覺政治不怎麼正確──

有回向一家雲吞麵的店東好奇打聽，究竟一日裡出售雲吞與出售水餃的比例差異有多大，店東也許從來沒有想過有人會問這樣的傻瓜問題，也真的是笑著想了很久才回答，大概雲吞會好賣一倍吧──其實這個對雲吞的

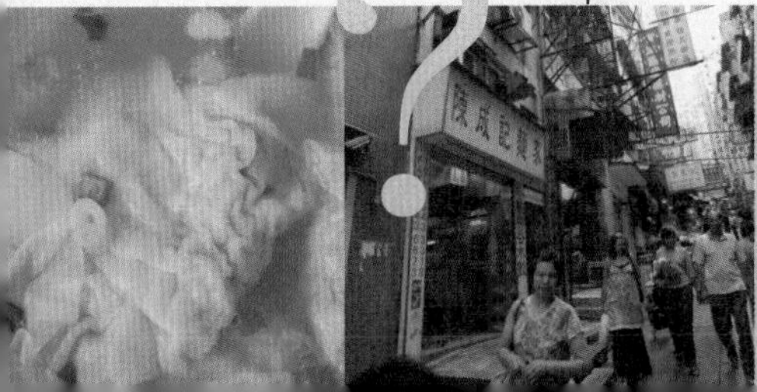

陳成記

香港中環卑利街6號地下 電話：2543 3318
營業時間：1130am-0900pm
從大排檔街舖開始，從不花巧地做好幾款水準以上的水餃、雲吞、牛腩牛筋食物，留住長情顧客，午飯人潮漸散，忙碌的中環還是有這樣一個安靜好餐館。

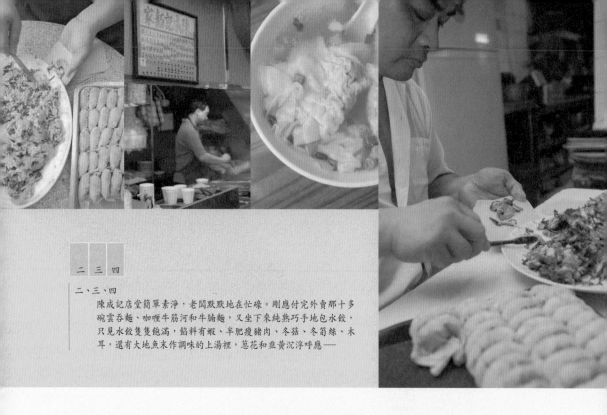

二、三、四

　　陳成記店堂簡單素淨，老闆默默地在忙碌。剛應付完外賣那十多碗雲吞麵、咖喱牛筋河和牛腩麵，又坐下來純熟巧手地包水餃，只見水餃隻隻飽滿，餡料有蝦、半肥瘦豬肉、冬菇、冬筍絲、木耳，還有大地魚末作調味的上湯裡，蔥花和韭黃沉浮呼應——

　　無論是男是女，認真工作中的人是最美的。只見師傅專心一意包水餃，餃皮放四指之上，先以清水輕塗餃皮邊，以餡勺撥入些許餡料，然後一攫成形，且快手將水餃皮從左右向中間束摺——特別是最後一下動作，在封口前再一捏——師傅後來解說是把餡料內空氣推走，否則水餃下鍋受熱就容易散口——這鬆緊拿捏，易學難精！

偏愛也恐怕只是習慣，因為比雲吞多加了木耳、筍絲，而同樣有鮮蝦和豬肉作餡的鳳城水餃，完全是另外一種口感滋味，應該有其獨立市場，如果一直都只被看作是副選，「發明」水餃的某位阿哥或者阿姐肯定會是不服氣的。

從來見義勇為，當年跟隨二伯父經澳門回鄉，十歲上下還趕得上坐通宵「大船」兼投宿客棧的年代，回程時竟也勇敢地隻身回港。走在澳門那幾條手信街，幾乎用盡身上盤纏就是買了好幾盒手工現作的鳳城水餃，作為平生第一趟送給家人（包括自己）的嘴饞禮物。日子久遠已經記不起這標榜正宗的水餃究竟是否「入口便知龍與鳳」是否真的比香港的水餃好吃？但肯定這就是自小堅信必須有自由選擇有公平競爭的第一個動作，好吃，為什麼好吃？必須拿得出一個叫人信服的說法，真正好的水餃或者雲吞，應該都樂意接受考驗和挑戰！

香港灣仔軒尼詩道89號地下　電話：2527 7476
營業時間：1200pm-0500am（周一至周六）／1200pm-0100am（周日）

麵食名店自然要面面俱到，好的麵好的雲吞，又怎少得了更壯實可口的水餃，千挑萬選的灼芥蘭——

永華麵家

五、六、七
平日只顧大碗小碗吃這吃那，有機會全程直擊making of——看著永華麵家的師傅如何用最新鮮材料，準確仔細地一口氣包出一盤上百隻肥嘟嘟的水餃，叫人期待這些水餃下鍋煮好熱騰騰登場的一剎那——

八、九、十、十一、十二
嘴饞為食進而身體力行的蘇三，在她的蘇三茶室裡觀自下場實踐她的飲食理念，其中這碗手工做的有順德飲食傳統風格的鯪魚餃，是我心目中的advance水餃！用上鮮魚肉，用匙羹順魚骨方向刮出魚肉並浸在清水中，然後將魚肉連水倒入魚袋瀝乾水份，調味搓勻撻打至起膠。逐小份魚肉沾上生粉按捏成薄片，包進有肉末、菜絲的餡料，魚餃滾水中灼好，放碗中淋以煎過的魚頭魚骨加薑和陳皮猛火滾成的魚湯——

十三 作為嘴刁一族，有責任將這些盡心盡力發揚傳統家常口味的小店廣為傳揚。

		八	九	十	十一	十二
	六				十三	
	五	七				

卡通水餃 動畫導演 袁建滔

這裡的水餃實在太結實太大顆太好吃，阿滔說，所以我要幾乎要用剪刀剪開才能給我那三歲的小兒子吃——

我的腦海裡馬上出現一個很卡通的好吃的爸爸餵頑皮兒子吃水餃的溫馨畫面，只是背景音樂因為時間關係還未配好。阿滔補充說，什麼蔥花呀蒜頭呀都沒有禁忌的給兒子吃，而兒子最主動要求吃的是叉燒，而且不要見怪，他最愛玩煮飯仔，而且是濕水版本——洗澡時候把海綿做的牛扒、熱狗和青瓜配搭起來玩得樂不開支，而且更把洗澡水當成一鍋湯。爸爸，這湯已經下鹽了，快來嚐嚐。

看來這個小朋友跟他爸爸一樣卡通，而且很有愛吃的潛質，也肯定會跟他的爸爸一起鑽研煎蛋之道，甚至更高層次的日式溫泉玉子，也在反覆實

踐之後炮製成功。當然愛入廚的阿滔也很清楚，幾人份一餐半餐要烹調成功並不困難，難的是長期作戰要做幾十人幾百幾千人份，所以阿滔特別佩服也尊重這些街頭巷尾的粥麵老店，可以幾十年如一日地保持一個穩定的優質的水準，無論是一碗隻隻結實飽滿的淨水餃，還是一碟撒滿噴香蝦籽的甚有嚼勁的撈麵，都是一種修練，不在深山老林卻在鬧市街巷。

從水餃談起，一跳跳到他的動畫導演專業，又再跳回水餃——如何把鮮蝦把豬肉把筍絲和木耳絲都好好調味配搭，然後用薄薄一塊麵皮把這些實在材料都包進去，讓水餃可以成形登場公開演出，這一道美味那一組畫面構成，這當中需要的耐心信心和持久毅力，談笑之間輕重拿捏交流互通。

蘇三茶室

九龍土瓜灣美善同道1號美嘉大廈地下10號舖 電話：2714 3299
營業時間：1230pm-1030pm
從設計專業到資深飲食記者到餐飲經營者，蘇三以身作則在心愛的廚房裡逐夢，可是這一碗水餃卻真的好吃，絕不夢遊。

走進散落十八區的各領風騷
各有金漆招牌的魚蛋粉專門店，
總覺得像闖進了潮州人的專屬地盤，
該用古雅的潮語發音點一碗魚—蛋—河—

各領風騷魚蛋粉

江湖多事

040

一如確信在老牌上海飯館看著身邊居港滬人第二三代用自小練就的上海話點菜會得到較好的招呼和較佳的菜餚，走進散落十八區的各領風騷各有金漆招牌的魚蛋粉專門店，總覺得像闖進了潮州人的專屬地盤，該用古雅的潮語發音點一碗魚—蛋—河—

可惜不是每趟吃魚蛋粉的時候身旁都有胡恩威，否則這位劇場版文化研究都市規劃版新一代潮州怒漢就會正式用潮語向身旁老友推介評點如何才是一碗正宗的合格的魚蛋粉？同時詳盡解構面前的魚蛋魚片是否用上新鮮門鱔、九棍、鯼魚或仔等等魚即日刮肉製漿定形浸冰走油而成。接著解釋為什麼從前的人喜歡又軟又滑的魚蛋現在又強調彈牙嚼勁？至於上桌前在碗中一把撒上的冬菜和蔥花芫荽為什麼可以帶起整碗魚蛋粉的鮮味？

香港筲箕灣東大街22號及55號地下　電話：2513 8398
營業時間：0700am-0700pm

 安利魚蛋粉麵

走進儼如食街一般的筲箕灣東大街，單是魚蛋粉麵店已經有好幾家，看清地址認定在店旁自設工場的這一家安利。魚蛋粉、淨肉頭、切腩片頭、豉油王撈麵都是必嚐極品。

	二	三
一 四 五 六 七		

一
一碗魚蛋粉，有人喜歡魚蛋彈牙爽口，有人偏愛軟滑清嫩，更有人寧取炸得香口而口感更結實的魚條淨片頭。如果是各有偏執如此認真的話，更得在意要求湯底和粉麵的素質，能夠在眾多選擇中認定你最心儀的，是種緣份。

二、三、四、五、六、七
一走進筲箕灣魚蛋老舖安利，幾代人都以魚蛋營生的鄭家，見證了這個行業種種規矩和技術的演化。從以前全為人工手作，現在已引入多種機器減輕人手負擔和提高衛生水平。每早清晨，新鮮漁獲就在工場裡整理洗淨，製作魚蛋主要用上門鱔、九棍、鹹仔等海魚，分好類便放進魚骨分離機剔走骨和皮，壓出魚肉再進碎肉機將魚肉打得更幼細。幾種魚肉按比例放在一起加鹽加調味加冰加水拌勻打至起膠，再放入唧機內唧成魚蛋。

八	九

八、九
唧好的魚蛋比較柔軟，要在室溫中待魚蛋裡的寒氣慢慢消失，然後放進暖水裡讓它凝固及定形，最後再以人手拆成粒狀，一粒當日新鮮現造的魚蛋終於正式完成。

各家自製的辣椒油又該下多少？這位自幼嘴饞愛吃的潮州自己人都會有他的獨立見解。

討論下去一如沒完沒了的舊區該如何重建？大排檔該不該保留？西九文娛藝術空間資源該如何分配？關於魚蛋炸魚片頭魚麵魚餃魚紮炸魚皮等等直系分支親朋戚友如何是最好，看來該得開一個旅港潮人答問大會然後全民公投議決。但說實在各人口味習慣又各有準則要求，對話過程言語之間明顯會分鄉分黨分派意氣用事，溫婉優雅反過來可以是粗聲大氣——魚游深淺海域有清有濁，一談到這個有關核心價值的人生頭號大事，江湖怎能不多事？

一 曾幾何時用人手唧魚蛋的工序現今大多被機器取替，否則人工成本開支根本難以計算維持。人手打魚漿然後一唧一刮製成的魚蛋更鬆軟同時有彈力，但因為經人手溫度，令魚肉易變質，且有衛生控制等問題。改以機器打亦要因應魚肉膠質變化和天氣溫度去調節下冰和水的份量。此外，亦有棄用鋼桶改用木桶盛載魚漿以求保住魚鮮，各家各派各出奇謀。

一 作為僅餘少數自家炸魚皮現賣的水記老闆永哥透露，炸魚皮要用白門鱔而非黃門鱔。黃門鱔的肉確能做出至滑的魚蛋，但魚皮就較厚，反之白門鱔魚皮較薄，炸成魚皮更酥更鬆。上佳的新鮮魚皮根本不用下調味，即炸便鮮香可口。

謝記

香港香港仔舊大街80-82號 電話：2552 3809
營業時間：1000am-0600pm
專程跑一趟香港仔，見識魚蛋界另一傳奇。堂食半條炸魚片（加辣椒油！），吃一碗熱賣的由門鱔、膠魚、鹹魚新鮮魚肉搓壓成皮，冬菇和豬肉作餡的魚皮雲吞，雖然半飽也不能忘了主角——格外爽口彈牙的魚蛋！

十六、十七、十八、十九、二十

吃得到新鮮現造的魚蛋魚片頭，又怎能忘記魚蛋製作過程裡的一項副產品：炸魚皮。中環吉士笠街大排檔水記的自家製炸魚皮是我吃過最新鮮最香鬆脆的。第三代傳人永哥刻意搜購找來最好的白門鱔皮，毫不馬虎地刮走皮上的殘肉，讓魚皮炸起來更加輕巧更加香脆，每天中午開檔前永哥把魚皮蘸上薄粉，用慢火炸半小時，才會使我們入口的小小一塊魚皮都真正透徹酥香。

十、十一、十二、十三、十四、十五

至於有人偏愛的魚片亦得經過不少工序，打好起膠的魚漿會多放點鹽使之稍為硬身，先置鐵盤中定位，以暖水浸至定形才可取出切條油炸。

桃色魚蛋

創意研究員黃伯康

Vincent煞有介事地跟我說，他從小就覺得魚蛋很可疑，神神秘秘複複雜雜的是個騙局。

不知是誰曾經告訴才是五六歲的他，魚蛋裡面的魚是鯊魚。大惑不解的他剛看完電影《大白鯊》不久，很難想像這麼兇猛和這麼溫純可以走在一起，而且牛高馬大一條鯊魚，用來做成比較有排場比較高貴的魚翅或者比較有益身心健康的魚肝油還可以，但要委屈攪和化身成一粒一粒浮浮沉沉的魚蛋還要加蔥加冬菜下辣椒油，就未免有點英雄落難永不超生了。然後又有人告訴他魚蛋其實是用門鱔和九棍兩種魚打成，頂多在主魚以外加紅衫、鹹仔、寶刀三種配魚，完全跟鯊魚無關（至於鯊魚骨熬湯底配魚蛋粉，那是十分後現代的事）。因此Vincent就更加困惑，為

什麼這一趟渾水這麼渾？這一些魚跟那一些魚的關係這麼複雜？

然後大概八歲的他有一天跟老爸去吃魚蛋粉，Vincent很有禮貌把魚蛋粉大排檔負責收錢的店東女兒稱作魚蛋妹。也不知為什麼把對方弄得很尷尬把老爸氣得半死。他坦言跟老爸說這三個字是從同學那裡聽回來的，根本就不知何解。父親一味生氣，自然也沒有也不可能跟他好好解釋，後來他才從另一批同學口中得知魚蛋妹跟唄魚蛋的關係，也大概知道這是某種行業某些工序某個指定動作，當年他十歲。

年紀小小的Vincent即使當年與某些真正的魚蛋妹擦身而過，也不涉任何桃色聯想，有些事有些情甚至有些慾，不時不食完全跟他無關。

香港中環吉士笠街2號排檔　電話：2541 9769
營業時間：1130am-0530pm（周日休息）
小斜坡上的大排檔，既用心做好他們的主打牛雜牛腩，以每早現炸限量魚皮和門鱔雲吞為賣點，要吃到炸得香酥脆薄的魚皮和雲吞，得在午飯前後光顧。

水記

身邊一些愛人朋友因為種種原因，
決定再不吃牛肉，
我擔心我們也再不如以前的可以分享
生活中的樁樁件件。

一 中環九記牛腩大名鼎鼎，賣的是從小吃大以為獨一無二的柱候牛腩以外的一個系統——清湯腩。所以當年初邂逅，竟是每隔兩三天就心思思地去一趟，吃他們的牛爽腩、淨伊淨米走油、咖喱汁另上，再來一碗淨湯——

041

我屬牛

牛腩牛雜牛上牛

我屬牛，所以自小就認定了只能勤勤懇懇辛辛苦苦營營役役，那是我的命。我很可以把別人認為怎可能獨力支撐的工作接過來撐下去，頂多是做得比較慢完成得不是十全十美，但總算是合格的。而在種種遷移起落中，自問有事繼續可做已經是很幸福的了，也不習慣隨便哼聲叫苦說累——也許我是懂得獎賞鼓勵自己，那就是開心開懷的吃，吃，吃，還是吃。

要問我最愛吃什麼？我真的不懂得回答。反過來問我最不喜歡吃什麼，我也一樣啞口無言。我只能說我最怕就是遇上不用心烹調的食物吧！當然我知道最理想的就是當你想去吃一樣好東西，有時要翻山涉水有時近在咫尺，你能夠馬上拿出一種欣賞尊重的態度熱情冀盼的心情，本就好吃的就會更好吃，如果能夠跟身邊人分享這些美味就更妙。

所以當我知道身邊一些愛人朋友因為宗教的健康的或者總有理由的種種原因，決定再不吃牛肉，

群記清湯腩

新界大埔運頭街大明里龍騰閣26-28號地下　電話：2638 3071
營業時間：1pm -130am
絕對值得花時間走一趟，喝一口群記這一鍋從半夜熱煮通宵達旦用上八小時才完成的牛脊骨湯底，口嘜牛腩不同部位，不只是美味，更是一種見識。

二、三、四、五、六、七、八、九

走進九記廚房，企圖從這一堆切割分體的牛腩裡重組哪裡是哪裡。那有如半個人高的巨鍋日夜翻滾浸煮那每日賣出三百多斤的牛腩，湯底用上牛肋骨和冬夏不同的藥材，加上牛腩滲出的肉汁，令湯頭香濃而清澈。喜愛肥腩的會吃得一口軟滑豐膩，瘦腩同好吃出鬆化紋理，鍾情爽腩（崩砂腩）的要碰運氣，因為這爽滑有嚼勁的部位經常很快就賣光。

一　坊間打正旗號以清湯腩為招徠的餐館越見普遍，各自都會強調以牛肋筒骨，分別加上陳皮、草果或者自配藥材秘方，花上四至八個小時熬出一鍋鮮濃的湯底，撇走湯面的肥油，才用來浸煮不同部位的牛腩。至於一時鋒頭被蓋過的柱候牛腩，仍是不少粉麵店仍然提供的口味香濃的選擇。燜柱候牛腩先將牛腩焓熟切件備用，另爆炒薑、蒜、乾蔥至金黃，然後放進以大豆、麵粉、蒜肉、生抽、白糖和八角粉自家研磨煮製或者現成的柱候醬，不斷兜炒後再把醬料與牛腩加上月桂葉一同放進大鍋裡繼續燜煮兩三小時。不少店家會一次煮好一大鍋冷藏好分日供店面應用。

說實話我是深感失落的。當然我絕對尊重每個人的選擇和決定，只能說曾經吃過已經是一種福氣。我只是擔心吃牛肉的我和不吃牛的他和她從此各有味蕾經驗各走各路。我們也再不如以前的可以分享生活中的椿椿件件，我也再不好意思在他和她面前眉飛色舞聲色藝全地分享我剛才吃到的那一碗清湯爽腩的脆滑咬勁，那一碗滷水牛雜的撲鼻芬香，還有那下了陳皮的鮮製柱候醬炆牛腩的甘香入味，那用古法磨豉醬炆牛腩的濃厚軟臉，那用自調咖喱燉煮牛腩的香濃蔥味……我怕我們就此開始減少溝通慢慢疏遠，怕，也沒有用，吃與不吃，原來就是很現實很殘酷，身為屬牛的，做吧做吧做吧，吃吧吃吧吃吧，也沒有什麼受不了。

香港中環歌賦街21號
營業時間：1230pm-0715pm / 0800pm-1130pm（周日休息）
抱著到名店朝聖的緊張心情，其實大可以放鬆如街坊街里。越是老字號，越得努力經營出一種氣度作為群龍（群牛？！）榜樣。來到這裡，絕不會失望。

九記牛腩

十、十一、十二、十三
什麼叫黏？什麼叫滑？永華麵家的牛筋河一次為你作了最佳詮釋。

十四、十五
毫不起眼的小舖驚為天人，遠在大埔的群記，堪稱牛肉牛腩專門店，廚房後吊掛著一字排開的，從爽腩、坑腩、蝴蝶腩到牛筋、牛肚、牛腑、牛腱甚至牛鞭，應有盡有。面前吃完一碗再一碗，是牛臉珠麵和牛伙河，入口嫩滑得幾乎溶化，即使飽了還想叫一碗清湯淨肉眼筋。

十六
久違了的古法磨豉牛腩，在清湯腩風行的今天，越見罕有。滿是濃郁磨豉醬香的牛腩炆得酥軟，肉汁豐富。

清湯真味

攝影家 馮漢紀

有點後悔當年在大學設計系裡沒有跟馮Sir好好學攝影，到現在我還只是懂得用傻瓜相機去拍下面前的一切美味，也因此常常因為室內不同燈光不同色溫，香味再好的食物都會失色，分明就是少壯不努力老大徒傷悲的教訓。

所以不分心去拍攝食物了，而且我們也太清楚攝影的弔詭，照片中看起來好吃跟真的好吃總有落差，還是直接吃進去比較實際。馮Sir把我帶到他的首選清湯牛腩店，還趁午後傍晚不是最擁擠的時段，好讓我可以不必風風火火的，可以坐下來慢慢聊。

這裡的牛腩有多好吃？馮Sir只用一個簡單例子說明，就是吃完不必用牙籤剔牙，但吃的時候依然清楚地吃得出紋路質感，各種部位分別有其該有的稔滑軟爽，依然有嚼勁。湯底一滴不漏地喝光，也是沒有味精、濃淡得宜的證明。其實這一切標準都應該是基本要求，只是太多餐館都把不住這些細節關口，略有成績的又急於擴充連鎖以至品質不保，所以馮Sir堅持光顧支持那些用心用力小本經營的街坊餐館，因為當中有的是越見稀罕珍貴的人情味。

退休後開始迷上打羽毛球，以他一貫對熱愛事情的專注投入，馮Sir笑說現在一星期有四天像上班一樣去打球，好使幾十年的鋼條身形繼續保持，也就是說，繼續有配額有條件去更挑剔地吃好喝好。只是他也慨嘆近十年八年，食材本質的變化太大，從前簡單新鮮的一切，現在卻得添加這樣那樣去救亡，難怪當我們吃到一碗真材實料的清湯腩，不止無言感激而必須站立鼓掌！

永華麵家

香港灣仔軒尼詩道89號地下　電話：2527 7476
營業時間：1200pm-0500am（周一至周六）／1200pm-0100am（周日）
坊間處處碰到的牛筋河，不是未夠火候太硬太脆就是不斷熱煮太軟太黏，鮮有吃到像這裡的牛筋燜得柔韌適中，醬香而不鹹，最愛加添些許辣椒醬，瞬間「滑」完一碗。

其實居港的潮汕同鄉也真的沒有完全丟鄉里的臉，
還有少數香港的肉丸店家堅持用傳統
手打牛肉成漿的姿勢和功力，限量精製牛丸。

牛脾氣

042

牛丸爽滑彈

先來說句公道話，豬朋狗友都是朋友，狐群狗黨都是有關照呼應有嚴謹組織的紀律部隊，飛來飛去的狂蜂浪蝶都在敬業樂業地維持自然生態平衡兼且點綴環境，即使是蛇蟲鼠蟻都有牠們存在的理由和價值，碰巧做人的我們根本沒資格去看低別的科目——屬牛而且是人馬座的我也常常退一步（進一步？）想，做牛做馬何樂而不為？重要的是牛有牛的粗莽脾氣，馬有馬的高貴驕傲，借過來放肆發揮，做人才有趣。

究竟早已在牧場內聽音樂吃嫩草的牛還有什麼脾氣？那些萬千寵愛身價不菲的名駒又是否可以從絢爛歸於平淡？有過這些做牛做馬的人間經驗，如何能收放自如，在有限度的妥協裡依然有準則有態度？這也就等於面對一顆牛丸，牛丸呀牛丸，為什麼你無論是堅持手打還是用機製，依然那麼夠嚼勁夠彈牙？

九龍尖沙咀海防道臨時街市
環境實在有點委屈的海防道熟食市場內，不乏街坊擁戴的星級排檔。
仁利的老闆鄭先生累積三十多年經驗，對自家研製的牛筋丸和蝦米辣
椒油十分自豪，欣然一試果然值得他如此驕傲。

仁利大排檔

一　旺角街頭永遠熙攘，餐館眾多卻往往更叫人心神恍惚不知所措，走進熟悉的樂園牛丸大王定定神，加有新鮮牛脊筋打成的牛筋丸依然保持高水準，肉鮮汁多夠嚼勁，細切的河粉幼滑帶米香，葱花和炸香的蒜頭完美提味。

二　臨街陳列櫃展示店家自設廠房，每日新鮮製作的各款牛丸牛筋丸魚丸魚片墨魚丸，自行配搭作火鍋料最方便。

三　粉麵湯底全採用牛骨熬上大半天的鮮美清湯，呼應粒粒鮮味彈牙牛丸。

四　有經驗的師傅每次不會把太多牛丸煮浸備用，以防牛丸變得太腍失去應有彈性。

坐在門面實在不怎麼樣的位於潮州市中心的衛記肉丸店裡把手捶牛肉丸豬肉丸魚丸墨魚丸等等丸丸丸逐一入口細嚼，不必裝上驚訝好吃表情感動由心生。比較之下其實居港的潮汕同鄉也真的沒有完全丟鄉里的臉，還有少數香港的肉丸店家堅持用傳統手打牛肉成漿的姿勢和功力，限量精製牛丸。其他大部分用上機製牛丸的，也會在選取肉料和熬牛骨湯底的過程中狠下功夫盡力而為。無論是傳統的既爽且滑的牛丸，粗獷一點的牛筋丸，以至加入黑椒的辛香版都不失禮。就如我身邊的幾位依然有獨特牛脾氣的潮州男，爽、滑、彈，時而儒雅書生，時而火爆怒漢。

— 彈牙牛丸歷史悠久，《周禮、天官、膳夫》中鄭玄所注列有八珍，排名於五的是擣珍，也就是將牛、羊、鹿之肉擣至極爛而成的。及至南北朝，賈思勰在《齊民要術》中稱之為「跳丸炙」，也就是說，牛丸從一開始就彈跳到今天了。

— 遲來十年八載，未有運氣親睹潮州老師傅徒手用兩根鐵捧拍打鮮牛肉至起膠再拌粉撻打，然後再用手唧成牛丸——現在幾乎都改用機打。有素質的店家選好上乘肉眼扒，去筋及脂肪，切細後混入生粉、食鹽和冰，放入打肉機內拍打約一小時至起膠成漿，爭取用手唧以留存氣孔，令牛丸彈性較強。牛丸唧好更要即時用熱水灼熟並放冰水降溫以保持爽脆。

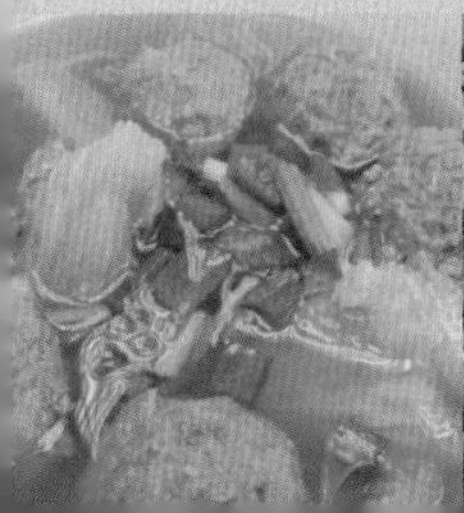

生記清湯牛腩麵

香港中環禧利街20號地下　電話：2541 8199
營業時間：0630am-0900pm（周日休息）／0630am-0600pm（公眾假期）
以粥品馳名的上環生記另有一店堂主打清湯牛腩麵，其熱賣牛丸咬落汁多有質感，且有黑椒微香，配上燜好的清甜白蘿蔔，滿分！

五、尖沙咀海防道熟食檔內的仁利牛丸與隔鄰的德發牛丸旗鼓相當，仁利的一碗牛筋丸嚼勁十足，咬下去有大地魚末的鮮香，叫人有意外驚喜。湯底用上牛骨、蝦米、黃豆、胡椒熬成，加上鹽和冰糖調味。德發的牛丸即有陳皮的芳香，爽脆如昔亦為一絕。

六、七、八
儘管坊間現在的牛丸不再像從前以人手揮棍搥打鮮肉成漿，多改用機打，頂多維持手唧的工序。幸好還可以在這些僅存的依然有大排檔格局的老舖裡，冬冷夏熱地看著檔主叔嬸為你親手準備一碗依然滋味的牛丸河。

九、貪心一點的可選擇同時有牛丸、魚丸、墨魚丸、魚皮餃的四寶河。

以牛為本

美食愛好者劉晉

吃完一碗牛丸粗牛丸雙拼後再來一碗牛筋丸，從加有陳皮的幽香口味轉到加入大地魚乾的濃重口味，在這稱作臨時街市卻一眨眼十多二十年的昏暗有蓋蓬建築裡的熟食檔中，劉晉忽然說了一句；飲食是一種宗教！

出自別人之口可能會比較誇張，但出自這位從小跟著饞嘴父親到處吃的小朋友口中，就十分合理十分有說服力。有一位作為食評家並經營香港第一代私房菜的父親，能吃愛吃會吃的劉晉從澳洲唸完Landscape Architecture回來，理所當然的建築起自己的飲食信念，在幫助父親打理私房菜和爵士樂會所的同時，也累積實踐經驗憧憬美妙未來。如果飲食是一種宗教，教主本身就必須最虔誠最投入最狂熱——

劉晉直言喜愛fine dinning的貼心精緻，但對當前一眾國際星級名廚都在急急擴充全球地盤的大趨勢卻很有保留。依然是理想派完美主義者的他，清楚知道現階段的他該集中所有精力照顧好小店裡每一個客人的具體需要，讓進來的都得到完美的一餐，而統籌的掌廚的得以照顧別人的心情去準備每一道菜，在表現自己和跟客人溝通互動之間求取一個平衡——跳回身邊這碗食後評價甚高的牛筋河以及檔主極力推薦的蝦米辣椒油，即使是如此街坊的經營也在以人（牛？！）為本地矢志實踐最基本最貼心的飲食理念。對劉晉來說，從自家店堂廚房跑到別人的地盤取經，跑進菜市場跟檔主寒喧，翻遍書店飲食書刊找靈感，每時每刻都是吸收學習的機會——一粒有texture有嚼勁的牛筋丸，一鍋由蝦米黃豆胡椒牛骨熬煮以冰糖和鹽調味的湯底都是老師，都在互教互學。買單前我問劉晉什麼時候可以在他的廚房裡吃他做的理想牛丸，他笑了笑，做好功課，隨時奉陪！

九龍旺角花園街11號地下　電話：2384 0496
營業時間：0900am-0300am
旺角鬧市的混亂氛圍裡還好有叫人安心定神的老地方，越戰越勇的樂園牛丸王依然提供高水準選擇。

樂園牛丸王

年少無知而且貪心的我就會先把半份撈麵吃罷，
再把餘下麵條材料放進湯裡，
來一個DIY湯麵版本。

一　撈麵的好是因為它沒有湯底的干擾，真正吃到碗中從麵到料的真滋味。鮮甜彈牙的魚片頭，肉汁飽滿不黏牙的清湯腩，用多種醬油調製的撈麵汁寬條粗麵撈得油亮，海陸二路精英在眼前。

043 撈世界

貪心撈麵

自問從來貪心多心，是那種中學時代同時參加三個課外活動組又中文學會又地理學會又朗誦班的所謂活躍份子。大學時候出發到國外旅行之前做足功課如何穿州過省跨國，趕得上這個展覽的開幕那個博物館的免費入場和那位建築師設計師在那個大學的一場公開演講，短短三日裡理想地一氣呵成無遺漏。同樣地走進一家喜愛的麵家，如何可以吃到鮮蝦雲吞又吃到鳳城水餃又能夠吃得一口鹹香鮮美的蝦子撈麵，看來鄰座叫的京都炸醬麵也不錯──這是為什麼常常呼朋喚友去覓食且美其名為分享，就是因為可以貪心多嚐好滋味。

想來也是這樣的小小貪心意識作怪，所以當一個人吃麵時常常點的是撈麵。因為無論點雲吞麵水餃麵牛腩麵都是連湯帶料帶麵，都是湯麵的版本。如果點撈麵的話，常常都會

好到底麵家

新界元朗阜財街67號地下　電話：2476 2495
營業時間：0800am-0800pm

誇張一點說是翻山涉水，其實也可以從中環乘巴士直達再走幾步，好到底的蝦籽撈麵是真正五十多年不變的好滋味。柔韌有嚼勁的新鮮自製生麵，配上順德鹹淡水交界河蝦蝦籽，自家文火烘焙，鹹鮮惹味，唉唉蝦籽唉唉麵。

二 三 四
　　五
　　六
　　七　八

二、三、四
　現場直擊撈麵實況，醬、油、撈，名詞動詞一氣呵成。

五、六、七
　自1948年在元朗開業的好到底麵家是老字號，單看其樓梯牆身的紙皮石紋樣，室內鏡區蟠桃商標，門口水磨石壁畫，難得有心力保當年風範。

八　難得難得，在這吃到沒有鹼水味的銀絲生麵，而且著箸沾上毫不吝嗇的大把蝦籽，吃罷心思思，還可買走這裡早年首創的蝦子麵餅和自家焙烘的盒裝蝦籽。

一　粵式港式撈麵常用銀絲細麵，貪其幼細易沾拌料醬汁，但也有人偏好寬條粗麵，吃來更粗豪過癮。無論是粗是細，都以麵粉、蛋和鹼水製成，講究的會用竹昇壓麵，然後機切成麵條，口感既彈且爽。沒經過蒸煮或油炸的皆屬生麵，不用風乾，保持麵身濕潤。只能存二至三天的這批麵條，最能吃出麵粉和雞蛋原材料的鮮香，最適合作撈麵和放湯即食。

多附一碗上湯，也就是乾的濕的版本同時登場。雖然真正的老饕應該會堅持既然是撈麵就該完整的吃完一份「乾撈」，再選擇性的喝它一口兩口湯，但年少無知而且貪心的我就會先把半份撈麵吃罷，再把餘下麵條材料放進湯裡，來一個DIY湯麵版本。為了保證那一個湯是熱騰騰的，還會刻意吩咐伙計，那碗上湯在適當時候才給我端上，想起來也真的幼稚得叫人臉紅。

無論是最喜愛的蝦子撈麵、薑葱撈麵、豬手撈麵、京都炸醬麵，以及終於吃到傳說中用鵝腿油拌的鏞記太子撈麵，以及現在都乖乖地撈完吃掉完整的一碟，如果可以選擇，撈麵用的該不是銀絲細麵而是寬條粗麵，吃得更放更爽！

香港筲箕灣東大街22號及55號地下　電話：2513 8398
營業時間：0700am-0700pm
一碗切腩片頭豉油王撈麵，是教無數老饕專程來到筲箕灣的原因。自家每日打造的魚片頭和清湯腩，配上自製醬油混和牛腩汁，無敵。

安利魚蛋粉麵

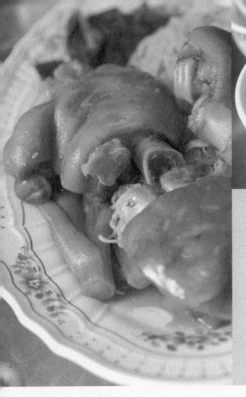

九		
十		十四
十一		
十二	十三	

九　炆煮得軟滑入味、肥而不膩的南乳豬手、全鴨蛋及頂級加拿大麵粉自家打製的竹昇銀絲細麵，一時情急也不知該先吃麵還是先舞弄豬手。

十、十一、十二
　　含豐富膠原蛋白質的豬手豬腳常被所謂健康人士誤導是肥膩物，其實滋補強身從來是食療佳品，以南乳及眾多味料炆好一盤又一盤豬手，配上竹昇打造銀絲細麵，不但補身更補補日常知識的誤解遺漏。

十三　厚厚豬皮帶嫩肉，又脆又滑，有嚼勁夠份量。

十四　特選軟滑肉眼人工手切，日本花菇浸軟厚切成絲，以茄汁、辣椒醬及日本瑤柱磨粉調味，蒜爆糖煮製成後更擱一天讓炸醬料徹底入味，顧客下單時把麵煮好再配一勺滿滿炸醬，還附大地魚鮮湯一碗。

撈麵情結

自由攝影愛好者黃啟裕

我們一坐下點了他要吃的就只顧著說話說話說話，面前那一碟豉油蝦籽撈麵原來已經上了檯卻還久久未動，都幾乎涼了都恐怕要糊成一團了。

所以我更好奇親嚐Blues口中描述的那一份放在舊式飯壺裡的用薑蔥和蠔油撈過的蝦子麵，保溫隔了幾個小時，依然那麼有嚼勁那麼可口——當然那是鍍了一層金黃顏色的小學生年代。每天上學，Blues都會在午餐時候掀開媽媽給他親手準備的飯壺，裡面經常都會有這百吃不厭的蠔油撈蝦子麵。

所謂情意結，看來就是經驗與回憶交纏累積重疊的結果，他會在一千幾百種食物裡特別鍾情撈麵而且是粗切的蝦子麵，其實也是對媽媽的一種感激。而且當年任職圖書館當管理員的母親，不僅每天在上班前已經為他準備好午餐，而且更定期把眾多期刊雜誌讓他先睹為快，這也許就養成了他速讀技巧的博聞強記的能力。Blues笑著說媽媽是家裡的知識代表，下班後花很多時間替他溫書，唯是總不明白為什麼當年要求他要背誦大量的世界各國的名字，包括當年還未解體重組的U.S.S.R.，中文全名是「蘇維埃社會主義共和國聯邦」，日夜反覆背誦，想忘記也很困難。

當然不會忘記那周一至周五午餐時分的蝦籽麵，也不會忘記星期天的臘鴨頭粥和炒麵炒河粉，也不能忘懷自從看過電影「天使追魂」（Angel Heart）裡面用來下咒的雞腳，就從此不再吃雞腳豬腳諸如此類。Blues也親口問當年從澳門來港定居的媽媽為什麼只愛蝦籽麵，而且習慣先用水灼菜再用菜水把麵煮好，放進用薑蔥開的油和蠔油裡拌勻——問了這麼多他當然沒有打算親手撈麵，他現在依賴的是身邊的老婆。

永華麵家

香港灣仔軒尼詩道89號地下　電話：2527 7476
營業時間：1200pm-0500am（周一至周六），1200pm-0100am（周日）
以自家竹昇麵著名的永華，要仔細嚐遍其菜單上所有招牌美味，得花上你三五七天，這回要試的是極其出色的炸醬麵和豬手撈麵。

五盒炒河粉和炒米粉放在會議桌上，
環保快餐盒各自一打開，
餘煙裊裊的還好還讓我們捉摸感覺到最後一絲鑊氣。

人間鑊氣

044

炒河再來炒米

工作室裡忙得一頭煙，看看一起一團忙亂的大小朋友臉色開始有異動開始遲緩，才忽然察覺已經是下午二時三十分已經過了午飯時間，馬上喊停馬上張羅快餐外賣電話，在今天想吃什麼的慣常發問之前，竟然有三個人都同心同德地第一時間決定要吃乾炒牛河，另外二個又天造地設地點了星洲炒米，難道我們日思夜想致力達成的團隊合作精神就此水到渠成？

十分鐘後五盒炒河粉和炒米粉放在會議桌上，環保快餐盒各自一打開，餘煙裊裊的還好還讓我們捉摸感覺到最後一絲鑊氣。氣，對於我們這些自認貪吃好食的炎黃子孫，可以很抽象也可以很具體，什麼「氣結為形」，「氣立而後有神」，「氣為生之本」等等古代養生修練的學說和實踐，今時今日一旦重拾前人智慧，都要靠你多加一點想像去感覺去

香港銅鑼灣宴東街2號 電話：2577 6558
營業時間：1130am-1130pm
各有所長各取所需，即使你自認廚藝有多厲害，還是跑到店裡吃一碟乾炒牛河划得來。

何洪記粥麵專家

	二	三
一	四	五

一　儘管經常被身邊的健康人士提醒少油少糖少鹽，但一碰上乾炒牛河這四個字就已經心神恍惚，正因如此更要吃到河粉軟滑而柔韌，牛肉鮮嫩少筋，調味不過鹹，炒起來乾身不油膩的終極版本。

二、三、四、五

除了雲吞麵、乾燒伊麵等鎮店寶，乾炒牛河也是何洪記的熱賣，溜入廚中看師傅快炒一盤，先將牛肉泡油備用，再下油燒紅全鑊後將餘油倒出，先下芽菜蔥段再下河粉，兜炒幾下方把牛肉和韭黃後下，起鑊前加豉油，拋舞一番讓河粉盡成油亮咖啡色，熱騰騰上碟正好。

完成。而一旦跳離這個內心世界回到日常生活，那撲面而來的鑊氣，倒是最能從一碟當場快炒好的熱騰騰香噴噴的乾炒牛河或者星洲炒米中直接領略。

如何把河粉炒得乾身不油膩，讓豉油可以在河粉上均勻上色，而且牛肉還有爽滑質感，原來講究的是如何先把鑊燒紅，然後下油均勻再把多餘的油倒出，再來以文武火兜炒河粉，最後才加豉油拋炒——曾經在廚房裡目睹入廚數十年大師傅的神乎奇技，更鞏固了我對乾炒牛河的永遠忠心。

當然多情的我還是會忽然眷顧那碟繽紛醒目的在新加坡其實吃不到的星洲炒米，但千不該萬不該的還是不應倉促外賣，所謂鑊氣，還是該現場實地第一時間吸收，人間滋味如在天上。

一　乾炒牛河的源起，有一段抗戰時期的傳說，話說1938年廣州被日軍侵佔，大廚許彬改行經營小食，在楊巷路開了一家粉麵檔，除雲吞麵外兼營炒粉，但當時炒粉都習慣加芡汁，用生粉推芡。當時有一日偽偵察要吃炒牛河，剛巧店中生粉用完，只能迫著用乾炒方法，先把牛肉拉油泡熱，爆蔥炒芽菜，然後燒紅鑊加油炒粉，邊加醬油，再以拋鑊法增加鑊氣，最後放入牛肉和芽菜而後上碟，偵察從未試過這樣的牛河，大讚不已，許氏索性以此作招牌小食，流傳開去成為粵式炒粉傳統。

太平館餐廳

香港中環士丹利街60號　電話：2899 2780
營業時間：1100am-1200am
瑞士汁甜豉油是太平館的靈魂滋味，用在好幾個主打菜式中，自然少不了跟乾炒牛河cross over。

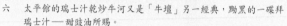

六　太平館的瑞士汁乾炒牛河又是「牛壇」另一經典，黝黑的一碟拜瑞士汁──甜豉油所賜。

七、八、九、十、十一、十二
　　按圖索驥看你是否炒得出一碟極品乾炒牛河，這裡的特別嘉賓是豆角。

十三　一碟顏色醒目香辣蔥味的星洲炒米，看來也是港式雜薈傑作。把蝦仁、叉燒絲、火腿絲、洋蔥絲、青紅椒絲和米粉湊拼大兜亂，以少許咖喱粉提味作主調，與「星洲」掛鉤。

那一抹黃

攝影藝術家、藝術行政人員 王禾璧

她嗜香愛辣，但又不至於那麼瘋狂地投入到那種魔鬼地獄火辣鍋，吃得一頭大汗要猛喝冰水的那種，所以對於王禾璧來說，可以自在拿捏輕重的泰國菜很是適合她，而那一碟其實在新加坡吃不到的星洲炒米，辛香微辣，也很對胃口。

一如揚州沒有如此這般的港人炒出來的揚州炒飯，星洲炒米，也只是借那一撮咖喱粉來染色而已。她做了點小調查，咖喱粉裡面的黃色素主要是黃薑粉，對這明快亮麗的鮮黃色十分有好感的她特意去買了一些黃薑粉回家來炒飯煮蝦，除了好看，還有補肝的食療作用。

由早期全力投身攝影創作與教學，及至近年專心一志地在藝術行政和推廣的工作方面努力，王禾璧也是典型的把自家時間變成公共時間的一員闖將。眼看這些年間群策群力，也的確讓香港的文化藝術氣氛內涵從量到質都在漸次進步，至少藝術家和作品比過去多了被看見被關注的機會，所以她自己的攝影創作時序也得重新安排調配，並不是急著要完成點什麼，反正就如有空就燒菜做飯宴請相熟朋友，也該視作十分家常十分悠閒十分放鬆的事。

親自下廚炒一碟至愛的星洲炒米可倒真的沒有打算，因為炒米粉這回事的確需要一點功夫，張羅這一切材料也需要好些時間。倒是希望大家幫幫忙能夠找出城中哪個星洲熱點；認定哪一盤星洲炒米真的好吃；吃完抹抹嘴角的那一抹黃，然後繼續忙我們最值得專注最發揮作用的好事。

香港中環德輔道中84-86號章記大廈地下　電話：2542 2288
營業時間：0700am-0200am

正如到揚州吃不到揚州炒飯，星洲炒米其實也沒有出現在新加坡任何一間熟食檔裡。偏偏來到香港，這個加了些許咖喱粉就成星洲（為什麼不是印度？！）炒米，乾濕拿捏正好，蔥味醒胃沒話說。

港式茶餐廳

一碟看來簡單不過幾乎「無料」的豉油王炒麵，
管你賣的是八塊錢還是八十塊錢，
都該有能力有條件炒出一碟可以叫你
的顧客願意再回來再吃然後感激盛讚的作品。

一

一　有別於坊間平庸貨
色，留家廚房的肉絲
炒麵把煎好的麵餅與
肉絲芡汁分碟上，吃
時再蘸大紅浙醋，如
此吃來不慌不忙更能
吃出麵香肉嫩，是日
常炒麵的進階吃法。

炒翻天

045

炒麵見真章

因為大膽，什麼都敢放進口一試，所以我吃
過有如深棕色橡皮筋一樣的豉油王炒麵，嚐
過有如漿糊一樣的有肉絲有芽菜作料而且是
過鹹的芡汁，也把那一堆叫作炒麵其實是炸
麵的油熱焦香物體放進口，幾乎刺破唇燙壞
舌。

因為嘴饞，所以就得勇敢承受這一切，也慢
慢學懂爭取要求該吃到合格的以及有更高水
準的。一碟看來簡單不過幾乎「無料」的豉
油王炒麵，管你賣的是八塊錢還是八十塊
錢，都該有能力有條件炒出一碟可以叫你的
顧客願意再回來再吃然後感激盛讚的作品。
當然如果顧客也沒要求，你也沒堅持執著，
大家也就混混噩噩地過著混帳日子。

幸好還是有身懷絕技不肯低頭的廚中好漢，
也還有刁鑽挑剔的專業覓食人，一碟又一碟
像樣的炒麵才能得以繼續出現，技藝才有機
會得到承傳。

留家廚房

香港天后清風街9號　電話：2571 0913
營業時間：1200am-0300pm／0060pm-1100pm
累積了第一代私房菜的經營經驗，留家廚房主腦人劉健威堅持承傳粵菜系
統中種種寶貴技術，簡單如面前一碟肉絲炒麵，也有根有據繼往開來。

二、三、四、五、六、七

師傅先將炒麵用的熟麵餅下鑊，一拋一扭之間煎至兩面黃，跟省時間的猛油快炸不可同日而語。然後將選用肉眼切好的新鮮肉絲下鍋，連蔥段和蒸熟了的冬菇絲一併炒熟，埋芡上碟——

八　夜半翠華，無論是趕完工剛下班還是狂歡半途補充能量，一碟涼瓜排骨炒麵竟叫全人類全天候捧場。

二	五
三	六
四	七
	八

— 要追尋港式豉油王炒麵的源起，香港掌故名宿魯金老師曾經在文章中提到，從前有一種食物店叫炒粉館，店門處置一爐灶，上面放一隻大鑊，專賣炒粉炒麵和白粥，用上芽菜蔥段來乾炒粉麵，十分香口，臨起鑊時加進豉油王再兜炒一番，街頭擺賣是豉油王炒麵之始。

不要小覷這看似無料的豉油王炒麵，講究的師傅會要求用上蛋味特香的麵條，炒麵之前三兩小時要將麵先拖水煮熟，風乾待涼盡去製麵時的鹼水味。炒麵的時候也得先用滾油燒紅鑊然後把油倒掉再注入生油，方能保證麵不黏鑊不油膩。炒的時候師傅更是神乎其技地把沉沉的一個生鐵鑊舉重若輕，麵條在鑊裡彈跳飛舞，最後下特製豉油的時候更得保證麵條均勻亮澤、鹹香撲鼻叫人馬上衝動舉筷。

至於那隨處可以吃到但肯定不是隨處都做得好的肉絲炒麵，為了不讓芡汁浸軟煎（而不是炸）得金黃的麵條，老饕們會特意吩附伙計把芡汁和麵條分別上碟，吃時自行動手。如何挑好鮮豬肉揀好芽菜蔥段蒸冬菇切絲，如何勾出寬而不黏不稠的芡汁，都是一碟精彩的肉絲炒麵的成功關鍵。

香港中環雲咸街19-27號咸信大廈　電話：2628　0826
營業時間：1030am-1100pm（周一至周六）0930am-1100pm（周日）
見微知著見真章，行內外一致公認鴻星的嚴謹認真創意拼搏，不斷創新的同時卻依然執著基本功，一碟豉油王炒麵就是最佳保證。

鴻星海鮮酒家

<table>
<tr><td></td><td>十</td><td>十一</td><td>十二</td><td>十三</td></tr>
<tr><td></td><td></td><td>十四</td><td></td><td></td></tr>
<tr><td>九</td><td></td><td></td><td></td><td></td></tr>
</table>

九　味濃身乾夠鑊氣，鴻星的師傅無論處理九轉迴腸一樣複雜的經典大菜，還是簡單如面前的豉油王炒麵，都是同樣的專注細心。

十、十一、十二、十三
滾油燒紅鑊後將油倒掉，落少許油先爆香韭菜香葱段銀芽，再把已經拖水風乾去掉鹼味的麵條落鑊兜撳，再下調煮過的特製豉油，炒至乾身，格外惹味。

十四　街頭庶民小吃也有些登上殿堂的一天，保證用白雞皮紙作墊的一碟豉油王炒麵，也是一個沒有忘本的做法。

一醬功成

廣播電台節目主持、演員、歌手……葛民輝

葛民輝坦白招認，他吃豉油王炒麵是為了那隨心所欲下得痛快的辣椒醬。

雖然他始終不明白為什麼余均益辣椒醬這麼低調，不像其他醬料品牌一樣四面出擊急於進佔市場，但這位視覺系的達人倒是清楚認得這個辣椒醬的瓶子大小高矮和老派俗艷包裝。大抵他也沒有打算強行運用他的專業知識和經驗替這辣椒醬品牌重新包裝，因為他太清楚很多經典老字號一包裝一擴充就出事，還是原來的安分守己埋頭苦幹更叫人

尊敬，更留得住傳統好滋味。

葛民輝對餸菜飯麵的各自濃淡醬汁的重視來自童年，一家大小開檯吃飯他往往未舉筷就發覺想吃的已經到了長輩的碗裡去，他只好緊守最後一關——撈汁——誰不知這也就是滋味精華所在，吃得他粗粗壯壯肥肥白白。自言吃得很隨便的他，燒味飯加豉油加色，即食公仔麵連味精湯喝光又是一餐，猛火快炒起一碟鑊氣油香俱在的豉油皇炒麵當然正點，主角還是那叫炒麵昇華成極品的辣椒醬。

極之好

九龍旺角豉油街21號C地下　電話：2780 2629
營業時間：0700am-0500am
以炒丁和車仔麵擦亮招牌的旺角人氣店，一鑊現炒的豉油王炒麵也是令食客注目的熱賣焦點。

整碟乾燒伊麵既滑且韌而且不黏不稠又乾身，
最能簡單直接說明引證只要花時間用心思，
一碟麵的口感層次也可以複雜精彩如此。

兼收並蓄

伊麵的乾濕韌滑

046

對一個人又愛又怕，結局常常是我引身而
退，一走了之。

對乾燒伊麵又愛又怕，解決方法是先吃了再
算，而且是一個人獨自吃完一碟。

愛是沒話說：一碟燒得好的伊麵，是把油炸
過的麵餅下水輕微一灼拿出，再以老雞火腿
及赤肉熬好的上湯以慢火煨至入味，火力強
弱時間長短在這個煨燒的過程中十分關鍵，
火太大時間太短，上湯太易燒乾麵條來不及
吸收上湯精華未能入味。火太小時間太長，
麵條便會變得過軟而失去伊麵該有的嚼勁口
感。所以在煨燒的過程中，師傅得全心全
力，留意上湯份量與麵條的軟硬狀況，而用
上天然手工研磨的大地魚粉調出鮮甜香味，
再在上碟後在麵條上撒上炒香的蝦籽，整碟
乾燒伊麵既滑且韌而且不黏不稠又乾身，最

香港銅鑼灣霎東街2號 電話：2577 6558
營業時間：1130am-1130pm

以雲吞麵和水餃等經典麵食為主打的何洪記，乾燒伊麵和乾炒牛河有極
多忠心捧場客。

何洪記粥麵專家

		三	四
一	二	五	六

一　每回獨個兒到何洪記都點乾燒伊麵，點
　　了又擔心自己吃不完一整碟，但一吃到
　　那用老雞赤肉火腿熬成的上湯把伊麵焿
　　得軟硬適中，還有鮮香蝦籽遍灑麵上，
　　配一點上佳辣椒醬，一口接一口隨即吃
　　個光光。

二、三、四、五、六
　　看來簡單的材料簡單的步驟，重點在於
　　以上湯把麵焿得乾身，盡吸精華的伊麵
　　不必太多配料也足夠滋味。

能簡單直接說明引證只要花時間用心思，一碟麵的口感層次也可以複雜精彩如此。

至於怕，皆因04年底全是港報章頭條新聞大肆報導，香港營養師協會以化學分析方法研究香港市民的快餐飲食習慣，把乾燒伊麵列為頭號不健康食品。因為據分析所得，一碟乾燒伊麵的含油量竟然超過二三茶匙，吃伊麵等於喝油。對此調查發現結果感到十分驚詫的我左思右想，恐怕是劣等廚師在午餐晚餐高峰期為趕時間多生產，一味以油代湯的快炒快熟不讓麵條黏鍋，致令有此叫人卻步的超標二三匙。唯一肯定的是，這一碟倉促的「油」麵肯定不好吃。

一碟合格而且高分的乾燒伊麵，兼收並蓄的該是海洋大地日月精華而不是油油油，這實在也是入廚待客的原則態度與操守問題

伊麵所以能夠有與別不同的口感，全因經過油炸（即食麵不也正是偷來這公開的秘方嗎？），所以傳說伊麵源起的故事就有版本：一個魯菲的僕人在送麵途中捱了一跤，把要送到山東伊姓官府的一批麵撒滿一地沾滿泥土，心急的僕人想出一個不知是聰明還是愚蠢的方法——他把麵放下油鍋一炸，企圖瞞天過海，怎知主人吃過竟然拍掌稱絕，此油炸麵條也從此稱作伊府麵。

另一個較正常的版本發生在乾隆年間，惠州知府伊秉綬是美食家，經常下廚指點並廣宴親朋，席間一道以油炸麵經上湯焿煮的麵食很受歡迎，伊府麵也從此得名。

如果記性好，應該還記得伊麵是賀壽的送禮佳品，五彩紙禮盒肯定是博物館收藏品。

九記牛腩

香港中環歌賦街21號
營業時間：1230pm-0715pm / 0800pm-1130pm（周日休息）
九記清湯腩的主角關係表裡有一咖喱分派，咖喱筋腩伊是當中一個屬害角色，咖喱汁另上又是另一種放肆。

七　飲宴前夕總會心思思來一碗誇張的蟹肉伊麵。

八　不知從什麼時候開始，到九記都只吃爽腩伊配咖喱汁，伊麵的 Al Dente 口感在中式麵條裡格外出眾。

九　每日處理無數嘴刁客人的不軟不硬的要求。

十　在一大鍋咖喱筋腩面前精選材料與伊麵配搭成咖喱伊。

十一　層層疊起是壽比南山是永結同心是添丁發財。

十二　傳統壽麵禮盒已經十分罕見，下回見面恐怕是在不知何時才會落成出現的香港設計博物館裡。

計數埋單　髮型師 何世裕

坐在我對面的 Joe 捧著白色塑料飯盒，津津有味地吃著巧手快炒得一點也不油膩不濕軟的乾燒伊麵，跟我這個數學很差的開始計數。

他在中環上班十三年，一星期六天，每天午後午飯人潮退去也不太願意擠到餐廳餐廳，都是撥通電話叫外賣。每趟外賣有一個塑料飯盒一個紙杯一起放在一個塑料袋裡，十三年下來大概用了也丟掉了四千個飯盒四千個杯四千個塑膠袋。然後我忽然心思清明的跟這位與我都住在同一離島的鄰居再算一下，每天他上班時候買了早餐在船上吃，也有另一個膠盒紙杯和載著麵包的塑料袋，十三年下來也是幾千幾千的數，誰來埋單？

Joe 是城中資深髮型男，平日揮剪之餘輕輕鬆鬆說說笑笑曬曬太陽玩玩音響喝喝啤酒，今天忽

然這麼嚴肅認真起來，而且有建設性地反問自己為什麼不可以帶一個空盒去買外賣，吃完洗淨收好下回再用──我跟他說其實是可以的，而且整個中環的人都可以，只是有沒有這個共識，誰來呼籲誰來帶頭而已。

Joe 把這盒幾乎是全素的用上草菇、冬菇、芽菜作料的伊麵眨眼吃了一半，我才記起推薦他加點不錯的花椒辣油拌一下，格外好吃。吃罷看看盒底果然沒有一滴油，卻發現塑料表面熱溶成凹凸，叫他和我都不禁大吃一驚吐舌頭。

喝著茶，Joe 不經意告訴我，他在看了美國前副總統高爾的天氣報告真相紀錄長片之後，毅然戒了煙，一段日子過去感覺 ok。一個曾經以為回不了頭的重吸煙精竟然可以做出這樣的決定，我跟 Joe 說，你看，凡事有可能。

香港中環大會堂底座2字樓　電話：2521 1303
營業時間：1100am-0300pm／0530pm-1130pm（周一至周五）
0900am-0300pm／0530pm-1130pm（周日／公眾假期）

經營有道才能撐得起一個無敵海景大場面，無論婚宴壽宴都有人先點一碗美味蟹肉伊麵。

大會堂美心皇宮酒家

一　分明在家裡也可以自行炮製的餐肉蛋公仔麵，為什麼都一定是在大排檔茶餐廳吃才過癮滿足？大家其實都懶得分析懶求答案。

即食麵，作為一種完全與當時香港社會「同步」快速前進的新類型食物，在六○年代末一經推出，瘋魔港九新界所向無敵。

即食英雄榜

047

一日五餐

總覺得應該有不止一篇的碩士甚至博士論文是以公仔麵和出前一丁做研究對象的。

無論從港日歷史政治社會關係的角度，從快餐食品營養學的角度，從包裝設計宣傳推廣學的角度，又或者品牌管控公司收購投資合營等等市場經濟學的角度，不要小覷這三分鐘就可以雪雪進口的即食麵。

十八歲以前家裡廚房都有老管家瑞婆把關，袋裝即食麵在家裡完全沒有地位，總是被認為不健康不及傳統粉麵正氣。其時更有謠言滿天飛，言之鑿鑿地說即食麵含蠟，吃了會整輩子在肚裡不消化不斷累積。雖然後來大家都知道即食麵的「罪過」就在麵條用油炸過，調味湯包含鈉含鹽份及飽和脂肪較多，容易致肥。但作為一種完全與當時香港社會「同步」快速前進的新類型食物，在六○年代末一經推出，瘋魔港九新界所向無敵。

蘭芳園　香港中環結志街2號　電話：2544 3895
營業時間：0800am-0800pm
繼幾十年前的絲襪創意之後，又來一招撈丁接力，即使申請不了什麼專利，但口碑公道自在為食人心。

二、三、四、五、六、七、八、九

二	三	
四	五	
六	七	九
	八	

蘭香園在十多年前已領先推出的撈丁系列，
將本來平平無奇的炸雞扒、薑蔥油、滷水汁
跟出前一丁撈在一起，完全抓準吃即食麵長
大的一群年輕顧客的心理生理需要。

— 一字曰快，背後暗藏一個餓字一個累字一個懶字，可能還有一個貪字。我們這一代是吃即食麵長大的，所以愛起來理直氣壯義無反顧。大家對即食麵的發展史、包裝法、價目表、新產品登場流行熱賣趨勢都耳熟能詳一清二楚，比起對中國歷史了解肯定認識深厚得多。

— 日本日清食品株式會社的創辦人安藤百福於1958年推出全球第一款即食麵Chicken Ramen，至今依然熱賣。用熱水一泡三分鐘即食，打一個鮮雞蛋在麵上更滑更滋味。家傳戶曉的出前一丁於1968年推出，合味道杯麵於1971年推出。

— 有傳即食麵含膠質的說法早已不攻自破，煮麵期間的白色泡沫只是用來把麵條炸香的棕櫚油，而對味精敏感的患高血壓和腎病的朋友就該盡量避開那包調味粉，煮好的麵用冷水再沖沖，也可去除部份油份及小量防腐劑。

既然我在家裡不能光明正大地吃個夠，十分期待的是周末旅行時在港外線渡輪下層的簡陋茶水部裡吃到的那一碗熱水沖泡再加一個毫無神采的早就煎好的雞蛋和一片薄得可以飄起的午餐肉，那個麵餅當然不是永南公仔麵更不是日清出前一丁麵，但這個無名無姓的大光麵和那些味精湯也叫我心滿意足。

之後上大學離家與同學共住，正式開始了公仔和一丁和其他千百種即食麵的關係。雖說即食，我這個唸設計本科的還是好高騖遠不滿現實，把單調的一碗即食麵加工改良成或乾拌或快炒或湯煨，面前精選配料堆疊得超出實物原大三四倍的浮誇版本。好不好吃自己知，但至少有實踐精神有無窮創意。直至現在我還是心思思打算有朝一日收集整理各路即食英雄的一日五餐即食麵譜編輯出版，感情用事的即食一族定會各人手執一本，滋味十足邊吃邊看。

香港中環美輪街2號排檔（歌賦街18號側）電話：2544 8368
營業時間：0800am-0530pm（周日／公眾假期休息）
就是因為這一碗為顧客用心泡製的番茄濃湯，叫普通不過的即食
麵沾上了溫暖體貼好滋味。

勝香園

十 十五 十六
十一 十三 十四 七 十八
十二

十、十一、十二、十三
　　勝香園的鮮茄牛肉麵，Irene姐用上隻隻紅潤飽滿的北京牛茄熬湯，濃厚鮮甜，加上每天醃製的牛肉，把一丁下鍋煮開加入牛肉再來一勺濃湯，每次一定吃得碗內湯汁不剩。

十四、十五、十六、十七、十八
　　老舖維記的豬膶牛肉公仔麵簡直一絕，一鍋熱水快速泡煮公仔麵，另一鍋熱滾出豬膶和牛肉的鮮美肉汁，叫區區一個即食麵也營養豐富起來。

即食指南
時裝設計師 陳仲輝

三更半夜跳完舞或者幹完別的事回到這個寄宿的「家」，用最特務最間諜的手勢輕巧地開了門鎖，還得用三秒的神速跑完一條走廊回到自己的房間，否則房東太太預設的在她上床睡覺後就會自行啟動的警報系統，就會發瘋狂響以群眾壓力來警告這些深宵夜歸人。但其實Silvio不一定第一時間衝入自己的房間，更多的是衝入廚房，因為這是他的午夜「出前一丁」時間。

當年在英國皇家藝術學院修讀時裝設計碩士課程的這位我最敬重的學長，跟他天南地北說來什麼都過癮有趣。實在佩服Silvio對事物細節的挑剔準確要求，每回創作的形體都傳送出強烈的個人態度

和社會意識。雖然Silvio很謙虛地說因為忙忙忙，對食物這回事沒有多花心思，但聽他娓娓道來如何煮出私家理想出前一丁，也不得不佩服他的執著堅持。

嗜鹹的他主張放很少水在鍋中，水燒開了把麵放下，麵條煮開之際水也差不多乾了，抓緊時間把整包味粉放下去一拌，馬上關火離鍋把麵盛進碗中，刁鑽味濃一點可以把一磚腐乳放進去再拌勻，然後加入令麵條更香更滑的袋裝附加麻油——

天啊，這完全不健康指南是Silvio自己說著說著也趕忙笑著說對不起的。對，年少輕狂的放肆日子也許該告一段落，配額也用得差不多，或許那些老土說法還是對的，百般滋味，原來都有時限，都只能永留心中。

維記咖啡粉麵

九龍深水埗福榮街62號地下　電話：2387 6515
營業時間：0630am-0830pm
總覺得像極回到爸媽家裡才能喝到的那碗不顧賣相只求營養的豬膶水，尤其湯面那一層浮起的肉汁泡泡，特別有益格外窩心。

認真製作精益求精當然是應該的，
用心致力現叫現做好一顆蝦餃的點心師傅也還不少，
但呼風喚雨雷霆萬鈞地稱之為皇就不必了

我願為皇？

048

當蝦餃變成大哥

蝦餃就是蝦餃，不知何時變成了蝦餃皇。

因此我們也有燒賣皇叉燒包皇、糯米雞皇、牛肉腸粉皇、千層糕皇、西米布甸皇等等等等。

當什麼都稱皇稱霸，晨早起來簡單的一盅兩件飲茶吃點心就變得有壓力了，起碼那些來不及自我抬舉自封第一的，就會顯得垂頭喪氣，明明是新鮮出籠卻用筷子怎麼也挑夾不起。

最受群眾歡迎愛戴的廣東點心當中，蝦餃肯定是佼佼者。一個人一口氣連下兩籠六至八隻，絕不稀奇。用澄麵做坯皮的蝦餃晶瑩通透，內藏若隱若現的粉紅蝦仁加上肥肉加上筍粒，蒸的時間控制剛好，粒粒飽滿的在蒸籠裡冒著熱氣，看到已經想馬上咬一口。夾起來數數餃皮的細褶紋，整整齊齊足有十二

香港中環大會堂底座2字樓　電話：2521 1303
營業時間：1100am-0300pm／0530pm-1130pm（周一至周五）
0900am-0300pm／0530pm-1130pm（周日／公眾假期）
儘管維港越變越小，大會堂美心始終以她的無敵海景和高質素
點心穩住一眾饞嘴而貪心的食客。

大會堂美心皇宮酒家

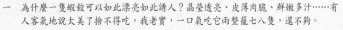

		二	三	四	五	六
	一			七	八	

一　為什麼一隻蝦餃可以如此漂亮如此誘人？晶瑩透亮、皮薄肉脆、鮮嫩多汁……有
　　人客氣地說太美了捨不得吃，我老實，一口氣吃它兩整籠七八隻，還不夠。

二、三、四、五、六、七、八
　　全程目睹一隻（一批！）蝦餃的誕生，大會堂美心酒樓的一眾點心師傅先將已洗
　　去麵筋的澄麵，加上熱開水以及少許鹽和生粉（木薯粉），搓好後把澄麵搓成
　　條，切小塊，用刀背開始「拍皮」。只見師傅用手把麵糰壓成欖形再用刀背以陰
　　力一按一旋一拖，就成圓形的半透明餃皮。為免返潮，拍好的餃皮要隨即把混有
　　鮮海蝦、少許豬肉及筍丁的餡料放進，覆好後開始又捏又摺的摺出九至十三摺，
　　稱為「摺皮」。講究的食客會數看蝦餃皮上究竟有多少摺。摺皮越多越見精細
　　手工，越有層次有咬口。

摺為之頂級。咬下去皮破餡露汁出，唔，其實我
從來心急，一口一個真的沒那麼慢條斯理裝優
雅。

認真製作精益求精當然是應該的，用心致力現叫
現做好一顆蝦餃的點心師傅也還不少，但呼風喚
雨雷霆萬鈞地稱之為皇就不必了，想當年廣州市
郊河南五鳳鄉的茶居老板用當地水鄉河道的鮮蝦
作餡，發明了蝦餃的時候，本意也不是打算要做
大哥No.1的。

家裡老管家瑞婆忙這忙那之餘也湊興做蝦餃，和
好了餡料，開好了澄麵在「拍皮」之際，我總在
碗中挖了一堆可塑性甚高的粉團來做怪獸。

瑞婆做的蝦餃當然不及專業點心師傅，摺紋頂多
是七八摺，皮也常常厚薄不勻，但作為她的第一
號擁躉兼第一號助手，蒸好蝦餃先嚐一口我當然
說好吃，不在乎成王敗寇的她不願為皇，卻是隨
心所欲真正搞鬼的蝦餃怪。

一　相傳蝦餃始創於上世紀二十年代廣州
　　漱珠崗附近的五鳳鄉棻茶樓，用上淡
　　水河蝦、豬肥膥肉以及筍絲作餡，澄
　　麵加水、豬油和鹽燙熱研皮，包進餡
　　後摺皮成梳形，所以當時有人稱蝦餃
　　為「挽梳」。

一　大會堂美心的廚房裡，集團點心總廚
　　師傅教路，蝦餃餡裡的鮮蝦能夠爽脆
　　多汁，得先用糖和生粉醃下一小時，
　　然後置於水喉下用冷水沖洗至蝦身飽
　　滿蝦肉呈透明。調味時也得先下鹽和
　　胡椒讓蝦肉出水，再下生粉和糖吸走
　　水分，最後下麻油放進冰櫃冷藏讓餡
　　料起膠……

明
閣　九龍旺角上海街555號朗豪酒店6樓　電話：3552 3300
　　營業時間：1100am-1030pm（點心至0230pm）

　　熙熙攘攘的旺角難得有此高檔餐館精美點心，每季嚴選用料推出新款點心
　　的同時，長駐候教的當然有大哥地位的即叫即蒸蝦餃。

九、十

　　每回飲茶吃點心，都忍不住看看蝦餃的賣相嚐嚐水準——朗豪酒店明閣的蝦餃先在賣相方面出了位，除了四隻主將以外，晶瑩別緻的額外小蝦餃一出場就叫人心花怒放，而一啖一隻盡是鮮美汁多，餡內八分半蝦一分半肥肉，幾近完美。

十一　美心集團屬下的八月花是近年新派粵菜餐館中備受好評的一家。媲美high tea格局的雀籠點心拼盤一上，我當然先嚐一隻白中透紅飽滿肥美的蝦餃。

好不好吃？

燈光策劃師 林君煌

據說這家酒樓的點心很不錯，不然的話不會在午間開市營業前已經在門外大街上排出了一列長龍，中外來賓一家大小說說笑笑熙熙攘攘，看來前面那幾個金髮小朋友該比我更熟悉這裡是蝦餃好吃還是春卷好吃。既然自幼已經自行開啟了對中國食物的一種好奇和認識，也應該繼續吸引他們她們將來會有衝動到不再遙遠的國度去親嚐一下道地滋味吧。

定居倫敦的Alan說要把我帶到這家在Bayswater的酒樓吃蝦餃，我說那裡我已經去過，但應該是對面的另一家吃豉椒龍蝦炒麵的店——所謂城市地標對很多人包括我來說，原來是一籠點心一碟炒麵，地標有天會消失就正如掌廚師傅有天會過檔會退休，所以味道不會久留味道就在當下，原來嚐過嚐真才最實在。

這裡的蝦餃有多好吃？其他點心的質素又如何？說來也真的不錯，但我的你的和Alan的標準都不一樣。倒是談笑間他一下子把我帶到七十年代初的一家位處廣州的茶居，和他的老爸一起去見祖父祖母和三數親戚，Alan第一次見識食在廣州是怎麼一回事，才那麼幾歲的他只覺得面前一桌無論蝦餃燒賣叉燒包，種種點心都味道好好，一時間點心太多長輩們又一直在說話，怎麼吃也吃不完，直到他們一家人埋單離座，不知從哪裡蜂擁出來的一群也是一家大小的乞丐就把桌面所剩下的點心在一秒鐘內一掃而光。

毫無疑問事出突然叫Alan大為震驚，這麼多年過去他也忘了當年長輩如何跟他解釋這件「小事」，但肯定這活生生的事例叫Alan自小知道任何社會都有懸殊貧富都有矛盾衝突，所謂尊嚴是可以拿起和放下的，而為食這回事，與好不好吃未必有關。

九龍九龍塘又一城商場地下G25號店　電話：2333 0222
營業時間：1100pm-1030pm（周一至周六）／1000pm-1030pm（周日）
舉家大小齊齊飲茶吃點心固然肆意哄動熱鬧，但知己三兩優雅精緻的在八月花來個雀籠點心拼盤也是一個絕佳選擇。

八月花

從來沒儀態沒禮貌，什麼party聚會為食時間，集中火力吃的當然是燒賣，即使有蝦餃同時出現，對燒賣我還是情有獨鍾。

一 吃了蝦餃，又怎少得燒賣，有人堅持要吃那些一口吃得出粒粒厚切肉丁的舊式豬肉燒賣，加上蟹籽或者蟹黃裝飾（更多只是紅蘿蔔蓉）已是極限。但有人卻喜歡整隻鮮蝦放在豬肉餡上的新派版本，我倒沒所謂，只要材料新鮮配搭得宜，現叫現蒸，已經很好。

幾大幾大幾大

049

燒賣絕對誘惑

不知該搬出哪位老師來說文解字？更不知從哪個年代開始在坊間流行有這麼一句廣東俚俗語──燒賣燒賣，幾大幾大……

從來沒儀態沒禮貌，無論面前是德高望重學貫中西老教授也好是有權有勢政壇閃亮巨星也好，什麼party聚會為食時間管他管她逕自側膊閃身往自助長餐檯一靠，集中火力吃的當然是燒賣，即使有蝦餃同時出現，對燒賣我還是情有獨鍾──不為什麼只因為在這種場合蝦餃的品質往往沒有什麼保證，稍涼餃皮太韌，又或者蒸久了夾起時皮薄掉餡，都尷尬，燒賣倒沒那麼容易出事。

至於在街頭巷尾，那當然可以吃得更放肆。早些年還有鐵皮手推車流動小食檔的時候，燒賣粉果糯米卷甚至牛肉球都是放在圓形的竹製大小蒸籠裡，掀蓋一陣白煙撲面，十多二十年間價錢翻了不止十幾翻，但上了癮的一眾包括我，根本就不會也不能計較價錢，甚至不計較其真滋味──明知這不是茶樓裡的人工手捏真材實料，極其量只是碎魚肉剁混進粉團，熱辣辣一串添上豉油和辣椒油馬上進口，幾大就幾大。

陸羽茶室

香港中環士丹利街24-26號　電話：2523 5464
營業時間：0700am-1000pm

在最傳統氣氛和食味的老茶居環境裡，你會聽到不同國籍的捧場客在邊吃邊問，作為東道的你該介紹經典如豬膶燒賣給這群好奇的客人。

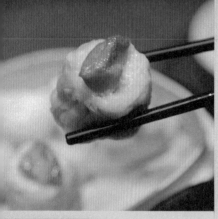

二

三

二　加上了鮑魚粒的燒賣，是在八月
花的雀籠點心拼盤中與蝦餃爭個
高下的得意傑作。

三　如果你在任何一個高貴的雞尾酒
會場合，目睹一名中國籍男子守
在熱食銀盤前接連不斷地吃著吃
著吃著燒賣，那可能是我，不，
肯定是我。

一　有說「燒賣」一詞，演變自北方的
「稍麥」、「燒麥」。這種用小麥麵皮包
進各式餡料成開口狀蒸熟吃的點
心，演變成廣式「燒賣」之後，發揚
光大款式多樣，除了用麵皮包裹豬
肉、牛肉或魚蓉乾蒸的稱作燒賣，就
連不用麵皮的排骨、牛肉球豬膶連汁
液盛碟中蒸好，也被喚作排骨燒賣、
山竹牛肉燒賣，以及豬膶燒賣、冬菇
燒賣、百花燒賣……

換個場面升格到茶樓，多了一點時間和空間去計較燒賣的優
劣。最普及的莫如有豬肉、蝦仁或者加點北菇作餡，並以蟹
籽甚至鮑魚點綴的乾蒸燒賣，也有搖身一變從黃麵皮變身白
麵皮裹住碎牛肉加一粒青豆（為什麼是青豆？）的牛肉燒
賣，再有自抬身價成懷舊特式點心的豬膶或者豬肚燒賣，來
來去去只要材料夠新鮮夠好，總不會被嫌棄淘汰。

吃慣了廣東燒賣，到了別省別處當然也急於找同類。學生時
代上京做畢業論文，在前門附近全聚德旁邊碰上了京城名店
「都一處」，這家據說由當年康熙賜名的食店賣的是燒麥，燒
麥也就是燒賣，餡料除了一點蝦一點肉以及一點臘腸，還包
進大量糯米，很是飽肚。那還是個吃燒麥計斤計兩的年代，
亂點一通超斤兩吃得撐著肚皮才能離開。

之後吃過有山東的羊肉燒賣和台北鼎泰豐的蝦仁燒賣，翻開
前輩唐魯孫先生的書還看到揚州有種用「嫩青菜刴碎研泥加
上熟豬油跟白糖攪拌」作甜食的翡翠燒賣，至於清朝《金瓶
梅詞話》裡提到的桃花燒賣，以及清朝著名食譜《調鼎集》
提到的油糖燒賣，就只能用想像才曉得有幾大幾大了。

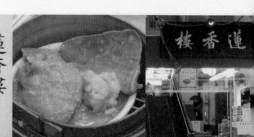

香港中環威靈頓街160-164號地下　電話：2544 4556
營業時間：0600am-1030pm

蓮香樓

八十年代歷史的老茶樓，該爭取清晨六時來吃豬膶燒賣，中午十二
時來吃鴨腿湯飯，晚上七時半來吃霸王鴨，然後才討論什麼叫老派
什麼叫新潮。

四　老牌茶樓餐館如陸羽茶室才會有豬膶燒賣或者豬肚燒賣出售，大塊豬膶鋪在以半肥瘦豬肉和鮮蝦做的餡上，蒸起來豬膶汁液飽滲於餡料當中，是重量級燒賣一哥。

五、六
迷上了到陸羽茶室飲個早茶，也就是說已經有了點年紀，單是那幾十年不變的點心紙就叫人神思恍惚。

七　雞翼燒賣和冬菇燒賣是鴻星海鮮酒家推出的懷舊美食，即使我們記性已經不太好，但還是對這個味道有印象。

八、九
鵪鶉蛋燒賣也因為「健康」理由被打入冷宮，偶爾在舊式街坊茶居才會被發現和同受冷落的乾蒸牛肉燒賣一起登場。

		七
五		
四	六	八　九

馬上燒賣
攝影師 朱德華

認識朱德華並得知他是一個資深專業攝影師的朋友，未必知道他也是燒得一手好菜的廚中高手，吃過他的鹽焗鯧魚燒羊腿和自製草莓果醬的朋友，也不一定知道他每個星期都去跑馬──不是入場投注博彩喊得聲嘶力歇那種，而是真正的騎在馬背上馳騁，當然也有摔下來斷手傷腳的見怪不怪的小意外。

當他告訴我他一定要吃燒賣，我馬上就想像這箇中情結是不是當年他在日本留學時，有在那些中華料理裡打工，更下場製作過那些吃起來跟我們可以理解的燒賣相差一千幾百倍的一團粉與肉。但朱德華鄭重澄清他跟

那些燒賣並無任何瓜葛，也對離鄉別井變異失真的燒賣寄予同情慰問。

他謙虛地說因為好的燒賣很難自己在家裡做，所以每次飲茶都會點一堆傳統點心仔細品嚐。他特別惦念曾幾何時幾乎只用豬肉作餡的燒賣，結實大粒又嚼勁，反而對現在混有太多蝦肉作餡的興趣稍缺（要吃蝦當然就該吃蝦餃！），眼見他把面前端上來熱騰騰的一籠燒賣一眨眼就馬上吃光，我又想像他是否會捧著一疊蒸籠在馬上邊吃邊晃邊遊蕩──

鴻星海鮮酒家

香港銅鑼灣時代廣場食通天10樓1005室　電話：2628 0886
營業時間：1030am-11pm（周一至周六）／1000am-11pm（周日）
不要誤以為大集團經營就一定是中央廚房預先做好所有點心，每日早上師傅還是起早摸黑地在廚房裡現場現造點心，保證手工精細，用料新鮮。

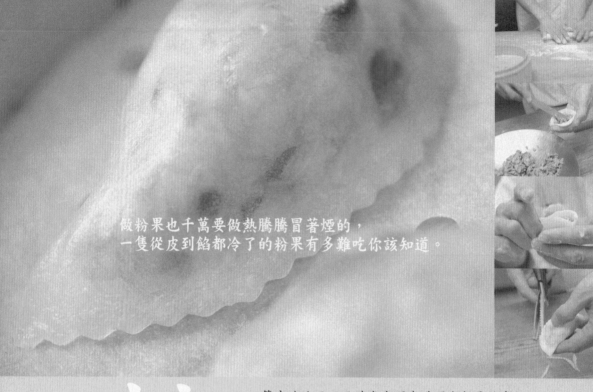

做粉果也千萬要做熱騰騰冒著煙的，
一隻從皮到餡都冷了的粉果有多難吃你該知道。

排排坐

粉果女裝版

050

管它政治正不正確或者潛意識潛台詞是什麼，我總覺得點心是有男女性別之分的。比方說叉燒包是男，叉燒餐包更是男，雞包仔是女，豉汁鳳爪是女，牛肉腸粉是男，鮮蝦腸粉是女，蝦餃是女，燒賣是男……至於粉果，娥姐粉果肯定是女，潮州粉果當然是男。

認識粉果，最初竟然不在外頭的茶樓，還是從老家餐桌開始，想起來更是絕早參與了製作過程making of。我家瑞婆精力充沛，晚飯過後稍事收拾，就在小小的飯桌上面鋪好抹乾淨的膠檯布，準備做粉果。她先把一些澄粉在小鍋中加水邊煮邊攪，再加未煮的澄粉揉成澄麵團。她在檯布上撒些粉，著我用玻璃瓶把小塊小塊澄麵壓開成薄片，澄麵有彈性，壓開之後又稍稍收縮回來，夠我「玩」上半天。然後餡料切得細細，當中有沙葛、豬肉、紅蘿蔔絲、冬菇絲、木耳絲等等，最重要放點極盡色香味能事的芫茜。用筷子挑起炒好的餡料放在揉好的粉皮上，對摺收口輕輕拿捏，纖巧的女裝版粉果馬上出現眼前。

香港北角渣華道62-68號　電話：2578 4898
營業時間：0900am-0300pm / 0600pm-1100pm

鳳城酒家

以順德家鄉經典名菜拿手見稱的鳳城酒家，處理飲宴大菜固然謹慎細緻，對待點心如一籠粉果也絕不馬虎，吃罷蒸的版本，還可來一客煎粉果配上湯。

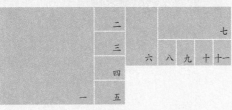

				七
二				
三				
四		六 八 九 十 十一		
一	五			

一　纖細精緻，若隱若現，滑不溜手（口！），粉果堪稱嶺南飲食史上最具誘惑的一種點心。

二、三、四、五、六　用上澄麵、粟粉、生粉以及鹽，以熱水開好粉糰搓成條狀，以刀背「拍皮」成圓型澄皮後，將混好的有切得極細的蝦肉、豬肉、筍絲、冬菇絲及又燒絲及鮮蟹肉拌混好的餡料包進。鳳城酒家的師傅巧手捏出半月形一個個粉果後，還會用剪刀修邊成波浪紋，才放入蒸籠，保證賣相更見精緻。

七、八、九、十、十一　除了蒸製的版本，粉果還可以下油鑊脆炸再放進上湯中蘸食。惟是粉皮就得加入吉士粉拌好才會炸出脆身。

一般來說這些晚上做的粉果是留待明早早餐時分才進蒸籠蒸熟吃的，但瑞婆見我一臉貪婪嘴饞的樣子，往往就讓我有三兩個現做現吃的特別版做宵夜，所以我唯一的抱怨是自小被寵壞了，太清楚現做現吃的好，太介意是否新鮮出爐熱辣騰騰，也永遠覺得這些一口就吃完的小點心怎樣也吃不夠，其實真的飽了還可以再吃再吃……

依稀還記得在「芝麻街」出現之前唱過瑞婆教我的粉果兒歌：「排排坐，食粉果，貓兒擔櫈姑婆坐……」電視螢幕花斑斑閃呀閃的還有千嬌百媚的萬能旦后鄧碧雲的經典粵語長片《好姐賣粉果》。

不及從來爭先恐後做一哥的蝦餃的講究，更無意與魚翅餃、新派鵝肝醬水晶餃、海膽餃或者墨魚餃比併，但我無法想像有一天沒有了這些緊守二三線崗位的女版或者男版粉果，與其要像蝦餃一樣出風頭，你可願意做一個更平實的粉果？不過，做粉果也千萬要做熱騰騰冒著煙的，一個從皮到餡都冷了的粉果有多難吃你該知道。

一　歷史上肯定有過不只一位娥姐，這一群娥姐都可能分別服務於不同的茶樓酒家，而說不定她們都有一手自製粉果的好本領——如此武斷推論，所謂娥姐粉果實屬集體創作。而早在娥姐這個與民初廣州「茶香室」有關的粉果傳說之前，明末清初屈大均在《廣東新語》中已寫道：「平常則作粉果，以白米浸至半月，入白粳飯其中，乃舂為粉，以豬脂潤之，鮮明而薄以為外，茶蘼露，竹胎（筍），肉粒，鵝膏滿其中以為內，則興茶素相離而行者也，一名曰粉角。」可見粉果早就通透登場。

西苑酒家

香港銅鑼灣恩平道28號利園二期101-102室（銅鑼灣店）　電話：2882 2110
營業時間：1100am-1145pm（周一至周六）／1000am-1145pm（周日）
西苑的點心紙上眾多熱賣選擇，吃過了蟆皇叉燒飽、雪影餐包，不妨試一下手工格外幼細的蒸粉果。

<table>
<tr><td>十二</td><td>十三</td></tr>
<tr><td>十四</td><td>十五</td></tr>
<tr><td>十六</td><td>十七</td></tr>
<tr><td>十八</td><td>十九</td></tr>
</table>

十二、十三、十四、十五、十六、十七、十八、十九
工多藝熟，按圖再跟西苑酒家的師傅學習一次
包粉果，大伙就等著吃你包的粉果了。

師傅駕到 Foodie 瑪嘉烈

瑪嘉烈能吃愛吃而且廚藝高強，絕對是我認識的一眾專業的酒肉朋友當中的一個強者，雖然未正式在其門下拜師學藝，但每次跟她出外飲飲食食，我都乖乖地做個不敢輕舉妄動不敢亂開腔的小徒弟，因為師傅隨時會現場考試提問，往往令我舉筷後啞口苦思冥想答不上，好尷尬未敢把食物放進口的，然後一桌飯菜都涼了。

跟瑪嘉烈去飲茶，她特意點了粉果。這樣一來我就緊張了，因為她在未讓我把面前的粉果放入口前一定會問我粉果該有什麼餡料？在包粉果時在粉皮與餡料間放上一小片芫荽是為了美觀還是為了香氣口感？我的回答都必須準確清晰，師傅才會滿意——我正準備應戰，怎知她先下手為強，開口就問我其實傳統的粉果皮該是用什麼材料搓成的？幸好我也算八卦，依稀記得看過飲食界前輩在文章中提過這粉果皮既不是用粘米粉也不是用糯米粉開水糊成糰，而是用蒸熟的米研成飯皮，有別於一般粉皮的口感，這個答案還總算叫師傅滿意。唯是我們一般在坊間吃到的粉果也沒有這麼習鑽地用上飯皮，要真正堅持傳統，就要在家裡才可以大顯身手了。

粉果入口，瑪嘉烈直接指出豬肉碎吃來覺得粗了老了一點，調味該可以淡一點，而且一向肆無忌憚的她也不怕其他食客側目，繼續和一桌人高聲討論粉果以及其他點心的前世今生，也管不了身邊我這個後輩其實是害羞的，這麼張揚的一餐下回只敢在包廂而不是在大堂正中。

香港中環士丹利街24-26號 電話：2523 5464
營業時間：0700am-1000pm

陸羽茶室

恐怕是城中唯一還堅持真正傳統古法，不用澄麵作粉果皮而堅持用煮熟米飯待涼研粉開皮的方法，不似尋常版本的通透彈牙，卻別有一種實在米香。

一　醃好的排骨分放小碟蒸好上碟作為點心，傳統以來被喚作排骨燒賣。但近十多年來燒賣這個名詞似乎被有麵皮包裹的點心獨佔過去，現多直稱叫作豉汁排骨或者梅子排骨，又或變出配以少許陳村河粉、南瓜或者柚皮的版本，無論如何，都是飲茶時間的經典熱賣。

不止中國顧客熟知自己要找尋的是家鄉正宗口味，就連老外們也都因為吃多了中國菜中國點心用多了筷子，也不會再那麼容易被敷衍甚至受騙。

私通外國

鳳爪排骨誌異

051

中午時分，倫敦街頭，忽然想飲茶——準確一點是忽然想吃鳳爪和排骨。

在倫敦可以吃到道地港式點心的地方真不少，一般水準甚至還比香港要好，原因很簡單，兌算起來價錢是香港點心的三至六倍，利潤好也很應該真材實料。加上製作點心的第一代師傅都是從香港重金禮聘過來的，而且食材用料都不缺，當地空運的貨源充足，而最重要的是顧客有要求有判斷，不止中國顧客熟知自己要找尋的是家鄉正宗口味，就連老外們也都因為吃多了中國菜中國點心用多了筷子，也不會再那麼容易被敷衍甚至受騙。

沒有兜轉走回唐人街那幾家熟悉的茶樓酒家，倒是刻意地走到Liberty百貨附近的PingPong，一家由外籍老闆經營的裝飾包裝得有點格調的吃中式點心的餐廳。我亂找藉

彩龍茶樓

九龍荃灣錦公路川龍村2號　電話：2414 3086
營業時間：0600am-0300pm
偏遠地帶街坊街里的自助早茶，不求花巧只求熟悉的味道，相宜的價錢。

| | 三 |
|二| 四 |

二、三、四
一碟合格的排骨，至少要講究刀章，把腩排切
得大小比例均等，有肥有瘦件帶骨，以蒜蓉
豆豉、片糖、紹酒、生粉等醃上至少三小時，
分入碟中再放辣椒絲以提味，蒸好後肉嫩汁多
蔥味，切忌吃到那些經鬆肉粉梳打食粉醃過，
蒸來蒼白無色口感軟爛的版本。

一 嘴饞如你懶惰如我可能從沒想過要自
己動手做一碟鳳爪。如此美味所經的
工序雖不是什麼高難度但其實在繁複。
鳳爪去皮去甲之後用麥芽糖、白糖及
清水煮沸（亦有加薑加葱先出水去雪
藏味），撈起待冷後以滾油炸至金黃
色，隨即放進清水中浸泡，清洗後從
中斬件，並以花椒、八角、桂皮、薑
葱等調味隔水燉約一小時。將香
料盡吸的鳳爪以生粉拌匀，再加進蠔
油芡、糖、鹽、蒜頭、青紅椒絲、麻
油、胡椒粉等混和，才置入籠蒸八
分鐘便成——還是乖乖地趁飲茶時候偶
爾嚐嚐好了。

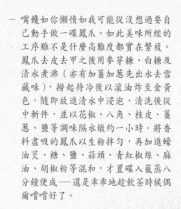

口美其名做做資料搜集對比研究，實際上也就是
為了鳳爪和排骨。

無論在港在外，當身邊一眾老外朋友從一見嘩
然地抗拒鳳爪演變到衷心熱愛無爪不歡，我就知
道這又煮又炸又浸泡又燉又蒸的腍軟香滑汁濃葱
味的點心，的確是闡揚中華（起碼是廣東）飲食
文化的親善大使。儘管我們已經把雞腳修飾好稱
作鳳爪，但始終改變不了一些人挑剔刻薄地指出
這也就是腳趾罷了，但愛這回事是很難解釋的，
何況真的好吃。

所以也不必費唇舌解釋豉汁蒸排骨碟中那烏黑鹹
香的東西不是什麼蟲卵而是豆豉，老外朋友早已
連肉帶汁地把面前一整碟排骨都吃光，連豆豉和
椒絲也沒有剩下，吐出的是乾乾淨淨的骨頭，吃
罷還煞有介事地告訴我這家的排骨沒有用梳打粉
醃過，還能保持肉的本來鮮味，而且用的是有瘦
有肥有骨的腩排，這才算是真正的排骨——

九龍旺角上海街555號朗豪酒店6樓　電話：3552 3300
營業時間：1100am-1030pm (點心至0230pm)
堅持傳統點心的製作方法程序，又加上了與時並進的調節變化，
所謂創新突破都有根有據。

明
閣

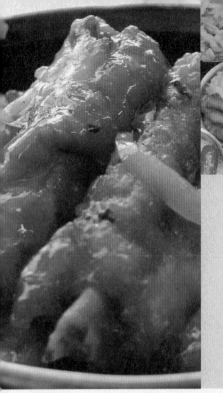

五　從下欄材料「爬」到今日的大姐地位，鳳爪以其脆軟、鬆化、汁多味濃吸引
一眾顧不了什麼健康規矩的食客，街坊茶居彩龍的豉汁鳳爪是叫人不停手不
停口的重量版。

六　無論是排骨還是鳳爪，鋪在飯面蒸熱以盅頭飯形式出現，是一出籠轉眼售罄
的熱賣。

七　用上南瓜作墊，朗豪酒店明閣的南瓜豉汁排骨提供多一點纖維多一點健康平
衡。

鳳爪少年

王府大打雜 Michael Wong

如果你在茶樓裡看見一個長得白白胖胖的小朋友，一口氣吃了六七碟豉汁鳳爪，你除了目瞪口呆還會走過去問個究竟甚至勸勸他嗎？

答案是稍安勿躁不必驚訝，或許只須提醒他除了鳳爪之外還有蝦餃燒賣粉果排骨牛肉春卷芋角叉燒包雞包仔糯米雞灌湯餃鮮蝦腸粉諸如此類，來日方長慢慢吃——吃，的確是好好進入一個新環境了解一個不同文化的最直接方法。

少年Michael跟隨父母從北京來港，第一天第一次被親戚帶到港式茶樓吃點心，在眾多選擇中跟鳳爪邂逅，電光火石一見鍾情，從此更是不離不棄。即使後來興起過一陣子鹽水鳳爪又或者沙薑鳳爪，他還是死忠這一碟又炸又炆汁醬濃重和味的豉汁鳳爪。

坦言貪吃，否則Michael不會長成食得是福的體態，也不會跑到英倫海岸列島Isle of Man去進修酒店管理，而近年協助父母開設一登場就口碑載道的北京餃子專門店，打從開始就是與食有緣。

問Michael為什麼千挑萬揀偏偏就是鳳爪，他說這完全是少年時代的一種好奇一種全新的口感味覺經驗，其實也正正就是好奇嘗新，無成見無包袱，就能發展出一種探索鑽研的為食覓食之道。

身為老饕又是飲食經營者，Michael把他對食物的感性狂熱嘗試性地化為監督與管理的規劃與程序，當年的鳳爪少年依然愛鳳爪，但更懂得如何親嚐自家館子裡每天麵條和水餃皮的粗細和厚薄，也懂得與顧客交流聽取意見好作參考改進，至於我，更期待跟他到珠海甚至他的老家北京去吃好的。

鳳城酒家

香港北角渣華道62-68號　電話：2578 4898
營業時間：0900am-0300pm / 0600pm-1100pm

老店鳳城堅持以從經典道地家鄉菜式吸引為食一眾，午市飲茶的傳統點心——高貴如灌湯餃街坊如鳳爪排骨，也都是上乘之作。

三更半夜退而求其次，
有時還真的忍不住打開家裡冰箱拆一包
早有預備的即食點心去應應急。

球壇盛事

狂捧鮮竹牛肉

052

正如始終沒法與別人「分享」一包即食麵，我一定要連麵帶湯一個人完整吃喝掉一包才算完成這個儀式，分走一箸也不甘心不滿足不完整。所以也萬萬不能跟人共吃一碟鮮竹牛肉——

在我的認知裡，無論是用鮮竹還是用西洋菜墊底，那用刀剁用機絞爛用手撻的牛肉混醬經過點心師傅巧手擠成球的好味道，一定好事成雙在小碟中蒸好，一吃也就是要完整趁熱吃完兩顆才抹抹嘴。

親朋戚友早就認定我這個人生來「大貪」，拿我沒法就只好縱容。這個長得比潮州牛丸河粉裡的牛丸要壯碩的傢伙，不以超級彈牙取勝卻以爽滑細膩多汁為上。除了牛肉鮮甜，還可以吃到剁得極細的馬蹄、芫荽、檸檬葉和陳皮的清爽留香，堅持傳統製法的還會加

香港筲箕灣東大街59-99號　電話：2569 4361
營業時間：0500am-0300am

金東大小廚

約好晚了下班的一眾友人來吃飯，菜式全交老闆作主，只是同行的
好吃客一聽到這裡的鮮竹牛肉一級棒，先來兩籠還頻頻想添吃——

一　突發奇想，一顆鮮竹牛肉最大可以有多大最小能夠有多小——大如拳頭的可能在蒸的時候塌方變回牛肉餅，太小又怕裡頭的馬蹄與豬肉粒的比例分配不勻，還是現時的大小，張開大口兩啖吃完好滿足。手剁的固然最好，但用機攪也得慢慢來以免讓機器熱力影響牛肉裡的膠質，攪好的牛肉得混入切得極細的檸檬葉、濕陳皮、芫荽末和薑汁酒、胡椒粉、糖鹽、生熟醬油等等味料，放入冰箱醃上至少三小時。醃牛肉的過程中還要不斷加入適量清水（也有加入少許鹹水的），邊下邊攪至起膠。醃好從冰箱拿出的牛肉最後下濕粉和生油拌勻，以手擠成圓球，才上碟並墊以鮮竹或西洋菜。入籠蒸好自然嫩滑多汁球球飽滿。

二、三　陸羽茶室還沿用點心阿托盤叫賣的傳統規矩，滑嫩爽口拿捏得宜的牛肉球還墊以鮮草菇，亦是坊間少見的古法真味。

四、五、六、七、八　一抓一擠牛肉成球，傳統點心就是講究這種細緻手工，而切好的鮮竹炸過後鋪入碟中，放上牛肉球蒸好，盡吸鮮美汁液——相信也有只吃鮮竹不吃牛肉的另類饞嘴食客吧！

進一些切粒肥豬肉，好叫牛肉蒸熟自有一種發自「內心」的油潤，不然乾巴巴的真是半粒也嚥不下。

當一旦遇上飽滿壯厚、色澤不過紅又不變黑、表皮呈「荔枝皮」狀的鮮竹牛肉，我一定先吃一顆原汁原味，再來一顆蘸上俗稱噏汁」的Worcestershire sauce，這種味道上的絕配，是當年英國Worcester郡藥房Lea Perrin那個誤打亂撞成了發明家的東主怎麼也沒有預料到的。

三更半夜退而求其次，有時還真的忍不住打開家裡冰箱拆一包早有預備的即食點心去應應急。經驗所及，凡是有動用麵粉作皮的點心如蝦餃如燒賣，無論叮熱還是蒸熟都容易皮破餡露，但鮮竹牛肉蒸起來還算濕潤原味，而且一吃一盒整整八顆？！

明閣　九龍旺角上海街555號朗豪酒店6樓　電話：3552 3300
營業時間：1100am-1030pm（中式點心至0230pm）
既有穩紮穩打的傳統功架，也有千變萬化的創意空間，放在翅骨湯裡的牛肉球肯定是個驚喜，作為食客的也要開放包容，積極與大廚互動，有口福的還是大家。

九

山中牛肉

編劇、節目主持人、作家 林超榮

作為三女之父，超人當然有樂有苦。樂，不用向街坊炫耀了；苦，就是當他三個女兒都在家庭日外出用餐的時候各自吃剩二分一、三分一和四分一個麥記漢堡的時候，他作為爸爸的要以身作則示範不隨便浪費，所以要十分勉強二十分為難地吃完他覺得世界上最難吃的東西。是的，超人從來就不喜歡這勞什子漢堡，他鍾情的是山竹牛肉。

好長的一段童年時間，他都以為山竹牛肉是山中牛肉。很正常，山裡面應該有牛，有牛就可以做又嫩滑又多汁的牛肉球。後來在小學五年級的時候知道不是山中是山竹，也就直認那煙煙韌韌吸滿肉汁的腐竹皮叫做山竹。我多口告訴他，從一篇典故文章裡讀到當年的腐竹廠都在荔枝角以及荃灣一帶山邊，晾起的一片片腐竹就被人叫作山竹，實在也不知是否屬實，只算是一個勉強自圓其說的解釋。如果要再準確一點，山竹其實應該叫做鮮竹，鮮腐竹皮也，不過習非成

是，也就無可厚非。

山竹牛肉的最佳狀態，是在地踎茶居親眼目睹點心師傅把一團模糊血肉左撻右撻然後用手捏成一球一球，牛肉當然不是「純」牛肉，必須要與肥豬膘肉粒在一起，才會香才會滑，再加上切細的馬蹄粒，增添脆爽口感，也虧饞嘴前人想得到。超人小時候家裡窮，一碟山竹牛肉二件，用筷子分八份，一家七人分，總是剩下最後四分一你推我讓，最終得益者往往是他，他把這一小份山竹點上那甜酸微辣無可替代的噏汁Worcesteshire sauce，只知美味無窮——可是現在他的女兒都不愛吃中國點心，比較愛吃西餐，就連他自己也好長一段時間因為覺得牛肉燥，連那山中也好久沒有進去。

山中方七日，世界變又變，我跟超人去了一家把蒸好的牛肉球放在翅骨湯裡吃的店，他久別重逢，一味說好吃好吃。

香港中環士丹利街24-26號　電話：2523 5464
營業時間：0700am-1000pm
九十年如一日沿用他的點心紙上寫的是「鮮牛肉燒竹賣」，也就是我們現在一般稱為「鮮竹」或「山竹牛肉」的美味，傳統古法自有精彩之處。

陸羽茶室

一 口碑載道，身邊的大小朋友連平日不怎麼吃宵夜的，都刻意跑一趟堂記吃鄰老闆即叫即做的布拉腸粉，而且再三光臨一試再試。看來友人裡多人已經逐次完整吃過這裡所有腸粉種類包括牛肉、燒鴨、叉燒、豬膶、鮮蝦、魚片、蝦米以至臘腸各自互拼的版本，最叫人有驚喜的是臘腸拼豬膶以及鮮蝦拼蝦米的版本，都是一脆一滑一爽一韌的口感關係。

吃腸粉加不加豉油當然是個人喜好都值得執著堅持，
也值得偶然打破成規試試出軌。

巧手布拉腸粉

即叫即蒸

053

坐下來，我們當然是點了這裡最馳名的布拉腸粉，他特別走過去吩咐伙計阿姐不要在他叫的那碟牛肉腸粉加上豉油，不是特別為了什麼健康原因，對，他是我認識的朋友中唯一一個堅持吃這些餡料豐富的布拉腸粉卻不加豉油的。

相對我這個混醬得不亦樂乎的傢伙，這位老兄的選擇果然出位果然酷。他的解釋是，即叫即蒸熱騰騰滑溜溜米香撲鼻的腸粉端上來，看來一彈即破的粉皮中已經有你心愛的或叉燒或牛肉或豬肝以至冬菇燒鵝臘腸蝦仁魚片各式各樣餡料，伸筷夾起一骨碌吞下去，已經好味真味滿分，何需豉油——聽他說來頭頭是道，顯得這個常常要再另補一小碗甜美豉油的我很不專業而且很貪心。

堂記腸粉專門店

九龍油麻地文匯街26A-26C地下　電話：2710 7950
營業時間：0700pm-0300am
夜班計程車司機、夜遊夜歸人下班後回家前的聚集地，五湖四海走到一起來吃的當然是各式腸粉、菜乾豬骨粥和柴魚花生粥。

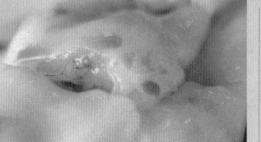

		五	六
二		五	六
三	四	七	八
		九	

二、三、四、五、六、七、八
　　隔著窗櫥看著臨街廚房，鄧老闆的專注認真是堂記腸粉最漂亮的「風景」。只見他把一勺攪動均勻的加了澄麵的米漿澆進面前蒸格裡的白布上，來往力度平均好讓米漿厚薄一致。隨即再鋪上顧客需要的餡料，稍蓋一下待米漿和料熟過來再提起布翻覆在鋼桌面，快手一捲一切一分，足料腸粉就熱騰騰落碟上桌到你跟前。

九　有備而戰又怎可只吃一碟，再來的是暢銷熱賣鮮蝦米腸。

一是理所當然，一是意料之外，吃腸粉加不加豉油當然是個人喜好都值得執著堅持，也值得偶然打破成規試試出軌。當我碰上那些自家秘方調製過的鹹甜得宜的豉油，或者堅持用廣州草菇豉油的腸粉店，都會慫恿我這位老友破戒試一口，當然我也學懂吩咐豉油另上，從無到有嘗試兩個世界的好滋味。

所以餡料無論是簡單如葱花蝦米鬆脆如油條「炸兩」還是各種你想得出的組合，粉皮無論是傳統的雪白晶瑩還是加入紅糙米變成淡紅加入涼瓜蓉變得嫩綠加入紫椰菜變得粉紫，其實都不妨一試嘗嘗新。無論是在佐敦堂記還是朝聖一般在廣州銀記，晨早中午深宵全天候，只要是水準以上就絕不抗拒──至於那久違了的手磨米漿加有蔗糖變成土黃顏色的甜腸粉，唔，要不要大膽加點豉油辣椒醬來試試看，只要是即叫即蒸，why not？

香港銅鑼灣時代廣場食通天12樓　電話：2506 3366
營業時間：1100am-1100pm（周一至周六）／1000am-1100pm（周日）
主打潮州菜的玉桃苑也以午間茶市點心著名，其中的蝦卷腸粉是繼曾經推出的滷鵝絲腸粉成為一眾食客的首選至愛。

玉桃苑

十、十一、十二、十三、十四

    簡單如此的美味「炸雨」，是我對且軟且硬、既脆又滑這些相對概念的啟蒙導師。以即蒸腸粉包裹新鮮油條再加上自家調製帶甜醬油的吃法，相傳也是誤打誤撞由魯莽小伙計因為要處理炸得分散了的油條而用腸粉勉強捲起發明出來的，怎知一捲風行，成為一代腸粉經典。走向精緻口感的蝦卷腸粉，玉桃苑的點心師傅把炸香的鮮蝦腐皮卷以薄薄腸粉包裹，層次品位進一步。

十五 街坊版本的粉卷用上半肥瘦肉絲、冬菇絲韭黃作餡，捲上較厚的粉皮，是腸粉中的粗壯充實版。

當下腸粉

康文署電影節目特約策劃 羅維明

作為中上環街坊，總會有機會在上坡下坡的山路上碰見另一位街坊羅維明。每次微笑點頭寒喧幾句然後道別各自繼續上路，我都接著禁不住想，在這一段來來回回的路上，這位敏感細緻地觀察記錄身邊城市街道人情變遷的朋友，是用一種怎樣的步伐走路用一個什麼角度去觀看──猛回頭想揪住他的身影，卻是人蹤杳杳。

這回刻意找他坐好在一家布拉腸粉專門店前，準備聽他的腸粉故事，他笑著緩緩地說，並沒有什麼驚天動地感人肺腑的故事啦，都是十分個人口味十分生活平常的。對了，製作也並不複雜的布拉腸粉本就長平凡樸素，叫人期盼的只是內裡換的不多不少的餡料而已。

先來一碟牛肉腸再來一碟炸雨，本來其實嘴刁的羅維明就娓娓道來他對腸粉豉油甜度的要求，老抽與生抽比例的平衡，也包括餡料的滑嫩度與粉皮厚薄的關係，更說始終不明白為什麼他作為常客的陸羽茶室只做粉卷卻不現做腸粉，也不得不接受蓮香樓的腸粉和其他點心都是一貫的「粗豪」。他認為布拉腸粉是判斷一家茶樓是否用心費神服侍客人的標準，而一碟腸粉的精要就在那即做即食的當下現場感──

每次吃腸粉都必定要吃兩碟的他，這回在我的慫恿下有打算要吃第三碟的衝動。不過，他還是優雅地放下了當下的筷子。

彩龍茶樓

九龍荃灣錦公路川龍村2號 電話：2414 3086
營業時間：0600am-0300pm
從前是即蒸布拉腸粉賣光了，我才會考慮吃粉卷，但吃過這郊野地道茶居的粉卷，就知道不可輕視──

從叉燒包出發，
從來靈活的香港人更會驕傲地捧出叉燒餐包，
近年更上層樓更添酥皮，
我當然是以一啖一個來響應支持。

054

增值叉燒包

起承轉合

飲杯茶吃個包，於我這個肯定是叉燒包。但哪裡可以吃到最好的叉燒包？一時又真的說不上來。反覆想來想去，只能說叉燒包這麼「普通」，製作這麼沒有難度的點心，應該是每間茶樓酒家都有條件都應該做得好吃的，但我們還是會吃到那些包皮不夠鬆軟不夠幼滑的，包皮不夠甜或者太甜的，叉燒餡料太乾太瘦又或者太肥太厚的。有些醬汁太濃太鹹而且太黑，有些卻橙紅得驚人。有經驗的甚至還可以從包面沒有裂紋露餡判斷它的包種發酵時間夠不夠，又或者從包皮帶的輕微苦澀去判斷它在中和包種酸味時下的小蘇打是否過量，又或者為了加速麵糰膨脹時下的食用臭粉是否太多……吃得多，有比較，即使在同一餐館，不同日子時段也會吃到水準不一的叉燒包，而在精明食客「當道」的今時今日，有關人等可得努力加把勁以免被淘汰。

從叉燒包出發，從來靈活的香港人更會驕傲地捧出叉燒餐包，近年更上層樓更添酥皮，對於

香港銅鑼灣恩平道28號利園二期101-102室（銅鑼灣店）　電話：2882 2110
營業時間：1100am-1145pm（周一至周六）／1000am-1145pm（周日）
每回到西苑飲茶都要跟這對兄弟打招呼，叉燒包和雪影餐包何止情如手足。

西苑酒家

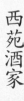

一　被眾聲讚譽為全城最好的叉燒包，我絕對相信西苑的
　點心師傅在深感光榮之餘並沒有因此而驕張氣傲，
　因為叉燒包還是得每日努力做好：用上每日即製的
　大哥叉燒削成指甲一般薄片鏈汁做餡，蒸起來個個
　包底內攣「大肚收篤」，而包頂亦「爆肚」不露餡，
　吃時皮軟質鬆，汁鮮醬濃──閒話少說，再來一個！

二、三、四、五、六、七
　早一晚以老酵（麵種）發好的包種再加上比例剛好
　的酵粉和麵粉搓揉成條，畫格出蹄後按平再幹成邊
　薄內厚的皮，然後把已經用上洋蔥、乾蔥、豆豉、
　薑、柱候醬蠔油、生抽、老抽和生粉，加上又燒薄
　片推成的餡醬，以皮餡比例3:7的標準，包好後放進
　蒸籠蒸約十八分鐘，包頂「爆肚」但餡卻不外洩，
　此時粉香醬香撲鼻，十足極品。

八　傳統的叉燒包吃多了，總有人心思思求突破，明閣
　的版本加入了帶甜的梅菜在餡料當中，口感與食味
　又提昇至另一層次。

這些成功的Fusion變種，我當然是以一啖一個
來響應支持。

餐包之所以稱為餐包，本來就是最沒有性格的
稱謂過程中勉強的一種尊重。因為要吃餐，所
以附你一個包。西餐湯旁的一小個一小卷，早
就出爐備用的，冰冷無生氣是應該，加熱微暖
已經是感激。餐包從來就是這麼不起眼。但當
有天不知哪位師傅（資料查證中）忽然心血來
潮，給餐包冠名加持，「塞」之以真材實餡，
從此叉燒餐包便欣然獨立成個體，而且在茶樓
酒家午市時分就這麼出一兩輪，新鮮熱辣逾時
不候，好幾次我只能望著那由遠而近但內容已
被掃光的托盤輕嘆，只得跟點心阿姐做鬼臉。

叉燒餐包再加上酥皮，無論是菠蘿包酥皮還是
墨西哥包酥皮，都是錦上添花的一絕。傳統滋
味如何起承轉合又不至於畫蛇添足，有我們這
些刁鑽挑剔的食客和苦心培養的貪吃下一代以
口投票，放心相信明天。

車氏粵菜軒
CHE'S
Cantonese
Restaurant

車氏粵菜軒

香港灣仔駱克道54-62號博匯大廈4樓　電話：2528 1110
營業時間：1200pm-1030pm
既有墨西哥的酥脆外皮，亦有叉燒包的汁多醬濃餡足，即叫即焗的酥皮
叉燒包端來咬得碎屑四散油香一嘴。

九　福臨門的點心走的是高檔路線，用料優良手工講究不在話下，新鮮出爐塗上蜜糖的叉燒餐包個個金黃鬆軟，叫人不管燙手燙口也得先搶一個。

十　西苑的叉燒系列欲罷不能，同樣以叉燒醬作餡，外層裹以酥皮的雪影餐包幾乎是每檯老饕必點。

十一　陸羽名點叉燒甘露批，反映早期粵式點心已受西式糕點製法的影響，fusion之調由來已久。

十二　八月花的崔籠點心拼盤中有叫我爭先恐後的檸香叉燒酥，最特別的是鬆化的酥皮內藏有蜜餞檸檬的叉燒醬，濃烈清香合一。

實驗叉燒

進念二十面體創始人 榮念曾

如果進念的一眾姊妹兄弟知道我帶Danny去吃全城最好吃的叉燒包，表面上她們他們是會罵我說一千個不應該讓Danny吃這麼肥膩的東西，心底裡就肯定會怨我為什麼不多撥一個電話叫大家都出來痛快地吃個夠。其實我還是有節制的，我只叫了一籠叉燒包、一碟有酥皮的叉燒餐包和一碟水烚青菜（好像還有一籠蝦餃），兩個人邊談邊吃。談到一半，Danny忽然想要叫一碟完整的半肥瘦兼少焦香的大哥叉燒打包帶走，我暗暗低呼大事不好了，此事傳了出去我的罪名豈不更大！？幸好領班接旨後轉頭走回來一臉歉意地說，午市的叉燒賣光了，要不要晚市的時候替你留一份，我趕忙說謝謝謝謝，下次下次。我偷偷瞄了Danny一下，他臉上有一絲一閃即逝的失望，然後又馬上綻開笑容，還好還好，還有期待。

為了健康，我們有很多壓抑很多禁忌很多規矩。即使如Danny這樣身經百戰，帶著我們一眾小走在前衛的前面的，走在舞台的邊緣的背後的，都得面對這一塊豐腴肥美、蜜汁四溢叫人垂涎欲滴的叉燒，都得在生死關頭一再反問自己，吃？還是不吃？吃了會對身體對心情有什麼正面的負面的影響？又或者是什麼都不想，吃，一味連續地吃過全港十八區最美味最昂貴高檔最便宜街坊版本的叉燒，還要帶著創意書院的一群小朋友去吃，讓他們她們得知叉燒真味，從而啟發並創作出新一回合的叉燒、叉燒包和叉燒餐包，當中有老少記憶，有手工技術，有形神承傳，有想像發揮—

話說回來，原來Danny當年在紐約在自家廚房有DIY做過叉燒給自己吃，可是叫得做實驗就不一定成功，吃罷了那太乾太硬太瘦的榮氏叉燒，還是光明正大跑到唐人街再來一碗肥美的叉燒飯。

香港灣仔莊士敦道35-45號　電話：2866 0663
營業時間：1130am-1100pm（點心至0300pm）
依然堅持老派點心精緻化，只在星期天才供應叉燒餐包更以叫眾多老饕夢縈魂牽

福臨門酒家

P.188

一　嘴饞如我也實在一次吃不完一個大包（因為還得留肚吃點別的嘍），所以建議是兩個至三個人早起飲茶，意思意思的分吃這餡料應有盡有地舊式大包。

港九新界僅有幾家還在供應大包的茶樓只在早市極早時候製作這種傳統美點以應付一下上了年紀的老顧客，只是限量製作。

055

包食飽

超早大包

張愛玲姑奶奶早就向一眾迷哥迷姐忠告說過：成名要趁早！其實吃雞球大包也要趁早。港九新界僅有幾家還在供應大包的茶樓只在早市極早時候製作這種傳統美點以應付一下上了年紀的老顧客，而且每天只是限量製作，有的是做八十個，有的更只做四十個，賣完就沒了，只能明早請早。而且說一句大吉利市，也不知這些老牌茶樓在商舖又再瘋狂加租的今天，還能撐多久？大包還能多蒸幾籠？所以熟知大包食味的中老年和不知大包為何物的青少年，就該趁早去嚐嚐大包滋味了。

大包之所以要限量製作，原因不是它的製作過程工序有多複雜困難，因為這個用傳統包皮包裹著雞肉、豬肉、冬菇、鮮蝦、火腿以及半隻（甚至一隻！）熟雞蛋作餡料的大包，對熟手製作包點的師傅來說，根本就全無難度。只是因為這個大包名副其實比一般

蓮香樓　香港中環威靈頓街160-164號地下　電話：2544 4556
營業時間：0600am-1030pm
即使你怕吵怕擠拍早起怕與陌生叔伯嬸母同台甚至不知如何處理用茶盅喝茶，為了這裡每天只做八十個的大包，你得到早上八時之前來到開位坐定
──祝君早到。

二　大包在前，比較合理的現
代版本一籠三個雞包仔在
後，時代變了，從形式到
內容都不得不變了。

一　大包的前身同樣體形龐大，餡料還是
應有盡有的除了雞肉、冬菇、火腿、
鮮蝦甚至有雞蛋鹹蛋和燒豬腩肉，但
名字就大不同的稱作「雞窩」，不像現
時的做成包子狀，卻是餡料外露的包
身作墊，豐足安樂「窩」之名由此而
來。

叉燒包起碼大三倍，吃一個就已經飽肚，根
本就無法吃得下其他的精彩點心，對茶樓整
體收益恐怕有影響，如此計算一下，限量生
產才是生意之道。

至於那個像開放式三明治的叫做雞窩的據說
是大包的前身的物體，已經吃不到了。那些
只在秋冬時分才會供應的內藏油香臘腸一條
的有若中式熱狗的臘腸卷和的確工序繁複的
芋頭燒腩卷，不僅要吃得趁早還得合時令，
一般市面越來越少見。最奇怪的是長期被視
作二等公民的有若大包的縮水減料版的雞包
仔，也不是處處茶樓酒家都會供應。如此這
般未免也會造成對叉燒包的一種壓力——長年
高據流行榜首做大哥，卻沒有二哥三姐四妹
五弟一整個家族在後面支撐，淨食叉燒包，
任你如何無敵美味，也夠寂寞也夠累。

九龍深水埗大埔道140號東盧大廈　電話：2777 3202
營業時間：0600am-1100pm
如果不是深水埗街坊老伯約我喝早茶，我這個遷居多年的舊街坊早把這
舊區老茶居給忘掉了。情尋舊味，還是得回「鄉」一轉。

中央飯店

四	五	六	
七	八	九	十
		十一	

三

三　用上淨雞肉、冬菇、蔥白及少許臘腸作料，雞包仔從來都扮演一個大配角，永遠被叉燒包搶盡風頭。但我還算有鋤強扶弱的心，總是會先點雞包仔以支持第三世界弱小。可是現今的飲茶地方，雞包仔也不是經常出現。

四、五、六、七、八、九
本該屬於秋冬時分的季節性包點，但因為受食客歡迎，臘腸卷也成了某些茶樓的全年熱賣。傳統的臘腸卷把整條臘腸藏在包裡，後來發展有若花卷且把臘腸兩頭外露（像熱狗？！），亦有茶樓專為臘腸卷訂較為短身的臘腸。最過癮的莫如一口咬下去腸衣噗的一聲破開，油香和酒香在口裡芬芳四散，包子的鬆軟香甜與臘腸的豐腴鹹鮮是最佳配搭。

十　玉桃苑的點心師傅遵從古法把臘腸包得密密實實在雪白包中，叫人有格外冀盼咬下去的是胭腸或者雙腸齊上！

十一　幾乎絕跡的糯米卷，完全是「大件夾抵食」的平民包點，薄薄的外皮包裹以簡單味料炒香過的糯米飯，冬日熱辣辣首選。

八十大包

退休長者 彭偉成

有些時候會想，如果我可以活到八十歲，究竟還會否像現在一樣嘴饞愛吃？又究竟能否清楚記得這許多年來吃過的所謂一見鍾情一試難忘的美食？還有沒有力氣清楚明白地跟年輕後生的回憶講述這飲飲食食的起落變化？

所以這天跟年過八旬的彭老伯伯一起在中央飯店吃他喜愛的雞球大包，聽他斷斷續續地訴說在深水埗一帶打滾的這五六十年來的世易時移，沒有習慣然有介事的做採訪錄音的我，一時間也不知該專心聆聽還是揮筆記錄，前塵往事翻滾再翻滾，一頁又一頁深水埗及周邊社區歷史摺疊交纏移形換影，當中有眾多早於我兒時的地標如南針織造廠、大陸鞋廠、北河戲院、深水埗戲院以至遠一點的浴德池、荔園、南洋紗廠，有彭老伯伯先後賴以謀生的眾多行業如泥水搭棚、膠鞋、車衣、流動小販、看更……當然也有他口中的茶樓酒館大排檔的街坊茶飯，以及那晨早開工

前的一個吃飽就頂起大半天的雞球大包。

彭老伯伯肯定地五〇年代中期一個雞球大包售價港幣四角，我跟他說我倒也清楚記得七〇年代初，晨早上學途中就在中央飯店附近的另一茶樓的外賣處，一個雞球大包賣一元二角，我幾乎隔天就買一個邊走邊吃，隔了幾代人的我跟彭老伯伯就因為這個長相幾十年來沒變的大包而引發了一趟對話──其實老人家在旁，作為晚輩的我只有乖乖聽的份。

當年工傷連賠償也沒有的彭老伯伯，帶著一身病痛和老伴苦樂參半地走到今天，退休後參與了好些爭取社區老人權益活動和義務工作，兩口子日常簡單飲食，只希望身體不致變得太差。回家前老伯伯跟我說了語重心長的一句：自己一生不太如意，只希望現在年輕的能夠活得好一點。到我活到八十歲，不知還有沒有雞球大包？

彩龍茶樓

九龍荃灣錦公路川龍村2號　電話：2414 3086
營業時間：0600am-0300pm

港九新界到處跑，新界區老茶居代表幾乎保留大部份舊款點心，包括大包和雞包仔……真的要找一個老茶客跟你細說當年。

大家還是覺得明天一定自覺地會多跑幾公里
把流沙連同脂肪跑掉，所以還是開懷大吃。

流沙之愛

包中餡作怪

056

是蓮蓉是豆沙是奶皇作餡都可以，但發展到
無流沙不歡就有點誇張了。

說發展其實也不準確，因為有人引經據典說
流沙這種固體與液體之間的曖昧狀態，其實
是更正宗的古法，以流沙奶黃包為例，雞
蛋、吉士粉和奶粉加上鹹蛋黃蓉的餡料裡要
格外加重糖和牛油的份量，蒸熟後糖和牛油
都溶成一個像火山溶岩一樣的狀態，滾燙熱
辣入口，算是一種視覺觸覺上的冒險。

小時候看泰山歷險記或者任何深入不毛的冒
險劇情式紀錄片，最緊張最擔心的就是主角
或者最痛快就是主角的死敵一腳陷進那浮沙
地帶，然後一點一點地連人帶物往下沉，越
掙扎就越被吸進去，到最後只剩下頭戴的一
頂帽子在跟世界告別。稍稍想像一下若然身

香港銅鑼灣時代廣場食通天12樓　電話：2506 3366
營業時間：1100am-1100pm（周一至周六）／1000am-1100pm（周日）
即叫即蒸上檯即食，還得先喝一口功夫濃茶把剛才的鹹點餘味清一清，
以最冀盼最尊重的姿態準備迎接這熱燙燙愛流沙奶黃包傾情一刻。

玉桃苑

一　為了那流瀉千里的效果，各家各派點心師傅出盡法寶為求客人在掰開撕開咬開包子時會得到意外驚喜。從最傳統的加入大量糖、豬油或者牛油做的半液體半固體「流沙」，到今天用烘過的鹹蛋黃、吉士粉、奶粉、魚膠粉以至鮮奶、牛油等等材料混合，都是求那色相求那口感。

二　陸羽茶室的蛋黃麻蓉包是芸芸層出不窮的甜包點中的老大哥，早就不屑爭先恐後，所以用的還是實淨正經的做餡古法。

陷浮沙的是自己，動彈不得甚至把一心打算救你的那位也連累拉進去，實在十分難受——此情此景其實也跟現在大家忽然義無反顧地大啖嗜吃流沙奶皇包相似，明知吃多了是會一點一點的胖起來，胖起來就等於（？！）沉下去，但大家還是覺得明天一定自覺地會多跑幾公里把流沙連同脂肪跑掉，所以還是開懷大吃。

開心當然是好的，越開心就越有豐富的想像力令生活不會刻板枯燥，比方說想像自己手執一籠四個流沙奶皇包在火山爆發現場近距離看著溶岩在不遠處緩緩流過，高溫環境吃高脂高膽固醇美味也許會消溶化解一些擔心和恐懼，黑暗裡面總得有閃亮發光的不知不覺移動中的希望，摧毀同時建立！

一　拿起蓮蓉包清香甜美一口接一口，但可知從原粒蓮子變成蓮蓉工序煩繁複：用上粒粒已經挑走了蓮芯的湘蓮，先把蓮子用大滾水煮至蓮子衣軟身，再傾出在凍水裡浸泡，以人手搓去蓮子衣，光脫脫的蓮肉隨即放入銅鑊中以熱水煮熟變軟，與水、糖和花生油混勻至稠狀，接連放進攪拌機中打成漿，然後再下銅鑊煮成稀稠適中的蓮蓉——步驟層層推進，絕不馬虎兒戲。

東方小祇園

香港灣仔軒尼詩道241號　電話：2507 4839
營業時間：0845am-1000pm

先來靜賞二十秒，再輕按十秒感覺壽桃包面的軟韌，然後不用一秒掰開包子，用五秒先聞香，然後……

<table>
<tr><td></td><td>四</td><td>五</td><td>六</td></tr>
<tr><td>三</td><td>七</td><td>八</td><td>九</td></tr>
<tr><td></td><td>十</td><td></td><td></td></tr>
<tr><td></td><td></td><td>十一</td><td></td></tr>
</table>

三　鳳城的蛋黃蓮蓉包亦是老牌經典點心做法，清甜的蓮蓉餡包藏著惹味的鹹蛋黃，鹹甜同時入口，平衡絕妙。

四、五、六、七、八、九、十
全程直擊榮興小廚的點心師傅乾淨利落又擀麵又捏皮又包餡的完成一個蛋黃蓮蓉包，不作花巧簡單就是好。

十一　好久沒有吃過這樣清新柔滑自家推製的蓮蓉餡，素食老店東方小祇園的蓮蓉壽桃不只賣相可愛，掰開了吃進口，你就知道什麼是醇正細滑，不是坊間甜膩涸喉的貨色可以追上可以比較。

少年壽包

漫畫家、插圖家 何達鴻

頑皮的John眨著機靈的眼，他把這個捏成蟠桃形狀、灑上桃紅色素的壽包拿在手裡端詳了一番，然後把桃掰開兩瓣，露出裡頭清香的蓮蓉餡，然後他自己也忍不住笑了——小時候吃壽包時都把這當作小屁股，擠出來的餡當然就是——

這的確很像我一向認識的John，雖然他在這個晚上反覆強調自己剛剛過了三十歲生日，但他的本人，他畫筆下的動物植物街道房子和行人，以及他對待喜歡的工作，面對一段（又一段）感情，都是難得罕見的天真無邪。作為他的朋友，我萬二分的幸運，因為真正可以無包裝無計算的相知相交，一頭闖進幼兒院一般的童真世界，放肆好玩。

說起來，John還會埋怨為什麼這些每逢家裡有老人家擺壽宴才出現的壽桃，總是在飽餐一大頓之後才出現，大家都撐飽了，都沒法趁熱好好吃，都落得「打包」回家明天才吃。而那些把小蟠桃包在大蟠桃裡的架勢款式，往往又只顧得住裝潢卻忽略了內涵，粗不粗細不細的叫人好失望。

所以在這所專營素食的地方，給John吃到一個外皮雪白鬆軟但質地細緻密實的壽包，而且內裡的蓮蓉餡是自家手工推成，啖啖湘蓮清香，自詡是吃壽包長大的他讚不絕口。下回在他的漫畫插圖裡，應該會出現一隻手持壽包的兔子或者貓，開心地吃罷一個又一個又一個。

香港中環威靈頓街160-164號地下　電話：2544 4556
營業時間：0600am-1030pm

蓮香樓

沒有趕風潮的流沙一番，倒是實實在在餡多料正，有這樣的經營宗旨待客之道，傳統老店叫人好安心，叫得作蓮香的老字號，自然要嚐一嚐它們的招牌蛋黃蓮蓉包

究竟看到點心車上有春卷有芋角同時有鹹水角之際，
可否都各點一碟來都痛痛快快吃個夠？

一　滿滿一檯點心眾人起筷你會先指向什麼類別？有人先吃油炸的香口類有人先吃蒸的包點類，如果來一個心理測驗不知如何解釋兩者究竟在性格上有何分別？我是那種先吃芋角再轉吃蝦餃再轉吃春卷再轉吃又燒包再轉吃鹹水角的，簡單來說就是趁熱吃，不知又該如何分類？

多情炸物

057

春卷芋角鹹水角

究竟一個正常男子一口氣可以吃多少條炸春卷？

究竟看到點心車上有春卷有芋角同時有鹹水角之際，可否都各點一碟來都痛痛快快吃個夠？

究竟可否把點心炸物的那些卡路里和脂肪讀數暫且拋開，管我明天再跑多少公里再做多少節瑜伽。

愛是恆久忍耐（自己及身邊人有一點點胖）。

愛是凡事包容，凡事相信，凡事盼望（好吃的就在面前）。

愛是永不止息——

愛春卷，無論是港式點心韭黃肉絲炸春卷，

西苑酒家

香港銅鑼灣恩平道28號利園二期101-102室（銅鑼灣店）　電話：2882 2110
營業時間：1100am-1145pm（周一至周六）／1000am-1145pm（周日）

不是經常出現在點心紙上的芋角可得特別請師傅專門做來一嚐。當你吃過這裡真正酥脆鬆化、芋香餡足的芋角，你就再看不起那些無「髮」無天的油膩版本了。

	二	三	四	五
	六	七	八	九
	十	十一		
	十二	十三		十四

二、三、四、五、六、七、八、九

從來不明白為什麼芋角炸起來可以有此亂髮飛舞的造型，傳統上把它形容作蜂巢芋角實在有點謙虛和誤導，說它「瘋巢」還比較貼近，直至看龍西苑的師傅細心示範，我還是覺得這個應該跟澄麵乾粉有關的髮型著實太神奇——先將荔浦芋去皮切塊蒸軟壓成蓉後加入調味再下已經以熱水拌熟的澄麵一同搓勻成圓捧，分成小段捏開成皮，包進以豬油、鮮蝦、冬菇、筍粒、蔥白拌成的餡料，以手修捏成欖形狀。完成後摸上少許乾澄麵，放進特製的打了洞的鋼盤炸藉上，放入近攝氏200度油溫的鑊中，馬上轉中火略炸又轉武火至芋角浮起——簡直就是一場永遠流行的髮型show。

十、十一、十二、十三、十四

以蝦米、韭黃、豬肉、筍粒等材料作餡，拌入五香粉、胡椒粉和糖鹽味料，以糯米粉、澄麵混拌搓皮然後下鑊油炸的鹹水角，外皮微脆且佈滿珍珠泡狀，內皮軟糯柔滑，其實口感味都不遜於芋角，只是為什麼叫「鹹水」角，就真的有待查證。

一 春卷說來的確是歷史悠久的民間名食，相傳在宋代已經有在立春這一天，以麵粉為皮，包著以蔬菜為主的各式餡料，既是祈求農耕順利、養蠶豐收之儀式，當然亦是親戚鄉里祭肚之實際動作。有說春卷包成蠶繭狀，叫「麵繭」或「探春繭」，與當年民間的養蠶業有密切關係。

旁及上海的泰國的越南的甚至印度的用上不同素葷餡料不同麵種春卷皮不同長度大小的春卷炸或不炸皆可都深深愛。印象最深刻當然是媽媽福建家鄉的頗有古風食俗的春餅——薄餅——春卷，無論用什麼叫法，都是把紅蘿蔔高麗菜豆角豆芽韭黃眾多蔬菜切細再加入肉絲蝦仁豆腐乾絲煮熟熱好成餡，用麵粉烘的軟薄餅皮把餡料放進，再加上海鮮醬麻醬芥末大地魚醬海苔末等等調料，匆匆捲好迫不及待大啖一口——過時過節家裡全體總動員弄一次春餅大會，我總是又心急又貪心地把熱騰騰的餡料大量地堆在薄餅皮上，根本就包不成捲不起，吃得一手湯汁一地餡。現包現吃的春餅一餐吃不完，剩下的材料就讓我繼續發揮表演煎以至炸春卷的手勢，既要落鑊油炸，倒懂得把春卷包得小巧得體，算是成功。

至於如何親手打造外皮脆內皮軟滑的鹹水角，如何令芋角炸出蜂巢一樣的酥脆外皮，那是容易動情的我打算致力進攻的下一門手藝。

香港北角渣華道62-68號 電話：2578 4898
營業時間：0900am-0300pm / 0600pm-1100pm
午間茶市的鳳城擁擠熱鬧，點心一輪一輪迅速掃光，趕得上吃即點即炸的春卷是你的口福。

鳳城酒家

十五、十六、十七、十八、十九、二十

熟悉得不用多介紹的春卷，說不定是全球非華人最熟悉的一種中國食物。全國各省份固然有自家的冷熱乾濕、炸與不炸的版本，但粵式茶樓上吃到的基本上都有雞肉、蝦肉、豬肉切絲拌上韭黃絲、冬菇絲以及筍絲加入調味作餡，春卷皮是用麵粉糊燙成的，包進餡料捲好以高溫油炸，金黃酥脆也是一吃再吃不罷休的美味。

爆炸之後

廣播電台節目主持 余迪偉

我給迪偉畫了一張應該可以讓他看得清楚的製作步驟圖，他才明白那一隻又一隻其實不像蜂巢卻像鬆毛獅一樣的芋角是如此這樣誕生的。

又要切料作餡又要研芋泥搓粉又要上粉轉放於打洞鋼盤然後再放進油鑊，程序繁複卻只能賣作小點價錢的芋角，難怪過半酒樓餐館的點心紙上都悄悄地讓芋角失蹤了。

坦言自小都不太喜歡上茶樓飲茶的迪偉，怕的是那比街市還要嘈吵而且有大龍大鳳熱鬧裝潢的進食環境，吃的來來去去也就是那麼十來二十款，沒有太大驚喜新意。唯是他的姐姐是個典型的芋角人，每次飲茶無芋角不歡，所以他就不知不覺的有了一個吃芋角而且要吃到好的芋角的習慣。

特別是他在紐約唸書和在溫哥華生活的前後十年

間，在人家地頭倒懷念起自家點心，特別是芋角。但早在十多二十年前，要在紐約吃到一個道地正宗的芋角並非易事，吃進口的還是失望的居多。近年回港以為重投芋角大本營，怎知亦發覺芋角的普遍水準也正在滑落，一如大家的英文聽寫閱讀能力。

他給我形容一個據說是即叫即炸的有爆炸頭造型的芋角，筷子一夾下去爆炸頭與芋身分離，而且碟底有一攤油，名副其實迫著掉、頭、走——如此類推他追問為什麼灌湯餃會馬馬虎虎的掉在湯裡？糯米雞為什麼變了珍珠雞？因為懶因為怕麻煩因為怕一下子吃飽了不再吃別的，種種不成理由的理由讓我們的點心世界基因突變，我問他有朝一日稍有空閒會不會考慮自己做一次芋角來嚐嚐看，他很爽快地說：不會，然後又一轉念，會，這趟很肯定。

翠園酒家

香港銅鑼灣希慎道1號 電話：2577 9332
營業時間：0730am-1200am
作為美心集團旗下中菜的龍頭大哥，點心出品當然是信心保證，最愛的春卷和蝦餃，其實同時可稱皇。

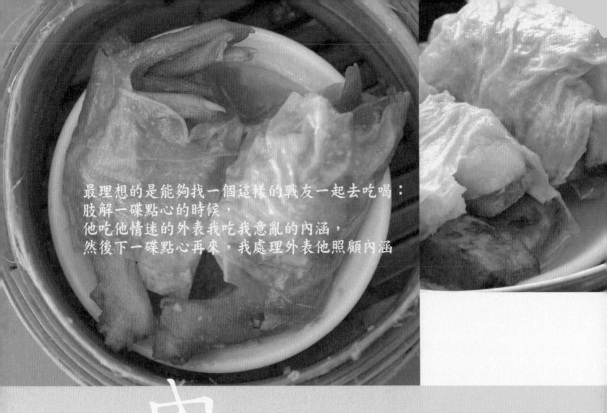

最理想的是能夠找一個這樣的戰友一起去吃喝：
肢解一碟點心的時候，
他吃他情迷的外表我吃我意亂的內涵，
然後下一碟點心再來，我處理外表他照顧內涵

有誰可以告訴我究竟是外表重要還是內涵要
緊？如果真的人人都要智慧與美貌並重，這
麼努力會不會很麻煩而且很累？

但連本地老牌飲食集團也與時並進地自我要
求，以「將最好給最好」為經營待客為人民
服務的指導思想綱領，我們這些饞嘴的客人
似乎也偷懶不得，吃喝之際也得專心認真，
隨時準備與笑臉迎人主動走過來向你徵詢意
見的餐廳主管對答交流，吃喝買賣也很需要
互動。

所以當那天在相熟的茶樓裡樓面經理走過來
一眼看出桌上都是淮山雞紮、鴨腳紮、棉花
雞和鮮竹卷腐皮卷等等又包又紮的點心，他
就好奇地問我是否對這個類別特別感興趣也
請我多給意見。我倒是頭一回察覺自己有這
個喜好傾向，身邊友人倒搶著跟經理說我一

058

內外乾坤

又包又紮真滋味

金東大小廚

香港筲箕灣東大街59-99號　電話：2569 4361
營業時間：0500am-0300am

從晨早到深宵，金東大臨街的點心檔還是熱騰騰且有街坊排隊等購外賣
的，實地調查記錄二十分鐘內有八名叔伯嬸母買走鴨腳紮。

一　即使不像蝦餃和粉果賣相那麼晶瑩可愛，亦不像叉燒包那般芬香鬆軟，這些紮、包、卷一系，自有其汁多料鉤肉「餡」的一面。既然遠親親豉汁鳳爪可以如此風騷，鴨腳紮有腐皮有芋頭有薄切腩肉助陣，也自有捧場客。

二　腐皮一張，包裹人間美味無數。鴨腳紮用得上它，雞紮也異曲同工，但妙在包住鮮雞件的同時還有「棉花」一件，所謂「棉花」是曬乾再浸泡後油炸過的魚肚，比腐皮更易飽吸鮮美肉汁，因此也引來眾多「不法」之徒，只吃了棉花就逃之夭夭。

三　淮山雞紮是棉花雞紮的一個古調。陸羽茶室的版本當然遵從古法。軟靭的淮山細住雞件、筍條和瘦肉，蒸得汁鮮肉嫩，一經解構，淮山當然馬上成為饞嘴目標。

時注重外表一時注重內涵，直說我是既貪心又挑剔。

說來也是，為了吃淮山雞紮那一塊刨薄包住雞紮的入味的淮山，為了棉花雞那一塊吸滿汁液的暱稱作棉花的炸過又燴過的魚肚，為了腐皮卷那一塊炸脆了的外皮，為了鴨腳紮裡那一隻骨與皮一吮就分離然後軟滑入口的鴨腳，我是會二話不說點這點那然後再決定放棄這個外表和那個內涵的。

不得不承認我有點浪費，當然最理想的是能夠找一個這樣的戰友一起去吃喝：肢解一碟點心的時候，他吃他情迷的外表我吃我意亂的內涵，然後下一碟點心再來，我處理外表他照顧內涵——如果真能找得到這樣一個終極飲茶拍檔，看來不止要請大家飲茶，恐怕要相互託付終身了！

陸羽茶室

香港中環士丹利街24-26號　電話：2523 5464
營業時間：0700am-1000pm

用上鮮甜淮山切片蒸來盡吸嫩雞瘦肉的汁液，老店堅持古法，還真的原汁原味物有所值。

	五	六	七	八	
四		九	十	十一	十二
				十三	

四　炸過的腐皮卷一向入籠蒸軟再以蠔油芡汁淋面上碟，但近年的健康風潮中，太油膩太濃稠的款式都有再三瘦身改良的必要。以上湯代替芡汁的上湯腐皮卷，是夠型夠格的八月花點心精選的受歡迎項目。

五、六、七、八、九、十、十一、十二
　　腐皮卷當然也有原裝正版不淋芡汁的香脆版本，可素可葷用上鮮菇、鮮冬菇、鮮蘑菇以及冬筍和肉絲，用腐皮將炒熟的餡料包進捲好收口，燒紅油鑊放入炸至微黃，外酥內軟也是熱賣名點。

十三　老茶居仍然提倡又炸又淋芡的重量級版本，多跑兩圈之後不妨一試。

還我雞絨

劇場導演、文化評論人　胡恩威

胡恩威是一個不折不扣的潮人——方面盡得潮州人嘴習能吃的先天本領，另一方面秉承潮州人的兇，不好吃他會生氣會罵——

明明該是好吃的，為什麼會變成不好吃？除了製作者沒心沒力之外還有種種致命的外圍環境原因，諸如政府有關單位對食品衛生的監管，飲食經營牌照的發放，對傳統飲食文化承傳的重視程度……凡此種種都在左右影響好不好吃這回事。

所以跟著這個耳聽八方而且抱打不平的憤青阿威到處吃，不容置疑會吃到一桌好菜，但也可能吃出滿肚牢騷。尤其是一些本來熱鬧蓬勃的老區大排檔，轉眼

已經拆遷轉型，即使還是原來檔主在附近覓地繼續經營，食物味道已經有明顯出入，多少大家自小吃大的老舖都已經灰飛煙滅，連最後一口也來不及吃。

阿威堅持要到八十年老茶樓的點心部作蒸氣浴，立此存照就是不甘心一切有保留價值的都即將被消滅。你說香港人精明，其實同時也很笨拙，從上到下唯利是圖，只想匆匆忙忙掙快錢，連一盅兩件嘆茶的機會也不爭取，幾乎被視作老人退休後的玩意。那一碟兩件阿威最愛的飽吸肉汁的魚肚和嫩滑鮮雞肉用淮山綑成的雞絨，何時會被機械流水作業倒模生產所取替？在這一天來臨之前，由阿威率領好吃團隊上街揮拳高呼「還我雞絨」的動作看來勢在必行。

九龍九龍塘又一城商場地下G25號店　電話：2333 0222
營業時間：1100pm-1030pm（周一至周六）／1000pm-1030pm（周日）

賣相小巧出眾的上湯腐皮包，
是注重健康但依然嘴饞的一眾的新好選擇。

八月花

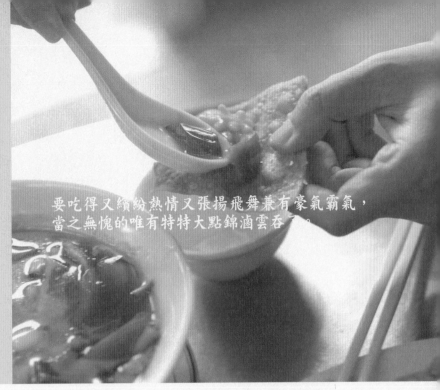

要吃得又繽紛熱情又張揚飛舞兼有豪氣霸氣，
當之無愧的唯有特特大點錦滷雲吞了。

一　一方面安靜和諧有規
　　矩有禮貌敬老扶幼，
　　另方面熱鬧喧嘩爭先
　　恐後顧不了三七廿
　　一。從遠古到現代，
　　錦滷雲吞一上桌，我
　　等急色香味全的自然
　　第一時間動手。

亮麗囂張

059

錦滷基因遺傳

所謂點心，完全不可以為就是隨隨便便的
「非主食」，即使現代酒樓茶市因方便歸類結
帳，把點心分作小點中點大點特點，也不代
表價錢略為便宜的小點就可以粗製濫造掉以
輕心。

真正可以吃到令你我心頭有一點感動，上好
的點心如蝦餃燒賣叉燒包都居功至偉，但要
吃得又繽紛熱情又張揚飛舞兼有豪氣霸氣，
當之無愧的唯有特特大點錦滷雲吞了。

自小嘴饞，一般點心固然來者不拒，但山竹
牛肉鳳爪排骨棉花雞一輪二輪上場，蒸籠與
小碗小碟堆疊後，東張西望的我要等要吃的
就是錦滷雲吞。用上比一般放湯的雲吞皮寬
大而厚的雲吞皮包進少許蝦仁和叉燒粒，以
文武火炸至金黃，沾上以糖醋煮汁作芡，材
料有叉燒、蝦仁、鮮魷魚、肫肝、魚肚以及
洋蔥、青椒、尖紅椒和菠蘿一眾簇擁的錦滷

美都餐室

九龍油麻地廟街63號　電話：2384 6402
營業時間：0830am-0930pm

作為庶民飲食文化的一個橋頭堡，早已是油麻地文化地標的美都餐室絕對
值得在不同時段來訪尋美味。錦滷雲吞是屬於午後傍晚的「玩意」，經典
二樓雅座一列大窗敞開附送天色雲影變化。

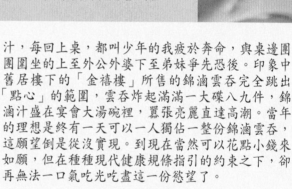

二、三、四、五

　　每趟在美都餐室和新朋舊友坐下來點錦滷雲吞的時候，掌門人黃小姐一定笑咪咪問我與邊友伴吃不吃珍肝和豬什——因為這裡的錦滷汁料頭十足，除了有叉燒、雞球、切雞、鮮魷、蝦仁，還有珍肝和豬什，加上番茄、菠蘿、青紅椒、洋蔥和五柳條做的甜酸汁，滿滿一碗——當然還有下鍋炸得酥脆金黃的雲吞皮，咔嚓咔嚓不消十五分鐘，碟裡碗裡可見的全掃光。

汁，每回上桌，都叫少年的我疲於奔命，與桌邊團團圍坐的上至外公外婆下至弟妹爭先恐後。印象中舊居樓下的「金禧樓」所售的錦滷雲吞完全跳出「點心」的範圍，雲吞炸起滿滿一大碟八九件，錦滷汁盛在宴會大湯碗裡，囂張亮麗直達高潮。當年的理想是終有一天可以一人獨佔一整份錦滷雲吞，這願望倒是從沒實現。到現在當然可以花點小錢來如願，但在種種現代健康規條指引的約束之下，卻再無法一口氣吃光吃盡這一份慾望了。

不知怎的一提起錦滷雲吞，那種香香脆脆酸酸甜甜的味覺反應都叫我馬上想起我的為食啟蒙外公外婆。媽媽笑著回憶錦滷雲吞原來是當年外公搓完麻將回家的宵夜手信，無論輸贏，嘴饞的外公都會大包小包地把半隻燒鵝、鴨腳包、錦滷雲吞等等重量級美味帶回家，以示一家大小放心吃喝有賭未為輸，當年十三四歲的母親往往在睡夢中被叫起來大快朵頤。單從外公這則錦滷逸事，我也很明白理解什麼叫基因遺傳。

香港中環德己笠街2號業豐大廈1樓101室　電話：2522 7968
營業時間：1200pm-0230pm/0600pm-1000pm
視為飯堂之一的港大校友會，不以菜式花巧亮麗變化多端見稱，
卻是一直保持一種傳統實在的作風，叫人吃得安心愜意，
偶爾跳出蝦多士，確是眼前一亮。

香港大學校友會

六、七、八、九、十

何洪記的雲吞麵湯麵鮮麵爽雲吞正早已街知巷聞，變陣出招即叫即炸雲吞外脆內滑也叫人不停手不停口。吃時蘸上特製酸甜汁更惹味開胃，一客二十粒叫我該跟你還是你去吃？

十一、十二、十三、十四、十五、十六、十七

從錦滷雲吞到炸雲吞，從密實內涵到開放坦蕩，同樣是香口炸物，蝦多士當然有它的江湖地位。一度是宴席名貴大菜的伴碟，一隻當紅炸子雞片皮上碟，四周圍圍住一圈蝦尾翹起的蝦多士，龍飛鳳舞很有派頭，很討客人歡心——現在不用大宴親朋也可以作為席前小吃，港大校友會的主廚昌用甜度較低炸來不易變焦的白麵包，挑來原隻鮮蝦，脫殼留尾蘸上薄薄蛋白，放好在麵包上稍待得蛋白滲進黏稠，並伴以一小片火腿和一葉芫荽提味裝飾，隨即放進滾油炸至金黃，趁熱吃來酥香鮮甜，有了如此精彩前菜，主菜就更有期待了。

錦滷慾望

產品設計師 林紀樺

跟他在這家始終那麼六〇年代的餐室一起坐下來，紀樺坦言說已經十幾年沒有吃過面前那一碟金黃酥脆汁料豐足的錦滷雲吞。外頭的很多酒家餐館的菜單中已經取消了這紅（橙！）極一時的美味，究竟特別開口問的話，大廚又會不會刻意為客人做？為免得到一張黑臉對待，他平日還是乖乖的收口改吃別的。

我接著下來的疑問是，究竟錦滷雲吞是屬於點心還是屬於主食？正確的出場時間該是在早在午還是在晚？或許就是這樣不大不小尷尬曖昧的東西最得我們心。

食物是一種慾望！紀樺在把一整塊雲吞皮黏滿酸汁連料咔嚓咔嚓咬開吃下之後，忽然拋出擲地有聲的這一句。對，我們會放肆縱容地讓慾望流竄，像體內荷爾蒙猛地分泌的一下子跑到老遠老遠指定老店吃它一碗蔥腸飯；一擲千金買那麼兩三顆限量級巧克力；專程坐飛機到高雄再轉車往

台南吃路邊攤；冒著山路崎嶇有墮崖之險去巴塞隆納二小時車程外的阿布衣吃分子烹飪科技晚宴，這都是慾望的彰顯而且還有慾望的抑壓——比如忍了十多年沒有吃錦滷雲吞。

紀樺清楚記得他的第一次——那該是四、五歲時候的一個大年初二，開年午飯後他和弟妹被哄著上床午睡，而懶覺睡醒過來之際發覺父親帶著姐姐已經外出，更震驚的是從母親口中得知父姐兩人是去了荔園遊玩。對於一個左等右等極渴望在過年時節去遊樂場普天同慶的他，這無疑是一種欺騙。負責打圓場的母親趕忙跟三個小傢伙說不必生氣不必哭，馬上把他們帶到西灣河家居附近的歡喜茶樓，在那兒紀樺吃了他平生第一件錦滷雲吞。

這是慾望那也是慾望，平日再忙也堅持在傍晚六點就下班的他會跟太太在家做麵條做月餅送禮自用，說不定下回我收過來的是林先生送過來的錦滷雲吞。

鳳城酒家

香港北角渣華道62-68號　電話：2578 4898
營業時間：0900am-0300pm / 0600pm-1100pm
鳳城名點鍋貼大明蝦，是蝦多士的元祖。燒紅鑊先放麵包再下熟油，以半煎炸形式處理，才能使麵包金黃大蝦不捲曲，果然有功架有排場。

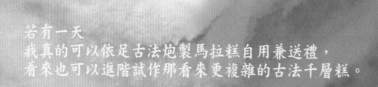

若有一天
我真的可以依足古法炮製馬拉糕自用兼送禮，
看來也可以進階試作那看來更複雜的古法千層糕。

古法伺候

馬拉千層絕技

060

總有一天，常常對自己說總有一天，我會依書準備好一切作料和道具，提早一晚準備好麵種，「下溫水及麵粉調勻，以毛巾蓋好，置於不當風地方，過夜，翌日檢查麵種是否成熟（方法見34頁），若是，加入小蘇打中和酸味……」

吃過一些有心有力的餐館依足古法製造的馬拉糕，尤其是毫不忌諱落足豬油（也有一派是用上雞油），令糕身更香更滑的版本，我總有衝動有天能夠親自下廚做出毫不遜色的一件馬拉糕。色，對於馬拉糕來說也很重要，黃砂糖、蜜糖和雞蛋調勻是糕熟成幾近小麥甚至古銅色的原因，可是以訛傳訛有說「馬拉糕」就是自馬來西亞傳入的糕點製法，也與當地土人的膚色十分相似云云。其實馬拉糕是道地廣東小吃，與「馬拉」扯不上關係，若偏要加點異國風情，就是更早的一個

香港北角渣華道62-68號　電話：2578 4898
營業時間：0900am-0300pm / 0600pm-1100pm

鳳城酒家

人人口裡都說古法好，但真的身體力行肯花時間心力為大家提供古法炮製的大菜以至點心的著實不多，幸而還有鳳城這樣的老店禮敬！

一　一來就要亮麗出眾，雪白糕皮與金黃餡料相間，清清楚楚如七層大廈貪心一大啖，滿足心情與胃口一下子蹦上千層——此謂千層高。

二、三、四、五、六　傳統千層糕規定（！）糕身四層皮三層餡，糕皮用上天然發酵的麵種加入麵粉、糖，以及少許發粉和鹼水，以添鬆化口感，餡料方面用上鹹蛋黃、欖仁、椰蓉、核桃、芝麻、糖冬瓜甚至肥腖肉粒加上麵粉、白糖、吉士粉等等，取其鹹甜軟硬多味多口感。果然不欺場。只見師傅又搓又捏的才只是弄好餡料部份，可見遵從古法真的要用古代計時行事方法。

七　不要以為馬拉糕看來這麼簡單像一團粉加蛋加油蒸好，原來遵從古法也得用上三天。用的是天然發酵的麵種，加上雞蛋、牛油及豬油，拌好麵糰後靜待發酵，與坊間用化學膨鬆劑而不加麵種的馬拉糕，至令成品有欠細緻，不可同日而語。古法的版本蒸起時顏色深沉有若古銅，鋪面的欖仁入口甘香，一試難忘。

傳說——傳說唐代有洋人來華經商，吃此糕吃得津津有味發聲如馬騮（猴子），馬騮後來諧音轉化成馬拉。信不信由你，這倒叫我想起美猴王孫悟空拔一根毫毛變出一百幾十個徒子徒孫的故事，入廚幫忙搬搬弄弄，倒是什麼精巧點心也可以源源不絕。

若有一天我真的可以依足古法炮製馬拉糕自用兼送禮，看來也可以進階試作那看來更複雜的古法千層糕。一想起那四層皮三層餡，餡裡有鹹蛋黃有芝麻合桃欖仁以及椰絲，蒸好後黃白相間賣相極佳滋味極好的千層糕，就肚餓得有點坐立不安了。

相對於那平實無奇的鬆糕和白糖糕，標榜古法的馬拉糕和千層糕天生就討人喜歡也愛出風頭，大型飲宴場面中不乏其蹤影，畢竟這原來還是一個有階級甚至有歧視的飲食社會。

西苑酒家

香港銅鑼灣恩平道28號利園二期101-102室（銅鑼灣店）　電話：2882 2110
營業時間：1100am-1145pm（周一至周六）／1000am-1145pm（周日）
層層疊起黃白相間，不必解構一口吃盡硬軟鹹甜千層滋味。

八、九、十、十一、十二

師傅接力下半場，示範如何
層蒸層疊的完成千層糕。

十三、十四

既要節制又要放肆，鹹點甜
點交替出場，千萬留肚給千
層糕、馬拉糕……

<table>
<tr><td>八</td><td>九</td><td>十</td><td>十一</td><td>十二</td></tr>
<tr><td></td><td>十三</td><td></td><td></td><td></td></tr>
<tr><td></td><td></td><td></td><td></td><td>十四</td></tr>
</table>

馬拉糕以外

退休長者 **楊桂芳**

桂芳婆婆很面熟，因為她像我認
識交往時所有的老人家的總和——

能言會道，說到興奮處時空反覆
交錯，插進很多零碎生活片段，
比任何一部前衛實驗電影都要精
彩，叫我們這些後輩企圖追趕緊
貼也有一點難度，習慣了就放鬆
隨她的思路一起如行空天馬。她
我如婆孫一樣拖著手，她說要去
吃馬拉糕，要給我講一個馬拉糕
的故事，但在中央飯店坐下來，
黃澄澄熱騰騰的馬拉糕只吃了一
點點，她開始說的又是另一個又
一個故事。

曾經到過她和老伴共住幾十年共同擁有的一幢
戰後舊樓裡的一個單位，典型的五六○年代板
間房分租予好幾戶人家。住戶都是別的老人家
或者新移民，屋裡整個環境氛圍甚至飯桌上的
吃喝還是停留在幾十年前，很是挑戰我們平日
經常掛在口邊的所謂進步、創新、
發展——我們整個社會跌撞彈跳走到
今天，又豈可把這一批在過去曾經
用不同能力不同程度付出過血汗勞
力的社群拋開丟掉？越是把她們他
們稱作弱勢社群，就越諷刺其他人
究竟強在哪裡？終有一天我們這些
所謂強的都會變成老弱，大魚大肉
的日子一旦過去，能否甘心安心躲
在一個角落慢慢地只吃一塊馬拉
糕？

桂芳婆婆拉著我的手，告訴我她的
老伴在幾個月前走了，社工跟她一
起安排處理老伴的後事，又幫她搬
到另一個比較方便不用爬樓梯的單位。然後她又
悄悄地跟我說，之前我見面碰過的另一位九十多
歲的長者，因為與家人有爭執誤會，竟然上吊自
殺死了——桂芳婆婆說著說著，是人家的故事是自
己的故事，是叫我們熱衷的開心興奮的吃喝故事
背後的真實。

香港灣仔軒尼詩道338號北海中心1樓 電話：2892 0333
營業時間：1130am-1130pm (周一至周五)／1100am-1130pm (周六,周日)
輕身清爽再出發，利苑的千層糕走的是新派創意改良的路線。

利苑酒家

茶樓是個互動平台，
先甜後鹹，先冷後熱，
只要你喜歡，為什麼不？

一 打從童年開始的好長一段時間，熱騰騰的蓮蓉西米布甸都是我認知中甜品的終極至尊。黃澄澄且帶焦糖紋樣，香噴噴有蛋香牛油香，實物尋底還有預先張揚的蓮蓉作餡（有些時候一挖再挖竟然沒有蓮蓉就會好失望！）即使到現在已經嚐過這裡那裡的各種甜品，一旦給我重遇蓮蓉西米布甸，還是會吃到碟底朝天。

先甜後鹹

061

搶閘登場西米布丁

曾經以為只有港式茶樓才是天下間最熱鬧最嘈雜的地方。成千上百人一起在飲茶吃點心，從早期托盤吆喝到後來推車叫賣點心，甚至現在用餐單對號自選再交予服務生把點心端上來，茶客都以提高八度的聲線和同桌親朋戚友在笑談家國八卦大事，你來我往節奏緊張聲浪滔天，飲完一頓茶就像打完一場仗，如果不是為了那些依然好吃的冷熱鹹甜點心，我早就棄權不再上茶樓——後來國外跑多了，得出凡是東西好吃的地方都一樣嘈吵喧鬧的結論，也就為港式茶樓作了一個小平反。

很多家庭會把飲茶當作是一家大小唯一公開交流溝通的機會，吃喝之際就把平日不怎麼方便說的都顧不了那麼多地當面說了，也因為周遭聲浪太大，聽到了也大可裝作聽不到，也就算了。而且飲茶時分也是彰顯一家上下還有點民主精神自由傾向，愛吃什麼就

鳳城酒家

香港北角渣華道62-68號 電話：2578 4898
營業時間：0900am-0300pm / 0600pm-1100pm
本來只是熟客才懂得叫的屬於宴席「單尾」甜品，因為太受歡迎，也變成熱賣主打，可按食客人數多少決定大盤還是小碟——如果你是超級布甸迷，不排除一人吃六人份。

二、三

無論是鳳城的六位用宴會裝，還是陸羽或者八月花的一人份精裝，都得經過繁複製作工序──西米得先用牛油和水慢火煮軟煮透，期間還要不斷仔細攪動。另外要用鮮奶和水調開吉士粉，把已煮好的西米趁高溫猛力沖入吉士粉內，再調勻成稀稠合適的西米吉士漿。接著以蓮蓉鋪於碟底，把混調好的西米吉士漿放成碟再放進焗爐。焗爐裡還得不時把碟子轉一下，以保持一盆布向前後左右都焗得透徹──香甜美食當前，怎能故作鎮靜？

一 既然肯花高價買來日系胡麻醬塗麵包，飲茶點心盤中的芝麻卷芝麻糕，甜品時間的芝麻糊芝麻湯圓也該多加眷顧。再度風行的黑色食物中，古稱胡麻的黑芝麻含豐富的不飽和脂肪酸、蛋白質、礦物質和維生素E，《本草綱目》早有記載「服黑芝麻至百日，能除一切痼疾。一年身面光澤不肌，二年白髮返黑，三年齒落更生」。

隨便點什麼，也沒有什麼先後順序的──比方說，我清楚記得我八歲至十二歲時期，在茶樓裡等到位置一坐下來就會馬上帶走點心卡跑到那些停泊在天邊的點心車旁，拿走那早就做好呆在那裡的芝麻卷和還是熱騰騰的蓮蓉西米布丁，至於白糖糕倒很少眷顧。

沒有問身旁的攝影發燒友是否曾經都鍾愛那暱稱「菲林」的芝麻卷，相信八成以上小朋友在把芝麻卷吃進口前都會把人家點心師傅仔細捲好的滑溜而且彈牙的卷狀物拆開攤平還原成粉皮一塊，有如菲林走光。至於那內藏蓮蓉餡，表面又烤焗得焦香的西米布丁，就叫我們從小就自然而然地接受這一種時空轉移中西湊拼混和的雜種飲食風格。茶樓是個互動平台，先甜後鹹，先冷後熱，只要你喜歡，為什麼不？

香港中環士丹利街24-26號 電話：2523 5464
營業時間：0700am-1000pm
老舖保留第一代中西飲食文化碰擊的見證，西法布向包容中式蓮蓉內涵，真的要遙遙向發明製造出極品的無名前輩老師傅致敬。

陸羽茶室

四　　　好好一卷芝麻卷，貪玩小朋友一定自行解構變回亮黑且柔韌的黑芝麻粉片。他們她們可知道這薄薄的黑芝麻粉片被「前輩」如我們稱作「菲林」，進入數位年代的這些小朋友幾乎連拍照的菲林膠卷也接觸不到了。這些可以吃的菲林堅持用手製。把黑芝麻磨成漿加入馬蹄粉均勻拌好，放入蒸盤蒸熟，然後小心一條一條地捲成七八圈狀，相對於有如塑料光滑的機製產品，手工做的芝麻卷表面粗糙，但勝在芝麻味香濃，口感柔韌，甜度適中。

五、六
川龍的彩龍酒樓用的是自助取點心的方式，貪心的我每次都不知不覺地吃多了。

未完的甜

幻想家、動漫愛好者　林淑儀

忙得頭昏腦亂連午飯也來不及吃之際，忽然又在面前翻開的一疊書裡給我瞄到「一期一會」這四個驚心動魄的字。與人與事的隨時有可能是唯一一次的交遇接觸，就算是今天吃到的，明後天也可能不再吃到，想到這裡，就趕快撥通電話約Connie吃她要吃的蓮蓉西米布甸了。

Connie太忙，這位一轉眼算來就認識了十五？二十年的老朋友，真正一起坐下來好好吃頓飯的機會著實也不多。就像前些時候一起籌劃香港獨立漫畫家的一個大型聯展，忙累中途大伙一起去過一次郊遊野餐，已經算是十分奢侈。她嗜甜，無論心情高低好壞，蓮蓉西米布甸是她的窩心溫暖至愛。但幾番希望約她去老牌酒家吃一趟那邊做得出色的布甸，都因各自事忙落空，結果還是要到甜品店買一小杯錫箔紙裝的其實也不錯的迷你版本，帶到某個開幕派對現場，半途在場外交給她，看她一邊吃一邊咪咪笑，一期一會，我們就只有這樣偷時間來相互問好了。

Connie最記得小時候跟爸爸上茶樓飲茶，點來又蝦餃又叉燒包的吃得她很快就飽了，總等不到甜品的出現就已經要「埋單」撤退了，所以這未完的甜一直是個冀盼期待，多加幾分情感投射就變成對七〇年代人事氣氛環境的一種記憶──其實回想過去總有這樣那樣未完成的，也許就正是這樣才叫我們對未來有更多的決心更大的動力，甜在心頭原來是可延續發展的一回事。

八月花

九龍九龍塘又一城商場地下G25號店　電話：2333 0222
營業時間：1100pm-1030pm（周一至周六）／1000pm-1030pm（周日）
新一代粵菜接班，依然做出尊重傳統口味的版本，好讓這美味可以傳承。

一代高檔名點灌湯餃已經掉進湯裡，
餃皮浸得一塌糊塗，
夾起來也不知湯在餡中皮裡還是早已破流滿碗。

古法追蹤

062

灌湯餃的江湖恩怨

如果翻起舊帳要給發明創製出廣式灌湯餃的早已不知在天邊哪裡雲遊的點心老師傅發一個金牌獎勵追封其殿堂地位，可能會引起江湖中師兄弟叔伯父老的一場排名論戰。但如果再翻舊帳要追尋究竟是從哪一個時候哪位精乖縮水的師傅發明那個z形的專門乘托灌湯餃的小聰明？又是誰人一懶再懶把那本來皮薄餡多湯不漏的灌湯餃陷害進一汪湯水之中上桌成了浸湯餃？卻肯定是水靜鵝飛沒有人肯紅著臉出來承認與此有關。

上茶樓飲茶吃點心的時候經常會八卦鄰座的茶客點什麼吃什麼，特別會留意十來歲的小朋友如果不是正在呆呆打電玩的時候，究竟會對什麼傳統點心有興趣？當然也會明白一眾點心師傅花盡心思推陳出新的發明一代又一代的新款鹹甜美點，希望能留住越見嘴刁的食客。用心良苦地推出卡通造型趣怪動物

香港北角渣華道62-68號 電話：2578 4898
營業時間：0900am-0300pm / 0600pm-1100pm

鳳城酒家

單單為了這古法灌湯餃，就值得來這裡一嚐再嚐，同時學懂什麼叫
堅持什麼叫長青。

一　小心翼翼滿懷冀盼，就等那輕輕咬破餃皮，用力一吸，鮮美湯汁滿口的痛快感覺。

二、三、四、五、六、七、八
　稱得做古法灌湯餃，當然有執著堅持。首先講究的是餃皮既薄又韌，以高筋麵粉加水加蛋液調開，用陰力柔搓，而且搓好一次後要靜待數小時再搓，讓麵糰的筋性充分發揮，師傅也會按經驗順應不同天氣狀況決定麵糰發酵的時間長短。發好的麵糰切粒壓成均勻厚薄的餃皮，保證蒸餃的時候不易破穿。至於餡料部分，用上魚翅、瑤柱、帶子、鮮蝦、冬菇等各種需要獨立浸發處理的材料，花工費時。湯頭以金華火腿、老雞和瘦肉熬成，加入大菜方便成為固體。包餡時亦要預留較多的邊位，方便捏出穩實的收位。完成後放於特製的Z形鐵片上，放入蒸爐蒸約十分鐘，便成萬眾期待的古法灌湯餃。手工如此繁複講究，坊間只有少數老牌酒家如鳳城才刻意保留古法。

九、十
　新派的灌湯餃大都放碗連湯上，雖然少了一點驚喜，還算是湯清料多餡足，走的是高檔豪華路線。

		三	四	五		九		十
	二		六	七	八			
一								

點心也的確能夠吸引一下年幼小寶貝可持續發展成新一代食客，不致只懂漢堡和炸雞。但同時叫人擔心惋惜的是，好些傳統點心已經買少見少不知所蹤，即使留得下一個名字也是形神俱往。最明顯的就是一代高檔名點灌湯餃已經掉進湯裡，餃皮浸得一塌糊塗，夾起來也不知湯在餡中皮裡還是早已破流滿碗。最難過的是不知就裡的小朋友邊嚐這個價高特點還邊說好味好味。

如果不是嘴饞前輩指點，我還以為小時候點心籠中有一塊金屬片承托住的顫甸甸的特大灌湯餃已經是正宗，怎知手工更精緻厲害的古法灌湯餃其實根本就不用托片，餃皮又薄又韌，餡料又多，夾起來湯汁在餃裡晃動拎起不漏不破，這跟師傅搓麵發筋壓皮調餡包邊的手勢步驟有絕大關係。能夠代代相傳當然是福份，失傳的原因又在哪？

一　灌湯餃中最叫人有驚喜的當然是那一口藏在餃裡的湯。真真正正的古法見袁枚的《隨園食單》「顱不梗即肉餃也，糊面推開，裹肉為餡蒸之。……中用肉皮煨膏為餡，故覺較美」，也就是說用上豬皮凍拌餡，遇熱融化為湯汁。及至上世紀三十年代廣州的點心師傅改用大菜（瓊脂），減去膩口感覺，加上用蛋液、麵粉加入少量鹼水作皮，麵皮柔韌不易破。

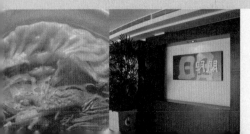

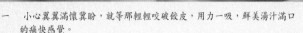

明閣

九龍旺角上海街555號朗豪酒店6樓　電話：3552 3300
營業時間：1100am-1030pm（點心至0230pm）
雖然這裡的灌湯餃是新派做法，但難得湯清料正自有格調。

十二 十三 十四
十五 十六 十七
十一 十八 十九 二十
廿一

十一 既有前輩老師傅堅持古法，亦有新一代接班人走出創意新路。鴻星海鮮酒家的卡通造型點心除了造型有趣可愛，還是真材實料的滋味佳作。面前的南極企鵝餃就是以蝦肉、鮑魚和菜頭作餡，料精工細緻不馬虎。

十二、十三、十四、十五、十六、十七、十八、十九、二十、廿一
能夠在競爭激烈的飲食界領導潮流，絕不是輕而易舉的事，美心集團的一眾點心師傅講求團隊精神，一人獻計眾人改進，集體創作出好一批從賣相到食味都創新出位又受食客歡迎的新派點心。從魚翅鳳眼餃、大良拆魚餃到香芫四喜餃，加上造型維肖維妙的水晶花枝餃，都是強調精細手工的特色熱賣。

博士在吃
人文學課程主任宗哲系教授 文潔華

和文潔華相約在幾乎是全城最高最貴最經典的五星級酒店的中菜廳，她要吃她最喜愛的魚翅灌湯餃。

禮貌周周的服務生把灌湯餃端上來，一人一小碗，我才發覺這裡用的是一個比較「現代」亦比較懶的方法，灌湯餃連皮帶餡掉進湯裡，並不依傳統古法做好一個皮薄餡多、湯汁在餃子裡搖搖晃晃的極品，更沒有那一個特製的金屬托方便把餃子小心翼翼地從小蒸籠移到自己碗裡放進口中。連最高級食府也退而求其次，我沒話可說。

但思路清晰反應靈敏的Eva依然可以解讀面前這一顆灌湯餃，傳統的失落移位是一件事，該另行分析探究，但灌湯餃自身用餃皮把一堆豐富材料包藏起來，得咬破然後吮吸，更以醋的

酸和薑的辣去刺激味蕾，使這個被包裹／壓抑的慾望被解放的過程更痛快更淋漓。當這一切精緻都滲進清湯裡，固體與液體交流融和，主動與被動，征服與被征服……聽得入神的我，忽然發覺面前的灌湯餃都快要涼了，得趕快吃。

在學院裡循循善誘青春年少新生代，在電台廣播的大氣電波裡傳達對城市對文化對生活的種種反思探索，愛吃會吃的Eva的確把吃當成一回認真的事。從她的學術研究角度去省視一顆自幼渴望期待可以吃到、但又因為兄弟姐妹眾多而未能如願的灌湯餃，當中還有從貧窮到富貴的階級轉換，庶民生活與精緻文化的撞擊對接──我把那碗裡的灌湯餃幹掉，湯汁一滴不漏，然後跟隨她再把研究焦點放到那看來也有點狀況的芋角身上。

香港灣仔港灣道8號瑞安中心1樓 電話：2628 0989
營業時間：1030am-1100pm（周一至周六）／1000am-1100pm（周日）
本以為卡通點心只是吸引到一眾小朋友，怎知身邊一群童心未泯的大朋友也是忠實捧場客。

鴻星海鮮酒家

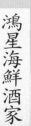

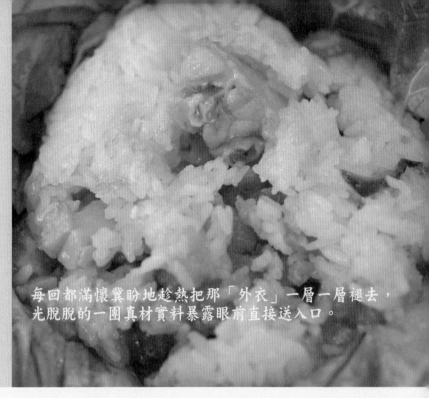

一　不要和我爭辯為什麼叫做糯米雞的這個傢伙翻來覆去只有一小塊雞肉或者一段雞中翼——也的確是有把連餡的糯米飯釀進整隻雞腔裡再油炸得酥脆金黃的屬害版本叫做糯米雞——但作為點心的糯米雞本來是廣州夜市小販將糯米和生餡以碗裝蒸熟販賣。但此法並不方便四處叫賣，便改以荷葉包裹，蒸來更添獨特香氣。

每回都滿懷冀盼地趁熱把那「外衣」一層一層褪去，光脫脫的一團真材實料暴露眼前直接送入口。

無敵重量級

063 冷熱糯米雞

難得聚集無聊一眾總得借題發揮，最容易叫大家開口而且馬上投入的就是埋怨、埋怨和埋怨：埋怨上司的兇狠和愚蠢，埋怨春天太濕夏天太熱秋天太燥冬天不夠冷，又或者埋怨現在吃的怎都不及從前的好——但我性格使然通常比較包容，左思右想然後跟大家說，我最愛吃的糯米雞這麼多年來都還是這麼好吃。

從來對內藏乾坤的「有料」食物有好感，範圍之廣涵括一切包、餃、卷、盒、酥、丸、角、糰、餅、粽……精緻如晶瑩通透的小小一隻蝦餃一口吃掉不用說，長短軟硬國籍不一的春卷一件不留，就算是壯碩如荷葉飯，裹蒸粽以及糯米雞這些用荷葉竹葉「包紮」起來的重量級，我還是每回都滿懷冀盼地趁熱把那「外衣」一層一層褪去，光脫脫的一團真材實料暴露眼前直接送入口。就以糯米雞來說，雖然都是那些熟悉不過的材料：糯米、雞件、瘦肉、鮮蝦肉、冬菇、臘腸，偶爾有鹹蛋黃——但就是這樣的無敵組合關係，已經叫人最安心最滿足。

話說回來，我的最好的糯米雞經驗，倒不是在茶樓酒家點心阿嬸捧過來的新鮮熱辣，卻是在荒山野嶺的一個冷版本。

榮興小廚

香港灣仔船街7號寶業大廈地下及1樓　電話：2866 7299
營業時間：1100am-1100pm
街坊小館榮興在喬遷新舖之後增設午間茶市點心，頗受來去匆匆的上班一族歡迎。眼見辦公室美女們一件珍珠雞半籠點心就當午餐——不知她們下午茶可會狂吃蛋撻菠蘿油。

二、三、四
糯米雞的餡料一般包括雞件、冬菇、臘腸、叉燒、蝦肉、筍粒、瑤柱等等，調味炒熟，以大熱水泡過的乾蓮葉，晾乾剪成合度，包進浸透的糯米和餡料成方體，進蒸籠大火蒸約二十分鐘便成。

還記得小時候老爸最愛和我們爬上元朗南生圍附近的一個叫「豬郎山」的小山坡，冬日裡滿山都是齊人高的半乾「禾」草，很有一種山野風情。午後靠傍晚，斜陽裡微風中站在山坡上遠眺南生圍水鄉，大小魚塘連成如鱗閃光的一片，眼前好風景固然叫人愉快，心裡實在惦念的是行囊裡的糯米雞——要知道一番運動過後，等就等那一杯熱茶和一口肥美飽滿。不知怎的，老爸通常都會把帶來的其中一兩隻糯米雞分給了同行的同事和朋友，常常要我和弟弟分吃一隻。越是想獨佔越得不到就越不甘心，想起來當年十二歲的我最奢侈的要求就是要在這山野裡草叢中獨得一壺熱茶和一隻（最好是兩隻）糯米雞，冷飯配熱茶當然也是一種獨特滋味。

糯米雞——南生圍——豬郎山……現在翻開香港地圖，在南生圍附近我怎樣也找不到當年那個小山坡的名字，唯是糯米雞還在，味道還是差不多，這個年頭，差不多已經很難得。

現在最常把熱騰騰的糯米雞一整個消滅，喝一口濃茶拍拍肚就走的時候，是在香港機場離境登機遠行前的指定動作。那怕十多小時後顛倒日夜到巴黎到倫敦到米蘭，因為一隻偉大的糯米雞，我還是心滿意足地自覺很溫飽很踏實。

香港北角渣華道62-68號 電話：2578 4898
營業時間：0900am-0300pm / 0600pm-1100pm
用上特別有柔韌咬勁的泰國糯米，更將蒸至半熟的瑤柱混進糯米一起蒸，又香又糯的口感與別不同。

鳳城酒家

五　重量級糯米雞一分為三、四，成為獨立包裝珍
珠雞，也不要和我爭辯為什麼裡面沒有珍珠。

六、七、八、九、十、十一、十二、十三、十四
從糯米雞到珍珠雞無疑是一個與時並進量體裁
衣的折衷妥協方法。顧客吃得輕巧又滿足，點
心茶市得以繼續生意滔滔，皆大歡喜何樂不
為。最要感激的還是在幕後默默工作的點心師
傅們，無論外面天變地變，廚房裡依然高溫依
然忙碌勞累，謹代表所有嘴饞同好，再三謝
謝！

寧棄珍珠　世界自由行　鄒博聞

Victor自問多心，加上面前的選擇實在又很多，所以他的早午晚餐跟誰吃和吃甚麼都需要好好安排仔細計算一下。

多心當然沒有錯，但要讓經過的經驗的都成為某一種刻骨銘心就有點難度。Victor是個喜歡向難度挑戰的人，做的工作、交的朋友、去的地方，都不是一般規矩情況，都是某種邊沿取向，唯是說到吃這回事，他倒一反常態地變得十分保守十分傳統。飲茶時蝦餃燒賣叉燒包是指定動作之外，他還會念念不忘糯米雞，對，不是迷你版本珍珠雞。

我告訴Victor說每回我離港上機前，一定會先在機場快餐店，抓緊時間完整而努力地吃

罷一個足夠讓我支持到目的地的足料糯米雞，彷彿帶著無盡能量上路去。他投訴說這些充實飽滿的傢伙已經不是時常吃得到，很多酒樓餐館已經完全轉移生產小巧精緻的珍珠雞──雖然按比例把三至四隻珍珠雞加起來該就是原隻糯米雞的份量，但奇怪的是，他無論吃多少隻珍珠雞也沒法有吃糯米雞的那種滿足和充實──餐館的原意是讓顧客可以多吃一點別的，所以不再提供這吃了就飽肚的糯米雞，鼓勵多心提倡消費，誘之以繽紛色香味，但看來這做法倒叫多心的他轉而反思起長情專一的好。

明閣
九龍旺角上海街555號朗豪酒店6樓　電話：3552 3300
營業時間：1100am-1030pm（點心至0230pm）
格調幽雅的餐飲環境會令我等嘴饞者稍稍矜持，改吃賣相精緻的珍珠雞就更加多一點優雅。

P.215

純粹簡單的只是什麼也不想也不做，
就連泡茶也勞煩別人替我泡好，我只動口，喝，就是了。

誰給我多一點時間？

喝茶去

064

說到喝茶，往下看的幾百字該是泛一片白。說不定這才是喝茶過程中和喝茶後的一個平和閒適境界，我等心浮氣躁處事倉促的，真的不懂真的沒資格，更好更貴的茶喝來也恐怕蹧蹋了。

但是茶還是要喝的，分別在有沒有積極主動地在喝前喝後做功課，還是純粹簡單的只是什麼也不想也不做，就連泡茶也勞煩別人替我泡好，我只動口，喝，就是了。

記性差，所以潛意識認定自己怎樣也不會成為一個博學的優雅的茶人，也正因如此才可以肆無忌憚了無牽掛地跟活在古代世界一般的畫家前輩一起在他的台北和上海家中喝到極品龍井，又跑到杭州的山裡跟茶農喝茶買茶，當然到了京都就得彎著腰走進茶室完整經驗一次茶道儀式，人在台北更可以到王德

香港金鐘香港公園茶具文物館羅桂祥茶藝館地下　電話：2801 7177
營業時間：1000am-1000pm

喝茶還得認識有心人，在樂茶軒位於茶具文物館旁的寬敞室內感受由茶引導的一種文化歷史的沉澱累積和提昇。

樂茶軒

一　一個手勢一個動作，茶人一定有很多嚴格規矩，叫我這門外漢邊喝邊看都看傻了眼，但當這一切都自然如呼吸，奉茶人和喝茶者都閒適坦然起來。

二、三、四、五

遷入歷史建築物茶具文物館的樂茶軒，主人葉榮枝先生跟一眾員工都是愛茶愛文化的茶人，以他們她們的人文素養和喝茶泡茶奉茶經驗，接待來自不同的國家地區的茶藝同好，亦透過舉辦相關的中樂、詩詞、太極欣賞和研習活動，令飲茶變成一個有機互動文化載體。

六　茶點其實並非喝茶的重點，可我還是被這漂亮的糕點吸引過去。

七、八、九、十、十一、十二

何時可以真正有此閒心，不只是坐下來喝別人給我泡的茶，而可以學懂如何泡一壺茶奉你？

	二	三	四	五
		七	八	九
		十	十一	十二
一		六		

傳總店那優雅的店堂買茶，到紫藤蘆喝茶，到陽明山上林語堂先生故居那裡體會一下「只要有一只茶壺在手，中國人到哪兒都是快樂的」的說法──雖然那裡經營的是一家連餐飲的咖啡店，不是一個正式喝茶的地方。

終日喝的是有機earl grey、王德傳桂花普洱、雲南舊普洱、馬鞭草花茶，甚至有中醫自家配方清腸消滯減肥茶。喝茶如喝水，說來真的沒文化，但文化文化不該成為包袱，關於茶葉種類不發酵半發酵生茶熟茶全發酵後發酵，關於栽培方法採茶時間製造過程貯存方式以及識茶辨茶種種竅門，喝茶前中後種種規矩方法，能夠熟悉銘記固然是好，如我這般喝一次忘一次也無妨，反正坊間喝茶導讀越出越多，只是誰給我多一點時間細細好讀？

水泠泠

香港般咸道65號天悦閣地下B舖　　電話：3105 1575
營業時間：1200pm-0800pm（周一至周四）
　　　　　1200pm-0900pm（周五／周六）
　　　　　0130pm-0730pm（周日）

可茶可詩可文可樂，從一家茶館慢慢發展為一個文化人感性知性交流互動的平台，是水泠泠的女主人最希望達至的境界。

十三、十四、十五、十六、十七

又再一次被茶點餅食吸引過去，茶館水泠泠對喝茶整體環境和旁枝細節的講究叫人感動。清香澄透的桂花糕、甜度剛好的紅豆糕，還有酥脆的杏仁酥和腰果酥，加上可口涼果──不能輕舉妄動，還得等主角出場──主角？當然是今天要喝的遠年樟香普洱。

十八、十九、二十

位處半山靠近大學的這家裝置典雅的茶館叫水泠泠──名字由店主人陸小姐所取，出自詩人白居易《山泉煎茶有懷》，進門稍息調節，慢慢進入靜恬境界，叫你開始察覺時間不該是你的主人。

廿一、廿二、廿三、廿四

有緣被邀參與一趟由光華新聞文化中心主辦的「茶與樂的對話」，由台灣專程率眾來港的林谷芳教授製作和主講，忘樂小集負責演奏，望月茶會茶人奉茶，在都市繁囂中忽然出現了一片淨土，那怕只是三兩小時的光景，但卻十分享受十分有啟發。

茶的教育

廣播電台節目主持、編劇、專欄作家 **卓韻芝**

和阿芝在茶館「水泠泠」喝茶聊天之後一個星期左右的一個下午，我在電台節目裡聽到阿芝和拍檔迪偉分享喝茶的心得。大氣電波中繪形繪聲的描述茶香水燙，對於已經有十多年廣播經驗的她來說絕不困難，更難得的是對答中她準確仔細的向聽眾述說我們喝茶當天在茶館裡女主人的賞茶經驗，加上阿芝自家喝茶的體會，叫我再一次佩服她勇於在一個年輕人頻道刻意細談這一個「成人」話題，對，因為她談的不是珍珠奶茶也不是一般花草茶，她談的是博大精深的中國茶。

阿芝自小喝茶，啟蒙者是她的母親。每天晚飯後母親一定會泡茶，每人一定會喝到專用的一杯，雖然年紀小小的她並不知道這是哪是什麼茶，但都喝得很享受。廚房中貯物架上不同玻璃樽裡放著的茶葉看來都很珍貴，比方說馬騮搣就給她一個奇異刁鑽的想像空間。這也叫她每回到朋友家吃完飯，發覺怎的人人喝的竟然都是汽水，此舉著實不能接受。而在她的回憶裡有一個難忘畫面，就是母親經常在廚房裡為自己特意泡一壺茶，而且就在廚房裡喝！那是一個多麼親密的私人的與茶與自己的交往。

茶喝多了，阿芝也開始有了自己買茶葉的習慣，國外的果茶薑茶日本的梅茶菇茶抹茶粉她都買，也曾經跟認真喝茶訂茶葉以至「玩」茶具的好友林夕討教。朋友知道她愛喝茶，也送她價值不菲的有錦盒有證書的雲南省文物總店陳年普洱，據說可以解酒去倦甚至減肥。

茶繼續喝，阿芝越喝越覺天寬地廣，最期盼的是可以慢慢喝慢慢認識體會。她忽然問我究竟泡過的茶葉是不是可以吃是不是應該吃的？我支吾以對。所以她的結論是：無論大人小孩，我們急需茶的教育，而茶的教育最好是家庭教育，自我教育。

新界荃灣錦公路川龍村2號　電話：2414 3086
營業時間：0600am-0300pm
換一個庶民版本嘈雜氣圍，鄉郊地痾茶居來個自助泡茶，喝出生活的多元全方位選擇。

彩龍茶樓

我們這些好事的，
瘋起來也會把平日吃飯聚會忽然搞得像婚宴一般隆重，
新人舊人佳偶都對號入座，
寫一張龍飛鳳舞的餐單，預先通告dressing code，準備些小禮物

餓婚宴

一生一次與一年一度

065

身邊一眾好友雙雙對對的還是不少，但無論以唯恐天下大亂可免則免一生一次與一年一度還是以逍遙快活貪歡躲懶為藉口，竟然過半都沒有結婚的打算，更遑論製造下一代。也就是說，要喝他們她們的正正式式筵開百席的囍酒就有點困難了。因此我們這些好事的，瘋起來也會把平日吃飯聚會忽然搞得像婚宴一般隆重，把這些新人舊人佳偶都對號入座，提早找來酒樓部長寫一張龍飛鳳舞的菜單，預先通告dressing code，手頭鬆動的時候還得準備些小禮物——看來我們是餓婚宴酒席餓得發慌了，企圖把小時候隆而重之全家出動的盛大場面再來一個更新加強版。

既然團團圍坐，七嘴八舌就討論起當年最愛。有人先發制人說最愛的真的是那晚婚宴的女主角——他暗戀多年的表姐（表姐大他十二歲！），有人最愛的是開席前狂搓麻將的叔伯嬸母身邊的那一碗肚餓了墊墊底的蟹肉伊

香港中環大會堂低座2字樓　電話：2521 1303
營業時間：1100am-0300pm／0530pm-1130pm（周一至周五）
0900am-0300pm／0530pm-1130pm（周日／公眾假期）
先是旁邊的大會堂有婚姻註冊署，再來是大會堂內庭公園方便親友賓客與新人拍照留念，加上面向維港景觀開闊，當然還有美心集團的菜式和服務信譽保證。

大會堂美心皇宮酒家

一　設宴款待親朋戚友，得留意忌諱。喜慶宴席忌上七道菜式，習俗上後人祭奠設宴才「食七」。婚宴忌用雀巢菜式，否則一桌起筷拆爛「愛巢」，大煞風景。壽宴滿月酒也不宜選「冬瓜盅」、「水瓜烙」之類，因為廣東話「死」俗稱「瓜」，而紀律部隊宴餐，忌有「冬菇」菜式，燉冬菇就是降職之意。

一　賓客滿堂，有的早已入座坐好等開席了，有的還在簇擁著一對新人拍照留念，熱熱鬧鬧高高興興，也容得下些許匆匆忙混亂。籌辦一場婚宴不比舉行一場小型演唱會簡單。

二、三、四
　　新人向長輩敬茶，還得規規矩矩用上又得體又好意頭的專用茶具，飲宴廳房的佈置亦與時並進，不再一味是中式大龍鳳紅雙喜，唯是百年不變的恐怕就是傳統飲食用具。

五　是時候一雙新人以最華美禮服最佳狀態最漂亮心情攜手進場接受親朋好友祝福。

六　早已準備好的手拉小禮炮，增添現場歡樂熱鬧氣氛。

七　捧著大紅乳豬的侍應們候命出動。

二	三	四
	六	七
一	五	

麵，有人最愛的是熱葷中那些有如小拳頭般炸得金黃的百花釀蟹鉗，巴不得席間有人當晚喉嚨痛棄權因此可以說時遲那時快多佔一隻，有人最愛的不是蟹鉗卻是沾蟹鉗的酸甜汁。

當然有人最愛平日在家裡難得一吃的比超大象棋還要厚的瑤柱甫，我的最愛卻是用來煨這些瑤柱甫的先走油後炆煮依然肥美飽滿的蒜子，一吃吃它十來顆，不顧後果。至於那一小碗現在都十分政治正確地不吃的雞絲生翅，我是很驕傲的堅持原汁原味（？）的不下染紅半壁江山的浙醋的。有人最愛蒸魚的豉油和蔥，舉手叫白飯拌著吃完一碗又一碗，有人專攻炸子雞的紅亮紅亮的皮，有人等著吃那經過美術指導的紅白太極圖樣的鴛鴦炒飯，也終於有人承認歸根究底最愛的是喚作美點雙輝的超小核桃酥和笑口棗。桃酥和笑口棗。

一　根據鄭寶鴻先生編著的《香江知味》收錄資料，1962年間一席時值港幣一百五十元的十二位用的筵席菜單如下：

（一）大紅芝麻皮乳豬全體

（二、三）兩大熱葷：龍穿鳳翼、竹笙白鴿蛋

（四）紅燒大鮑翅（二十四兩）

（五）網油禾麻鮑（二十四頭原隻鮑魚）

（六）清蒸大石斑（二十兩）

（七）砵酒焗乳鴿或當紅炸子雞

（八）淮杞蜆鴨湯

單尾：鮮蓮荷葉飯、上湯粉果

甜品：蓮蓉梳乎厘布甸

美點雙輝：黃金笑口棗、翡翠蘋葉角

金御海鮮酒家

九龍尖沙咀彌敦道216-228號A恆豐中心3字樓　電話：2723 2399
營業時間：0700am-1130pm
針對規模不大的婚宴，提供細緻貼身的服務，贏得年青中產族群的口碑。

	九	十一	
	十二		
八	十三		十四

八　婚宴旋律禮樂聲中，男女侍應捧著大紅乳豬全體列隊出場，揭開了婚筵序幕。

九、十、十一

芝麻片皮乳豬、百花炸釀蟹鉗、清蒸海上鮮……酒席菜式未必款款都是極品，但要做到席席水準平均，上菜時間拿捏準確無誤，也得一定的廚房功力和樓面協調營運。

十二、十三、十四

一輪巡迴敬酒台上祝福，一對新人可能還未坐好在自己的位置吃第一二道菜，眨眼已到席終甜品時間，這個happy ending才是新人新生活的開始。

新新新郎

平面設計師 陳廸新

新仔是我的得力助手，也就是說，平日有什麼設計製作電腦技術上的，展場佈置要搬要抬的，以至講課之前要編排整理的powerpoint，他都得替我在最後關頭臨門一腳——那天他興奮自豪信心十足地跟我說要告幾天假，告假的原因是他要結婚了。

後生可畏，在茫茫人海中能夠找到可以互相託付照顧的終生伴侶，決定攜手進入教堂，實在勇敢而且難得。作為他的日間工作監護人，我喜形於色由衷祝福一對新人的同時嘗試很專業地問他，你打算怎樣籌備你的婚禮？

教堂行禮的部分有他和她的弟兄姊妹教友幫忙周張，不用擔心。但如何找對一家酒樓定好宴席菜式安排好整晚程序內容，到真的像新秀歌手忽然要到紅磡體育館登場獻唱。

果然是有良好的設計訓練：兩口子首先沿著九龍彌敦道一直走，據統計兩旁有最多可以擺酒席的酒家供選擇，但是大集團經營的酒樓對顧客卻容易愛理不理，反而小酒家卻是細心體貼有商有量。至於菜式方面，由於預算所限，不能隨便跳到另一檔次。

說到當晚程序，新仔堅持不要把一場婚宴搞成一場綜藝表演或者公司周年晚宴。雙方童年及相識至今的大事年表圖片，又不想隨便交給製作公司剪成斷斷續續，還是省掉由司儀說說故事好了。至於那拿新娘新郎來開玩笑的環節也因為當晚親朋親友爭相與新人合照耽誤了時間而欣然取消——出動了兩個統籌兩位司儀十二位弟兄姊妹加上攝影師和雙方家人幫忙的這個婚宴終於如期如願完成。問他如果有機會替別人統籌婚宴，他會有什麼改進點子？——該把開席前大家亂點的蟹肉伊麵正式變為開席的第一道菜，這個餓著肚撐了整晚的新郎不假思索地說。

一　一煲象徵新生代表健康祈願圓滿的豬腳醋薑，似乎從來不會政治不正確的只供女界享用，稍作調查也證實身邊一眾男子也自幼和婆婆媽媽姐姐當然還有叔叔伯伯爸爸哥哥一起共用豬腳薑醋，當然興趣各異有人好豬手豬腳有人淨吃老薑有人只吃外硬內嫩的雞蛋，而我自少獨愛呷醋。

每當一聞到左鄰右里燜煮豬腳薑時候飄來的甜醋味，
就條件反射地準備會聽到嬰孩哭叫，
口裡不期然又唸又唱的，
是香港老牌醬園的添丁甜醋廣告金曲。

066 新生事物　豬手豬腳薑

就像很多人分不清自己在開懷大吃的是燒鵝還是燒鴨？相信很多人也不知道自己正在十分滋味地舞弄的是豬手還是豬腳？

豬有手有腳一共四隻。這是鐵一般的事實，換個說法，也就是有前蹄和後蹄之分。我們這些自認是嘴饞愛吃的，一看到那細火足料燜得香滑軟糯的連皮帶筋蹄狀物，就不管它是手是腳，四蹄不分先啖為快──其實仔細分辨，豬手一般包含較多的肉，豬腳就是皮和筋，除非這頭豬有其獨門修身健體方法，又當別論。

叫得出名字的豬手美味有南乳豬手，白雲豬手，以及賀年意頭發財就手髮菜豬手，而豬腳菜式就獨當一面的以豬腳薑頂起半邊天。每當一聞到左鄰右里燜煮豬腳薑時候飄來的甜醋味，就條件反射的準備會聽到嬰孩哭叫，口裡不期然又唸又唱的，是香港老牌醬園的添丁甜醋廣告金曲「紅雞蛋、豬腳薑，

八珍醬園

九龍太子砵蘭街392號　電話：2380 8511
營業時間：1130am-1000pm
以添丁甜醋賣得街知巷聞的八珍醬園，總叫人想起年節慶典的歡樂熱鬧──一切也當然圍繞口福這回事。從添丁豬腳薑醋到端午粽到賀年糖果糕點，吃吃吃得入神出竅。

二、三、四、五、六、七

即使近年出生率偏低，不及當年嬰兒潮的豬腳薑醋處處「閣」，但始終薑醋這個進補傳統還是保存得好好的，而且新一代父母未必像從前般有空在家自己煲醋，反而衍生出另一門代客煲薑醋送貨上門以至小盒即食薑醋的生意。作為最負盛名的傳統甜醋老字號八珍與時並進，並成功守住甜醋老大哥的江湖地位，並由經驗老到的師傅嚴選材料，從豬手豬腳到老薑到雞蛋，以及藥材香料，當然用上的是皇牌產品添丁甜醋和黑糯米醋——想起那煲得軟滑入味皮厚筋多膠質豐富的豬腳，那甜酸且微辣顏色稠黑的醋，再有那外韌內軟的雞蛋……只欠baby的哇哇哭聲。

二	三	四
五	六	七

— 廣東三件寶，陳皮、老薑、禾稈草。這句自小知曉的順口溜，不知新一代小朋友又會有多少感覺，當然薑越老越辣，既是事實又是比喻，夠辣的老薑益脾胃、散風寒，除了好滋味還真的好處多多。很難想像豬腳薑醋沒有了薑會是怎樣的一種遺憾。

— 至於豬手、豬腳，除了筋骨還有皮——豬皮原來比豬肉營養更高，蛋白質含量是豬肉的兩倍半，但脂肪含量竟只是豬肉的一半，且豬皮含豐富膠質，以及鐵、磷、鈣等礦物質，養血滋陰。廣東傳統以豬腳薑醋為產婦生產後補身，就是因為醋能將豬骨頭內的鈣溶化出來，以補充產婦流失的鈣質，再加上豬皮的營養，對產後調養及催乳都很有幫助。

八珍甜醋份外香——」。

作為有弟有妹的家中老大，童年時代至少有兩次參與家裡總動員熬煮大量豬腳薑分派親朋戚友的「大型活動」。當年究竟動用了多少有皮有筋的豬腳和帶肉的豬手？花了多少時間替這些手腳拔毛、替薑刮皮、替雞蛋剝殼？又動用了多少斤甜醋？早已無從分曉。但肯定的是我因此十分期待每一個新生命的來臨，無論是自家弟妹還是別家baby，因為有皮筋既滑且脆的豬腳，甜辣濃稠如膠的黑醋，皮韌心軟的雞蛋，就連那平日不怎麼碰的薑，也放入口鼓起勇氣嚼出一口甜辣，特別是近年更懂得這一手一口黏黏連連的就是聞名不如見面的骨膠原——

時局混亂大勢所趨，新一代夫婦左思右想常有後顧之憂，看來越來越少baby面世。但願這健脾補氣散瘀催乳的產後補身良方妙品，卻能不分男女老幼豬手豬腳的，繼續風流——

九龍紅磡觀音街10號　電話：2365 0130
營業時間：0900am-0700pm

明德醬園

低調經營街坊生意，甜醋中加有當歸、川芎、白朮、桂皮等等十二種藥材，稱作十二太保添丁甜醋，彷彿聞聞味道就活血去瘀固本培元。

八、九

走進八珍工廠一角「黃房」，雖然改革後已開始用上大型玻璃纖維缸來釀製豉油和醋，但傳統的瓦缸還是留後佔一位置。

十、十一、十二

換個場景走進另一家老牌酒莊醬園，老式的店堂裡仍然沿用幾十年前的裝潢陳設，甚至打酒打醋的售賣工具和程序也從未變化——自攜瓶子裝醋，其實是環保先鋒一號。

鹹蛋添丁

陶藝家、藝術學院導師 黃麗貞

如果添丁甜醋真的只能在親朋好友或者自己添丁的時候才能呷上一口，那未免是太太可惜了。

幸好Fiona家裡自小就沒有墨守這個規矩，豬腳薑醋是她們餐桌上經常出現的美味，一室醋香常叫鄰居誤會又多了一個小生命。

雖然說工多藝熟，但熬煮好一煲豬腳薑醋也得花上很大力氣，由Fiona祖母和母親合力炮製的薑醋一端上桌，全家馬上就展開搏鬥。Fiona的主攻目標是雞蛋，尤其是那些醃煮得蛋白外皮堅硬如石，破開來蛋黃仍然鮮嫩的版本，接著要吃的就是豬腳的瘦肉部份，再來才是已經上色入味的薑。至於那後來才知道原來充滿骨膠原的黏滑豬皮，那一口濃洌又溫醇的甜醋，以及冷凍時形成的Jelly狀肉凍，Fiona倒是在很後期才接受才真正愛上。

Fiona清楚記得當年捧蟗大玻璃樽從深水埗住處

跑到旺角買八珍添丁甜醋的日子，其實樽還是屬於八珍的，按樽費還得十蚊錢。雖然八珍也有做好的水準以上的成品出售，某些酒樓飲茶時段也可吃到，但豬腳薑醋這回事，還是自家口味反覆熱煮稠到一個狀態才合胃口。累積這麼多年的豬腳薑醋經驗，Fiona有回在陶瓷工作室裡吃到一位榮升祖母的朋友親手做的薑醋，當中用上鹹蛋代替部份雞蛋，只見蛋白部份比較鬆散，蛋黃入口食味鹹香一絕，實在是一大發現。Fiona也把這個驚喜延伸在年前她的一個陶瓷餐具的展覽開幕裝置裡，叫到來一眾口福不淺。

從自家炮製豬腳薑醋，說到祖母最拿手的家鄉薄蟗小吃、雞屎藤茶果……作為一個陶瓷家，巧手拿捏出有自家性格的碗碗碟碟的同時，Fiona自覺今時今日該有更多的閒情才有資格添丁，才可能對傳統美食有心有力承傳。

冠和酒行

九龍九龍城候王道93號 電話：2382 3993
營業時間：0730am-0630pm

老酒莊老醬園低調經營，沒有刻意趕上時代列車，卻保留了昔日日常生活細節點滴。

當年包裹起來掉到汨羅江裡餵魚的粽子，
一定不及今天的品種那麼千奇百怪引人入勝。
自問口味開放的我，
站在這一年一度創意產業貨架面前，
真的不知如何是好？

回歸基本

067

清香一口粽

每年到了端午前後，總是陰雨斷續，轉個身又忽然放晴，水氣蒸發上升，悶熱難耐得叫人直覺就像在鍋裡焓著的那一堆粽。

再沒有人引經據典長篇大論地向小朋友述說屈原與楚懷王的糾纏哀怨以及投江以及端午節源起於此的故事了，反正當年包裹起來掉到汨羅江裡餵魚的粽子，一定不及今天的品種那麼千奇百怪引人入勝。

自問口味開放的我，站在這一年一度創意產業貨架面前，真的不知如何是好？是否該勇敢地嚐一嚐有濃厚尼泊爾咖喱香辣味的咖喱牛腩為餡的粽，又或者用日式燒汁蒸煮的鰻魚加上糯米成粽？煙韌透明的冰皮粽內有芝麻、紅豆以及芒果三種口味，這跟吃和果子又有什麼分別？至於那些分別加進XO醬、肉鬆、鮑魚、燒鴨的版本，已經漸次成為顧客接受的主流，而標榜健康內容的以粟米、黃

香港銅鑼灣駱克道539號　電話：2576 1001
營業時間：1200pm-0145am
低調老牌粥麵專家以超簡約形式與內容的裹蒸粽贏盡一眾浮誇的取巧的，果然證實金科玉律less is more。

利苑粥麵專家

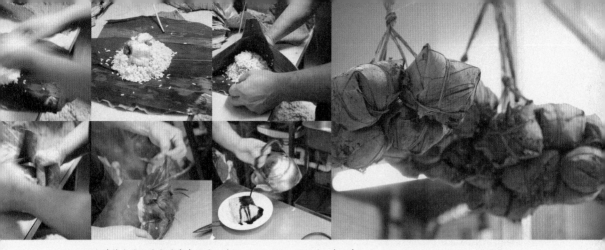

一　端午時節當然全城忽地處處粽香，珠玉
紛陳花多眼亂反而吃不出個所以然。一
年四季街頭巷尾要吃到粽子也並不難，
但要吃到好的粽子卻真的要到處打聽。
其中一個極高水準的選擇是老牌粥麵專
家利苑，一向低調也不必宣傳的老店一
直有忠心顧客，鍾情其粥麵之餘，更對
其軟糯鬆化，米香荳香肉香誘人的裹蒸
粽讚不絕口。

二、三、四、五、六、七、八

利苑的老闆坦言他家的裹蒸粽簡單得可以，說實話也真的毫
不浮誇。十分簡約的只有鹹蛋黃、五花腩肉、雞件、綠豆和
糯米，其他的什麼冬菇、火腿、栗子、蓮子、燒鴨火腩等等
一律欠奉。但能夠如此簡單也就是信心所在──只見老闆親
手熟練包裹，一不留神粽子已經包好，下鍋的水蓋過粽子，
猛火蒸至少四小時，拆時已經粽香撲鼻，我的偏好是先不下
豉油吃它半個原來，然後再下豉油重味再嚐另一半。

九　煮好的粽子高高掛，眨眼就賣光再包再煮再登場。

耳、雲耳、蘑菇、草菇和素火腿炮製的上素
粽，以及用了紅腰豆、雞心豆、紅豆、綠豆
和扁豆來做料，配合粘米和糯米的五豆粽，
更是瘦身健體的潮流首選。當然永遠不減魅
力的還是最傳統口味的有大塊肥瘦腩肉，有
鹹蛋黃有綠豆有栗子作餡的廣東鹹肉粽，有
豆沙或者蓮蓉作餡的鹼水粽，以及一樣肥美
豐膩的上海鮮肉蛋黃粽……

又為食又懶的我上一個回合有在家裡幫手包
粽，恐怕已經是二十年前的事，又或者當年
其實只是負責洗洗粽葉剝剝鹹蛋而已。說起
自家包粽，印象最深的還是一位居港多年的
台灣作家好友自家用不同粽葉包的精緻小巧
的一口粽，只用混合不同香米而沒有任何餡
料的粽，蒸好解開來撲鼻陣陣清香，倒叫人
真的吃出粽葉與米的既微妙又平實的關係，
回歸基本，該以此為最高境界。

一　包粽當然要有粽葉，中國北方慣用蘆
葦葉，捲成漏斗狀放入食材。南方就
多用竹葉，其中的安徽伏箬被視為一
級好粽葉，葉大片容易操作，亦帶
有一種特殊香氣。至於正宗裹蒸粽用
的是一種芋科植物叫柊葉，粗壯大片
使用得剪裁。由於葉片大多是預先採
摘已成乾貨，所以包粽前得用沸水浸
軟清洗，或隔一天晚上用冷水泡浸至
用時才清理，更能保存葉子本身香
氣。

靠得住

香港灣仔克街7號地下　電話：2882 3268
營業時間：1130am-1030pm（周一至周六，周日休息）

後起之秀靠得住一甜一鹹鹼水粽鹹肉粽，同樣從平實中見精彩，味道就
在細味之中。

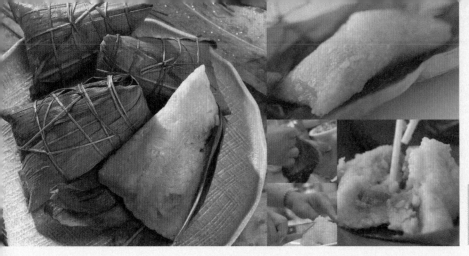

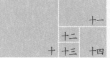

	十一
十二	
十三	十四

十　曾幾何時我可以包出一個像樣的粽子，但之後沒有年年勤加練習，現在恐怕連合格也算不上，只得在端午節前後勤加留意（並伸手觸摸）人家的示範作。

十一、十二、十三、十四

以粥品為主打的「靠得住」，有一甜一鹹兩款粽子吸引著嘴刁食客，鹼水粽金黃半透軟滑可口，鹹肉粽結實端正豆香米香。

粽有啟發

「蛇王芬」負責人 吳翠寶

每天早上準時推開這裡的大門，說是沉重，又好像太嚴重，畢竟是如此的熟悉，這是Gigi這好些年來每天都做的一個動作，從普通日常變成莊嚴儀式又變回日常普通。

城裡像這裡這種裝潢格局氛圍的茶室恐怕也真的是碩果僅存了。Gigi從小跟著同樣是經營老字號餐館的父母到這裡來喝早茶吃晚飯，她家的「蛇王芬」就在附近，一家人跟這裡的掌櫃伙計以至茶客都十分稔熟，各有位置早有默契，進來的似乎都守住這樣一個原則，達致一個不言而喻的共識：要把這裡的一切聲音味道顏色都保留住，留住一些沒法延續到另一個場地蓋建重演的質地——就如她今天早上點的面前這一隻蓮蓉鹼水粽，本來平凡不過的東西，就是沒有人像這裡的師傅做得香、甜、軟、糯、滑，準確地掌握著鹼水

的份量比例平衡，那就是僅餘的一點執著堅持，也需要一種清醒頭腦，讓事情還可以日以繼夜在進行當中，並沒有隨便劃上句號。

所以我忽然好像很明白Gigi現在的角色：如何運用自己的專業管理學養，接手經營家裡過百年歷史的餐館老字號，每日要面對的不止是營運上的瑣碎，而是如何清晰而堅定地認定同時調校整盤生意的方向目標，從她鍾愛的細嚐的一隻蓮蓉粽，也該領受到當中的微妙啟示。

陸羽茶室

香港中環士丹利街24-26號　電話：2523 5464
營業時間：0700am-1000pm

陸羽的蓮蓉鹼水粽應該是粽界經典示範作，與包粽的師傅緣慳一面的會想像究竟是他是她？是老是少？

一 實不相瞞我不是月餅
迷，尤其是在鋪天蓋
地的花式月餅廣告浪
潮中，有點被嚇怕有
點倒胃口，直到在卓
越餅家看到東主岑先
生岑太太和任兒專心
一致的人工手造金華
火腿月——這個從前我
一聽到名字都幾乎要
跳開的品種，竟是驚
為天人的好味道好嚼
勁，其複雜細緻遠遠
超越一直以來月餅給
我的甜膩印象。

現世時空伸延同時壓縮，
一切經驗回憶都在可以一口吃掉的時間囊裡，
精裝迷你隨時奉陪——

或者端午的月餅

068

中秋佳節當前，不知怎的時空錯亂起來，竟
然想吃粽。

也許是新派月餅中千變萬化的餡料作怪，什
麼蛋黃螺旋藻、無糖桂花蓮蓉、藍莓紅莓有
機葡萄乾高纖瓜子仁南瓜籽葵花籽亞麻籽，
還有冰皮月餅中的夏威夷果仁綠茶白豆蓉，
芒果榴槤山芋甘栗金薯甚至血燕與人參——作
為不怎樣隨便消費的消費者，未至驚嚇倒地
也看得目定口呆，同時想起三數月前端陽佳
節，大同小異的種種餡料不也就出現在粽子
裡嗎？

紫米珍珠西米和鮮蘆薈，乾鮮粟米蓉和煙燻
鴨胸肉和甘橘酒果醬，桔梗和紫蘇，雪糕和
芒果（扮鹹蛋黃），無花果（扮鹹蛋黃）和荔
芋，草菇舞茸黃耳竹芋……因粽之名，總是
有無窮變化無窮創意，即使是發了毒誓效忠
傳統口味的身邊一眾，也不得不趁神不知鬼

卓越餅家

香港西營盤皇后大道西183號地下 電話：2540 0858
營業時間：0830am-0800pm
並沒有連鎖分店，亦沒有大事宣傳，靠的是穩打穩紮真材實料有口皆碑，
在集團經營成行成市的今天，我們更該珍惜更該支持這些街坊老舖。

二、三、四、五、六、七、八、九

用上西山欖仁、廣西瓜子、天津杏仁、杭州核桃、上海芝麻組成五仁大軍,芝麻還得先炒香,核桃還得用水泡浸一夜再去衣烘乾,加上切去肥肉再煮熟拆絲的金華火腿,以及那一小塊用砂糖醃好的甘香不膩的冰肉,以糯米磨成的糕粉黏合,加入糖、水、麻油以及玫瑰露酒,拌勻成餡後以搓好的餅皮包裹,再壓入餅印中,就那麼用力一敲,原個月餅就可以掃上蛋液放入焗爐烘約半個小時即可。

十　卓越餅家的新一代接班人俊傑哥,默默傳承唐餅這門手藝,好讓得以留住傳統。

不覺之際去嚐嚐新,喜不喜歡是一回事,一個真正愛吃好吃懂吃的,應該有破舊立新的膽識和勇氣,問題是很多時候只為創新而創新,忙忙亂亂而且善忘,太多的選擇之下倒忘了老祖宗原來滋味(更不要說三閭大夫屈原餓著肚投江或者朱元璋一黨用月餅做平台號召起義的典故了),當事情發展到吃月餅跟吃粽切開來拆開來的口味也差不多的時候,大家對今年賀歲的盆菜會有什麼新突破新口味新包裝就心裡有數了。

粽當然不止在端午前後才可以吃才吃得到,正如冰皮月餅根本就是四季皆宜的一種(三十八種口味)甜點。現世時空伸延同時壓縮,一切經驗回憶都在可以一口吃掉的時間囊裡,精裝迷你隨時奉陪──請不要忘記父母叔伯嬸母曾經提點:不時不食,少吃多滋味。

香港新界元朗阜財街57號地下　電話:2476 2630
營業時間:0730am-0700pm
身邊一眾愛月餅懂月餅的高人都一致推崇的元朗老字號大同餅家,
值得親自跑一趟去親嚐他們的四黃白蓮蓉、雙黃紅荳沙、五仁金腿、
荳蓉、合桃南棗蓉……

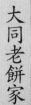

大同老餅家

十一	十二	十三	十四	十五		廿二	廿三
十六	十七	十八	十九	二十		廿四	廿五
廿六							

十一、十二、十三、十四、十五、十六、十七、十八、十九、二十

欲罷不能，繼續出場示範作是經典的雙黃蓮蓉月，即使是手法熟練，還得準確的把蓮蓉量重，把鹹蛋黃捏進蓮蓉後亦得隨即包上餅皮放進餅印，敲出後塗上蛋漿進爐烘出金黃——

廿一、廿二、廿三、廿四、廿五

楊桃燈籠、楊桃、柚子、柿子、菱角、芋頭，這一切都構成幼稚園教科書一家人月圓圓的幸福插圖，其實年年圓月，都該放緩腳步高高興興以最傳統方法與親友一道共慶佳節。

廿六 近年忽然流行起來的冰皮月餅，其實不是什麼創新發明，幾十年前早已有此做法，只不過當年冷藏技術欠佳，現做現吃難以流行。

月緣之夜

茶人 石桂嬋

我確信Elsa在一年內中秋前後的兩個月裡吃的月餅要比我前半生吃過的月餅總和還要多，無論是數量還是質量，她都遙遙領先。

如果把這跟月餅的糾纏叫做緣份，我倒覺得這甚至是命運是注定。Elsa跟月餅的關係，又兜轉又直接。當年她的祖母是個醫生，是個專醫小兒生疳積的街坊醫生。祖母行醫不收錢，治好不少皮黃骨瘦卻頂著大肚子的小孩。而每當過年過節，家裡就會收到病人父母送過來答謝的「厚禮」：粽子呀年糕油角呀月餅呀，來自五湖四海，每次都疊起齊腰高，三四五幢等閒事。所以每到中秋前夕，一家人在飯後就會坐下來，切三四個月餅啖啖評比。

當年還未流行白蓮蓉，吃的是「五仁」、「金華火腿」、「豆沙」等等傳統口味，祖母更喜歡「雞油豆蓉」。因為吃多了，就懂得批評那個牌子那一款餅皮厚薄，那種餡料油水夠不夠——評比經驗多了甚至也有自己動手試做自家月餅。然而

Elsa的祖母在她小學六年級的時候過世了，每年送來的年節禮品逐漸減少，叫已經養成品評月餅習慣的一家人不得不開始供月餅會，而且還是這家供半份那家供半份，如果可以的話，甚至這裡買一盒那裡買一個的。明查暗訪走遍港九新界（尤其是新界尤其是元朗），至今每年都會試過不下十幾家的月餅。

目睹Elsa吃月餅的認真仔細，我才知道這個世上除了品茶品酒品醋品橄欖油之外，其實每一樣食物都需要吃出一個嚴格標準。面前的月餅從整體賣相到切開來觀色聞香嚐味——餅皮未必一定要薄，因為要與餡料作平衡，鹹蛋黃要出油而不鹹，醃得夠時間才不會腥，蓮蓉要不稠不黏不膩口……Elsa還記起從前沒有雪櫃，保持月餅不變壞的方法就是用砂糖把餅整個蓋住——

明年買月餅之前我一定會在Elsa那邊收收風，還得聽這位茶人專業指點吃哪種月餅該配哪種茶。

東方小祇園

香港灣仔軒尼詩道241號　電話：2507 4839
營業時間：0845am-1000pm

接近九十年歷史的素食老舖東方小祇園，從來是素食者選購月餅的理想地。繼傳統的蛋黃蓮蓉、五仁、椰絲、南棗月餅，近年還推出健康口味的天然果乾月餅，用上藍莓、小紅莓、山楂、香芒等口味，吸引年輕新一代。

如果說香港是一個臥虎藏龍地，
那同時也該是一個繽紛花果山。

一　二　三　四　五

樹上熟

069

四季水果登場

如果要叫我從家裡書櫃裡書架上飯桌旁走廊邊層層堆疊的成千上萬本中挑出一本最愛的書，那的確有點難度，但千挑萬揀肯定入圍的有這一本《香港地圖王》。

閒來翻開當中任何一頁，都可以是一趟時空想像之旅，單單看著那些既熟悉又陌生的地名：恐龍坑、鳳崗麒麟圍、烏蛟騰、老虎岩、牛寮、馬鞍崗、鹿湖以及蚺蛇尖、狐狸叫、鷓鴣山、雞公山、烏龜咀、燕崗、蝴蝶飛地、螺地墩，你就會想，究竟當年有多少禽走獸在這海陸空間作息出沒？這該是一個怎何等精彩刺激的自然生態！同樣當我看到荔枝角、蕉徑、梨木樹、紅棗田村、羌山、米埔、檳榔灣以及西洋菜街、油麻地、梅窩、蓮花山、果州、石榴埔、桃園圍，我又不禁自行構建那曾幾何時漫山遍野枝葉茂密、四季有序花開千樹的壯觀偉大場面。如果說香港是一個臥虎藏龍地，那同時也該是一個繽紛花果山。

香港灣仔軒尼詩道241號　電話：2507 4839
營業時間：0845am-1000pm
值得在凌晨甚至三更半夜去探一下「險」，
見識這個燈火通明水果大觀圖

油麻地果欄

於我等在都市裡長大的，自小看到的水果都是在生果檔或者超市貨架上陳列的，偶爾有機會跑到新界鄉郊，就連看到碩果累累的一樹香蕉大蕉牛奶蕉香牙蕉，也是以大驚小怪樂上半天。

僅有的採摘記憶裡，楊桃叫我第一次懂得什麼叫收穫。

跟大伙談起來發覺很多人的番石榴經驗原來是便利店裡面的紙包裝番石榴汁，沒有吃過沒有看過樹上熟的番石榴的原來大有人在。在什麼拿起來也放進口的年代，嚐過半熟的番石榴那種強烈的鹹澀，也因為吃多了番石榴而排便困難，印象最深的是喝過客家人用番石榴葉蒸曬成的香留齒頰的家鄉茶。

「龍眼安志強魂，通神明」，就靠本草綱目中這簡單而又厲害的兩句，就叫我們這些經常心神恍惚氣虛血弱的安心大啖龍眼。

家居附近人家的花園裡有好些木瓜樹，每回經過見到還未成熟的青木瓜，都會想起青木瓜沙律，但印象中奇怪的總未見過木瓜在這幾棵樹上成熟到可以燉木瓜雪耳糖水的顏色，可能是預設了防盜儀自行採摘器，提防木瓜賊吧！

生來不及一些家居就在鄉郊村落的小朋友幸福，她們他們的童年早就花鳥蟲魚還有四時蔬果。正因如此，父母每逢周日就把我這個自小就困在高樓大廈裡的傢伙和弟妹一道，帶到市郊荒山野嶺吸吸新鮮空氣見見花草樹木，算是一種補償。生來就有嘴饞為食基因的我當然特別留意這山水間有什麼可以採來摘來放進口。

印象最深的一次是到沙田新市鎮附近山裡的一條忘了什麼名字的村，探訪住在那裡的七姨媽八姨媽，小小的村屋前有幾棵楊桃樹，我們可以手執一桿桿頭附有自製開口布袋的「採摘器」，爬上木梯抱著樹幹借力再把桿伸上樹杈去靠近熟得差不多的楊桃然後那麼一扭，楊桃就乖乖的掉到袋裡。一邊啖著那清甜的新鮮楊桃，姨媽們又再塞過來在鄰近園子裡果樹上熟的番石榴和黃皮。我好像明白了多一點什麼叫成熟什麼叫收穫。

香港上環文咸東街／孖沙街交界
一個水果檔也是一個聯合國，繽紛陳列來自五湖四海，有關地理、天氣、經濟、政治……

全記鮮果

```
          九
       六
     七  八
```

六、七、八

曾經在眾多港產電影出現過的油麻地果欄，本身建築已經是折衷中西，多元風格交雜的「異地」。途人經過，總是詫異裡頭的晨昏顛倒，只見叔伯們在大實號金漆招牌下守住櫃面，工人們在午夜時分開始搬運著各地來的新鮮水果，進進出出⋯⋯每日清晨，這裡的正常活動已經接近尾聲。

九

老區街角還是有三數鐵皮搭建的水果檔，耀東街這一家從午後三時營業至凌晨三時，然後檔主就直接往油麻地果欄買貨，以自家規矩存活運作──

當龍眼成乾

傳媒人 廖燕容

月曆卡上那幾乎看不見的小字告訴大家原來已經立了冬，但還是有如夏天一樣可以單穿一件T恤，路經街角水果攤還擺賣著一堆本地龍眼，幾乎想問老闆還有沒有盛暑登場的黃皮或者枇杷。

心血來潮買了半斤龍眼，坐在連鎖咖啡店的露天角落和Dilys坐下來聊天。這位認識多年的標緻女子，從來情誼長跟我有若兄妹，清秀眉宇間偶爾流露的憂傷失落，沒有隱瞞她有過一段並不愉快的童年經歷。但叫我佩服的是她柔韌的自我療傷的能力，相對好些動不動就要生要死的，她實在堅強──她手剝著那其實已經有點過造的龍眼，微笑著說這可能是因為吃龍眼很少但吃曬乾了的桂圓肉夠多吧。

娓娓道來得知她小時候身體不好，每逢夏天皮膚就會出滿紅疹，痕癢不堪。父親在無計可施的情況下只能磨了生蒜一個勁兒往Dilys臉上擦，叫她疼得大哭大叫。祖母認為這是胎毒所致，矛頭多少針對Dilys的母親。也因如此，荔枝龍眼等被認為熱毒的水果屬於禁制配給，反之枇杷黃皮等正氣則大受鼓勵，父親親手去皮去核也要把果肉果汁餵給這個baby。

Dilys清楚記得每年只在七月中元節拜神（鬼！）之後，才分得四至五粒荔枝和二十粒龍眼。她小心翼翼地把荔枝剝去外殼，露出白衣，然後又在白衣上撕出幼痕掀成花，盡興後才真正把荔枝肉珍而重之地吃掉。龍眼也是小心吃完後把核放回果殼，只覺很漂亮──沒有父母經常在身邊的這位小朋友就是這樣和水果玩上大半天，而這龍眼和荔枝的禁制也要等到自家獨立居住後才放寬，但還是不敢吃得放肆。

Dilys始終不解這些寒熱禁忌為何衍生出對事對人的偏見，但曬乾了的龍眼變成桂圓，加鹽做粥又的確很好吃，感覺就很正氣很溫暖。

卑利街果檔

香港中環卑利街路口

如果要為這個小小水果檔口拍一部劇情片片，就把攝影機放在對街就這樣開動拍著拍著，從午到晚人來人往買買賣賣，是夠精彩。

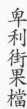

一、二、三、四、五、六、七

過年過節的其中一個現實意義，就是教導我們這些貪心為食的，活在今時今日最後珍惜的是有很多選擇。但最應該小心警惕的也是因為有很多（太多）選擇。單就瓜子一項，你就可以挑傳統紅瓜子、甘草甜醬黑瓜子、奶油瓜子、玫瑰瓜子、葵瓜子……

既然不可貪財，貪吃總是可以的吧！
過年也基本上是個集體放縱的好日子。

恭喜喜恭喜

070

年年歡樂年年吃

不曉得是什麼基因錯種，從來不習慣也不太願意在拜年的時候拱著拳跟親朋戚友說恭喜發財，頂多是恭喜恭喜——新年進步也好新春快樂也好，那麼直接的發財總是有點不勞而獲的意味，也許是從小看太多警世訓人的童話故事成語新解，不義之財絕不可貪。

既然不可貪財，貪吃總是可以的吧！過年也基本上是個集體放縱的好日子，排山倒海如意吉祥的重量級賀年菜，永遠吃不厭也吃不完的糕點油炸食品，還有那一年一度現身的賀年糖果，和那紅黑白灰色式式俱備的叫人一經啟動就忘卻時空人世的瓜子……能夠勉勉強強代代承傳這些過年過節的飲食傳統，彰顯的是這個愛吃的民族的實在的一面，當一切什麼祭天奉祖的儀式都省略遺忘得七七八八，廚房裡餐桌上還是日夜堆疊著可以放進口放肆大吃的。

上海雙龍陸金記瓜子大王

九龍佐敦庇利金街51號地下 電話：2730 4988
營業時間：1130am-0730pm
對於身邊的瓜子狂來說，每年最擔心的是在陸金記辦年貨買的瓜子夠不夠用到年初四，如果一時興奮從大除夕夜通宵達旦喫瓜子的話—

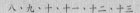

八	九	十
十一	十二	十三

八、九、十、十一、十二、十三

　　堪稱瓜子大王，每年過年時節都挑滿長龍買瓜子購年貨的上海陸金記，第二代負責人親自示範如何炒製瓜子——先將生瓜子洗淨，混入所需調味以沸水煮約二小時讓其入味，然後放進滾筒形金屬鍋中將濕瓜子炒至乾身，瓜子才會鬆脆，炒好的瓜子要用風扇吹乾，才能入袋備用，其中黑瓜子需要用植物油將瓜子「拋光」，令表面光亮吃得香口。

　　沾滿糖粉、溶起來黏得一手都是的糖蓮藕糖冬瓜糖蓮子糖柑橘糖甘筍，自小就是半塊起半塊止，怎麼也吃不下完整的一塊，倒是那夠嚼勁的糖椰角，放進口可以磨研半天，自然減少了進食其他高風險甜食的機會，十分配合這些賀年糖果其實也是取個意頭，意思意思。

　　至於瓜子，自問手腳笨拙也不夠牙尖嘴利，以那種人家吃掉十粒我才咬開一粒的速度，一點也不清脆俐落。認識的一些女子簡直就是吃瓜子的機器，氣定神閒甚至大方優雅，面不改色地把一斤兩斤各式瓜子解決掉，時間花得起不是問題。然而我總是有點性別歧視的受不了男子跟瓜子在一起，也弄不清究竟是男子不配瓜子，還是瓜子不襯男子，說起來倒願意看到一眾男子粗聲大氣互相恭喜恭喜，發財發財。

香港中環威靈頓街75號　電話：2545 6700
營業時間：1000am-0730pm

早該跟你的親朋戚友相約好，你買八珍的蘿蔔糕，我買八珍的年糕，他買八珍的煎堆角仔，然後你送給我，我送給他，他送給你……

八珍醬園

十四、十五、十六、十七、十八、十九、二十、廿一、廿二

年近歲晚一定擠滿搶購辦年貨人潮的八珍醬園，幾十年來都為顧客用心製作傳統賀年糕點如蔗糖
年糕、蘿蔔糕、芋頭糕，當然也少不了煎堆、油角、笑口棗等香口油炸應節物，至於全盒裡滿滿
的糖蓮子、糖蓮藕、瓜子糖果等等，也都一應俱全，一站式方便，一路高興。

難得無聊

雜誌總編輯 梁詠銓

當我們無法解釋自己的某些喜惡，
也企圖找藉口讓自己繼續理所當然
的沉溺下去，我們最好就搬出星座
呀生肖呀來讓一切合理化──

所以當Joel笑著說他認為他如此的
喜愛吃瓜子是因為他屬鼠，而且還
言之鑿鑿的搬出他還愛吃花生吃骨
頭吃一切要牙尖嘴利咬呀咬的來做
旁證，我這邊早已笑翻了天，手裡
的那一紙袋紅瓜子幾乎脫手掉了一
地。

因愛成恨的例子我們看得不少了，
但目睹像他對瓜子這樣愛得義無反
顧的，也真的應該感動。給他一斤
半斤瓜子，半個晚上在電視機面前（如果他可以
在百忙中抽空的話）一定吃得精光。他指定要吃
的是紅瓜子，因為其他黑的白的他都覺得咬來容
易把瓜仁咬碎，沒有紅瓜子那麼清脆利落的可以
殼是殼仁是仁的分開，相對起來成功滿足感大一
點。而且黑的白的都經調味，吃多了其實是在吃
味粉，唇舌都麻了。反之紅瓜子比較純正，就是

原原本本炒香白蘭瓜子的味道，而且
他還特別提到，他喜歡紅瓜子的紅
色。

紅色、過年、利是……這些連繫早在
我們的潛意識中，牢固必然。Joel還清
楚記得小學三四年級之前的「幼齒」
歲月，每逢過年都與一大群表兄弟妹
聚在外公外婆家的客廳裡，一邊聊天
一邊把視線範圍內的瓜子吃個精光。
自小就明白到吃瓜子原來是會吃飽人
的。我倒是很有興趣看小孩一邊吃
瓜子一邊會聊些什麼？Joel想了想很坦
白的說也只是電視節目呀上課下課同
學師友是非八卦之類，推及開來也很
難想像一群政要在嗑瓜子的「辟辟啪
啪」聲音中，決定了國家的命運地球的前途，他們
她們「殺」掉的，頂多該是自己的時間。

到最後Joel還再三強調吃瓜子不是為了吃瓜子
（仁），而是那拿起來咬下去瓜子殼裂開
瓜仁用牙提拉出來的整個過程，所以那些自作聰明
的剝瓜子器是注定永遠沒市場的。

陳意齋

香港中環皇后大道中194號　電話：2543 8414
營業時間：0900am-0700pm（周一至周六）0900am-0630pm（周日）
作為傳統特色零食小吃總匯，用陳意齋的產品「建構」一個高檔賀年
全盒，肯定有看頭受歡迎。

秋風起，食臘味，
準備好一個健康體態美好的心情，以吃喝忘
憂，以吃喝回顧前瞻。

秋風起 071 合時臘味總動員

儘管天變地變氣候也變，但終於都在清晨時分運動之際，迎面有本年度第一回送爽秋風，醒一醒，好時節畢竟需要冀盼。

真感激有這樣的順口溜提醒大家，秋風起，三蛇肥，秋風起，食臘味，秋風起，準備好一個健康體態美好的心情，以吃喝忘憂，以吃喝回顧前瞻。

當我在那奉行分子烹調法的像實驗室一樣的餐廳裡，把那一小口做成冰淇淋一般內臟切碎廣東臘腸的用作前菜的物體放入口，奶香加上臘腸的油香，味濃而且有嚼勁，在舌尖留下一趟驚喜回味，原來只要願意多走一步，就可以更新我們習以為常的視覺觸覺味覺經驗。

另一個小發現是在一個越夜越熱鬧的布拉腸粉路邊小店中，嚐到師傅用切得極薄的廣東

香港中環皇后大道中368號偉利大廈地下5號舖 電話：2545 6593
營業時間：0830am-0700pm

和興臘味

老字號和興臘味家，是秋冬時分的大觀園，走進去認識林林種種的肉風腸，短小的東莞後街腸，鵝肝腸鴨膶腸，以至切成雷公鑿模樣的豬膶釀入肥肉的金銀膶……腦海中只有家肥屋潤四個大字。

		四	五	六
	二	七	八	九
一	三	十	十一	十二

一　老一輩幾乎都懂得自己在家裡醃製的臘鴨現在只會高高懸掛在店堂裡待價而沽，資深的老饕都在慨嘆現今的臘鴨即使還是叫做江西南安臘鴨，可是食味已不大如前。原因之一是摒棄了傳統方法改為大量生產，無法細心靜候北風凜烈與溫度俱低時才以較少鹽來醃鴨，過早醃便需多加鹽以致臘鴨都偏鹹。二是運輸期縮短反而少了時間讓鴨身軟化，以至現今的臘鴨都比較硬。所以要挑選上好的南安臘鴨，就得到相熟可靠的臘味舖才會買到肥而不膩、鹹而不濁、骨脆肉嫩的臘鴨。

二、三
　　自設工場烘製的臘腸掛滿一舖，其實一年四季都不絕供應的臘腸還是在秋冬天氣進食最惹味合時。

四、五、六、七、八、九、十、十一、十二.
　　工場裡全程目睹臘腸誕生，嘆為觀止：先將瘦肉和肥膘肉用機切粒按比例配好，用鹽、糖、酒、頭抽調味後將肉灌入腸衣。灌成腸後要用針孔輕刺腸衣擠走多餘空氣，再用水草把腸紮分成所需長度，以麻繩把腸索好吊起，整批腸會移掛到發熱線旁烘焙，定時定刻上下翻轉讓烘焙透徹，便可運往店舖批發零售。

臘腸慢火煎香待涼，自選配搭或鮮蝦或牛肉或燒鵝肉，取其一軟一硬的口感濃淡相宜的食味，又是臘腸的一個小聰明成功實驗。

至於那簡單不過的把一條原味切肉臘腸一條鮮膶腸在飯面蒸好，加上幾條青菜也不必下什麼醬油，一碗雙腸飯就可以平伏整日奔波勞累帶來的忿懣，然後那一出場就油香四溢鴨肉既淡口又惹味的臘鴨脾，精製的帶甜味的臘鴨餅，那個煲粥煲湯後仍然有魅力的臘鴨頭，實在無愧被稱做臘味之王。

當然還有的是叫一天到晚嚷著減肥瘦身的一眾心慌惚欲拒還迎的臘肉和金銀膶，大家手執這一抽肥美豐膩的臘味好像隨時都可以走回古代美好日子。只是那年那月那日的秋風當中，該沒有那麼多構成污染的游蕩在大氣中的懸浮粒子。

—　每回吃臘腸膶腸都特別留意那裏住肉餡的薄薄一層腸衣，因為有吃進入口香脆也有試過韌如塑料的，後來看到蛇王芬的新一代掌門人Gigi在蛇王芬食譜中描述，才知道腸衣原來是用上豬粉腸，鹽醃一個月後反轉撕走內層粉腸，留用外層，先用機器吹乾再放太陽下曬乾。腸衣平日要在通爽的大房儲存，除了要灑上胡椒粉防蟲，亦得在潮濕天氣時拿出用機器曬烘防潮。製臘腸的腸衣要放上一年才應用，而膶腸腸衣更要儲存兩年才應用。

—　從前的臘腸膶腸製成後都放在太陽下生曬至乾身再存藏，近年因為天氣反常，異常潮濕至令膶腸難以自然乾透，所以幾乎全數都要在工場內烘焙製作。

蛇王芬

香港中環閣麟街30號地下　電話：2543 1032
營業時間：1200pm-1030pm
特聘師傅以自家配方製作的切肉臘腸和鮮鴨膶腸，沿用古法嚴挑腸衣，所以每逤都期待咬開膶腸那噗的一聲，然後酒香油香滿嘴—

十三　每入秋冬，跟蛇羹同步的自家製切肉臘腸加鮮鴨膶腸再加
　　　上臘鴨腿煲仔飯是我到蛇王芬用餐的首選。

十四、十五、十六、十七、十八

　　　以金牌燒鵝聞名的鏞記也推出各式臘味應時應節，尤其是
　　　馳名的鵝肝腸，往往在排隊購買時等不及，先在店堂裡來
　　　一碟甘香腍美的鵝肝腸配白飯解解饞。

臘味傳承

教師、作家 湯禎兆

阿湯一邊在吃面前那一碟膶腸臘
鴨腿飯，我一邊想像他小時候據
說有點胖而且被叫作飯桶或者飯
豬的長相，這跟我認識了這麼多
年的他，作為文壇罕見運動健將
的形象有點出入。

在談臘味之前，阿湯強調他其實
最愛吃的是米飯。小時候下午上
課前那一餐，通常沒有什麼隔夜
餸菜，就是兩磚腐乳或者一罐罐
頭茄汁焗豆已經很好，冬天時分
有一條臘腸已經是五星級享受。
但說起來負責煮飯的阿湯也同時
負責餵家裡前後養了十幾年的幾
頭貓，方便懶家就在同一飯煲裡蒸貓魚，所
以經他手煮出來的飯多少有點魚腥，沒事，也
就練成不怕腥的本事。阿湯運用他擅長應用的
文化研究分析方法，輕輕觸及人與寵物共存共
生平起平坐同病相憐的實況，沒有悲哀也不自
憐，只是事實如此而已。

又再說回臘味，阿湯小時候不喜歡
吃膶腸，直覺那是老人家喜愛的一
種口感（吃了會變老？！）。他喜愛
的是原條臘腸夾起咬下去，卜一聲
然後油花在嘴裡彈彈滲透，然後什
麼肉香什麼嚼勁都是後話。至於臘
鴨為什麼稱作臘味之王？臘肉為什
麼依然有江湖地位，阿湯和我都有
此共識，認為當年我們這些中下層
家庭小孩都沒機會吃過真正極品，
所以無法理解接受加諸臘鴨臘肉身
上的這些美譽。當然這麼多年過
去，開始吃起膶腸吃起臘鴨，阿湯
每越跟學生一起吃飯都會不自覺
（自覺？）地向小朋友推介豬腦、豬
橫脷、豬膶等老牌「功能」食物，可會就是暗地
裡某種口味的傳承？

香港中環威靈頓街32-40號　電話：2522 1624
營業時間：1100am-1130pm

鏞記酒家

成為香港飲食地標，只此一家的鏞記，每到秋冬時分店裡就有兩條人
龍，一是等著燒鵝和燒味外賣，一是選購臘味送禮自奉。

一

一 如今人所共知共嚐的盆菜宴，實是新界圍村習俗「打盆」。本來只在鄉族的重要事件諸如嫁娶、添丁、彌月以至打醮、春秋二祭等日子才出現，主人家動員人力親手弄製盆菜宴請宗族鄉親，過年過節反而不用打盆，跟現在非圍村的其他香港人九龍人而至新界人專挑時節吃盆菜，許是有點商業上的誤會了。幸而我近年吃的盆菜都是出於元朗屏山聯哥聯嫂之手，原汁原味有根有據，一起筷也顧不了從左到右從上到下，面前是即將翻江倒海的魚丸、土魷、豬皮、枝竹、海蝦、炆豬肉、冬菇、炸門鱔、神仙雞⋯⋯

大小餐館趁風頭火勢推出鮑參翅肚盆菜矜貴版，全魚全海鮮版，以至全素的變種版，就真的離經叛道相見不必相識了。

層層疊疊傳統

盆盆盆菜

072

自問記性好，一輩子只吃過三次盆菜，而且都是現場實景，一回在村口大榕樹下，兩回在同一鄧氏家祠，絕對圍村傳統口味，真材實料。

可是想來想去又覺自己記性差，究竟生平第一次吃盆菜是因為什麼因緣是在新界哪一條村而同檯又有哪一些親朋還是師友，竟都無法記起。唯一肯定的是並非在南宋時期，文天祥與麾下士兵被元兵追殺過伶仃洋至新安縣灘頭那一趟。當時部隊有米糧無配菜，由當地漁民拿出平日食材如門鱔乾魷魚乾枝竹蘿蔔與豬肉等等，放入一個木盆中送予士兵，在灘頭幕天席地圍盆而食，此為傳說中盆菜之始。我生得比較近代，趕不上當年盛會。

倒是其餘兩次盆菜經驗都有相片為證，當然還把主人家代表，元朗原居民老友鄧達智酒後更見精靈的樣子都拍下，十年前後一樣青

屏山傳統盆菜

元朗屏山塘坊村36號（文物徑路口） 電話：2617 8000（必須預訂）

父子相傳，聯哥接手父親的打盆技術，堅持在宗族重要節日用柴灶恆溫炆出至軟至滑南乳豬肉，更統領大軍「打」出幾十盆好菜。還有那別處難得嚐到的客家雞飯，本來只是盆菜旁邊配角，人氣急升快要當主食。

二、三、四、五、六

坐下就只顧吃的我們，很難想像動輒幾十圍的盆菜宴需要多少精力來完成安排
組織，從早一天晚上浸發魷魚冬菇和豬皮開始，到把鮮雞鮮豬肉洗淨醃好，然
後以上湯炆蘿蔔，用南乳汁炆枝竹、魷魚和豬皮，再用大鑊鏟兜煮豬肉再炆至
入味，全程用的都是傳統柴灶生火燒柴、更用上特大訂造生鐵鑊、大鑊鏟……

春一樣醉。而鏡頭下的真正主角（sorry,
William）──那一盆層層疊疊把燒米鴨、乾煎
海蝦、油雞和鯪魚球四種濃味食物放面層，再
把冬菇、門鱔乾、豬肉居中，然後是白蘿蔔、
豬皮、枝竹和排魷等等食物放在底層盡吸汁液
精華的經典盆菜，卻沒有因為時日變遷而更改
樣貌結構，熱騰騰重甸甸的在歡呼讚嘆聲中出
場，風采依然。

並沒有因為要破什麼健力士世界紀錄而去湊萬
人盆菜宴的熱鬧，也不覺得這個其實平凡樸實
的圍村飲宴傳統需要一下子從「家宴」變成
「國宴」，大驚小怪而且負荷超重的成為多麼屬
害多麼香港的一個標籤。更甚的是大小餐館趁
風頭火勢推出鮑參翅肚盆菜矜貴版，全魚全海
鮮版，以至全素的變種版，就真的離經叛道相
見不必相識了。

面對盆盆盆菜，我還是本著一期一會平常心，
等著起筷夾吃那最精彩的盆底的白蘿蔔。

新界大埔墟運頭街20-26號廣安大廈G,H&I地舖　電話：2638 4546
營業時間：1130am-1030pm
堅持用上肉厚身軟的門鱔乾加肉湯和大頭菜熬汁作底，讓盆底豬皮、鯪
魚球、枝竹、冬菇、蘿蔔都盡吸鮮味，加上鹹雞、乾煎大蝦、紅炆豬肉
以至合時金蠔，忠於傳統的改良版，超高水準。

和暢之風

七、八、九、十、十一、十二、十三

打盆前各項分別煮好的材料一目了然，用玫瑰露、洋蔥和糖醃過的「神仙雞」剛蒸好斬件，門鱔也剛炸脆炸好。開始打盆的時候，底層先放蘿蔔、豬皮、枝竹，中層放土魷、炆豬肉，面層放冬菇、魚丸、海蝦和神仙雞，最後才放酥脆的炸門鱔。

十四、十五

同樣翻箱倒筐找來91年的幾張舊照，鄧氏宗祠重修開光當日，也就是打盆廣宴宗族親朋之時。

	十一	十二	十三
七		十四	
八	九	十	十五

基層蘿蔔

傳媒人

林祖輝

祖輝是個長情的人，長情的另一個說法就是有這樣那樣的牽掛，而且需要額外的儲物空間。就像在他婚宴的那個晚上在投射螢幕中看到他的自拍錄像，他把他跟「前女友」（也就是現在的太太）參觀什麼一起去看電影聽音樂會的門票存根，場刊以至出門旅行的機票車票，還有雙方書信留言字條都一一悉心整理保留，不用推算他也肯定有把從前在大學宿舍裡的種種「犯罪」活動記錄，在電台電視台多年來的職員證工作證小心儲存好──如果他的儲物室還有多一點空間，說不定他會把飯宴聚會精采難忘菜式用過的道具都留下做紀念，碗碟羹筷不在話下，應該還有吃盆菜的那個盆。

祖輝因公因私吃過不少盆菜，第一次吃盆菜就已經吃到老友鄧達智老家──元朗屏山祠堂裡的盆菜宴，道地正宗，大可作為日後一千幾百盆的對

照參考。我跟他精確查證過，我吃的那一回跟他吃的那一回雖然是同樣精彩厲害，但肯定不是同一頓，他那回還是作為主持帶著電視台的一隊攝錄隊，把這個屬於本土民俗飲宴盛況作一個仔細記錄，鏡頭面前自然也毫不矜持開懷大吃，吃罷還跑到祠堂旁邊William的四百年祖屋裡坐在那些雲石面酸枝桌椅中慢慢喝一杯好茶。

因為眾多媒體探訪報導，盆菜這種民間食俗在這幾年間大紅大熱忽然受到關注重視，變成「人大代表」，跳出了所屬新界地域港九通吃對此祖輝和我就更慶幸曾經吃到的是圍村原汁原味。對於盆裡種種美味包括豬肉如何醃如何炆鱔如何蒸門鱔如何炸，作為一個嘴饞而又懶入廚自煮的他，大抵並沒有認真探究，但他對這層層疊疊建構起來的學問倒是十分佩服。而他跟我達致共識，我們都甘願做那基層的白蘿蔔。

大榮華圍村菜

九龍九龍灣宏開道8號1樓 電話：2148 7773
營業時間：0745am-1130pm
口碑載道千呼萬喚，從元朗光榮「出城」的大榮華，主打圍村菜當然少不了原汁原味的盆菜。

吃，力。　後記

每當我看到廚房裡作坊中流理台後那一批大廚、師傅、公公婆婆爸爸媽媽，在認真仔細地，或氣定神閒或滿頭大汗地為你我的食事而忙碌操勞，我無話可說，只心存感激。

從她們他們的專注眼神，時緊張時放鬆的面容，我感受到一種生產製作過程中的膽色、自信、疑惑、嘗試——當中肯定也有各人分別對過去的種種眷戀，對現狀的不滿以及對未來的不確定，她們他們做的，我們吃的，也是一種情緒。

面對眼前這眾多源遠流長變化多端的香港道地特色大菜街頭小吃，固然由你放肆狂啖，但更應該謙虛禮貌地聆聽每種食物每道菜背後豐富多彩的故事。你會發覺，吃，原來不只是為了飽。

完成了這一個有點龐大有點吃力的項目的第一個階段，究竟體重是增了還是減了還來不及去計算度量，但先要感謝的是負責遣兵調將統籌整個項目的M，如果沒有這位一直站在身邊的既是前鋒又是後衛亦兼任守門的伙伴，我就只會吃個不停而已。還要感謝的是被我折騰得夠厲害的攝影師W，希望他休息過後可以回復好胃口。還有是負責版面設計

的我的助手S，很高興他在這場馬拉松中快高長大越跑越勇，至於由J和A領軍的LOL設計團隊，見義勇為擔當堅強後盾，我答應大家繼續去吃好的。

感謝身邊一群屬害朋友答應接受我的邀請，同檯吃喝和大家分享她們他們對食物對味道對香港的看法，成為書中最有趣生動的章節，下一回該到我家來吃飯。

當然還要深深感謝一直放手讓我肆意發揮、給予出版機會發行宣傳支援的大塊文化的編輯和市場推廣團隊，更包括所有為這個系列的拍攝工作和資料內容提供菜式、場地以及寶貴專業建議的茶樓酒家和相關單位。站在最前線的飲食經營者從業員是令香港味道得以承先啟後繼往開來的最大動能，他們的靈活進取承傳創新，是香港的驕傲——香港在吃，即使比從前吃力，也得吃，好好地吃，才有力。

謹以此一套兩冊獻給《香港味道》的第一個讀者，也是成書付印前最後把關的一位資深校對：比我嘴饞十倍的我的母親。

應霽
零七年一月

延伸閱讀：

珠璣小館（1-4冊）
作者：江獻珠
萬里機構．
飲食天地出版社
2006年7月

傳統粵菜精華錄
撰譜：江獻珠
萬里機構．飲食天地出版社
2001年2月

古法粵菜新譜
撰譜：江獻珠
萬里機構．飲食天地出版社
2001年2月

中國點心
作者：江獻珠
萬里機構．飲食天地出版社
1994年10月

津津有味譚——葷食卷
作者：陳存仁
廣西師範大學出版社
2006年2月

津津有味譚——素食卷
作者：陳存仁
廣西師範大學出版社
2006年2月

唯靈食趣
作者：唯靈
三聯書店
2002年

鏞樓甘饌錄
作者：甘建成
經濟日報出版社
2006年

走過六十年——鏞記
作者：崛穗煇
同文會
2002年9月

家常便飯蛇王芬
作者：吳翠寶
明報周刊
2006年7月

韜韜食經
作者：梁文韜
皇冠出版社
2002年12月

香港甜品
主編：陳照炎
香港長城出版社
2005年3月

香港點心
主編：陳照炎
香港長城出版社
2006年1月

粵菜烹調原理
作者：趙丕揚
利源書報社
2004年12月

飲食趣談
作者：陳詔
上海古籍出版社
2003年8月

追憶甜蜜時光；中國糕點話舊
作者：由國慶
百花文藝出版社
2005年7月

廣州名小吃
編著：沈為林，嚴金明
中原農民出版社
2003年4月

食在廣州
「嶺南飲食文化經典」
主編：王曉玲
廣東旅游出版社
2006年

南方絳雪
作者：蔡珠兒
聯合文學
2002年9月

雲吞城市
作者：蔡珠兒
聯合文學
2003年12月

紅燜廚娘
作者：蔡珠兒
聯合文學
2005年10月

沒有粉絲的碗仔翅
作者：梁家權
CUP
2005年12月

食蛋撻的路線圖
作者：梁家權
上書局
2006年7月

另類食的藝術
作者：杜杜
皇冠出版社
1996年4月

非常飲食藝術
杜杜
皇冠叢書
1997年10月

吃喝玩樂
作者：吳靄儀
明報出版社
1997年5月

也斯的香港
作者：也斯
三聯書店
2005年2月

後殖民食物與愛情
主編：許子東
上海文藝出版社
2003年6月

「女子組」飲食故事
編輯：李鳳儀
進一步多媒體有限公司
97年7月

從三斤半菜開始
採訪／整理：江瓊珠
進一步多媒體有限公司
2006年1月

食品文字
作者：三三
明報周刊出版
2004年7月

三餐
作者：蘇三
皇冠出版社
2006年7月

蔡瀾談吃
作者：蔡瀾
山東畫報出版社
2005年8月

寫食主義
作者：沈宏非
四川文藝出版社
2000年10月

食相報告
作者：沈宏非
四川文藝出版社
2003年4月

飲食男女
作者：沈宏非
江蘇文藝出版社
2004年8月

我思故我在——
香港的風俗與文化
作者：陳雲
花千樹出版有限公司
2005年7月

五星級香港——
文化狂熱與民俗心靈
作者：陳雲
花千樹出版有限公司
2005年11月

舊時風光——
香港往事回味
作者：陳雲
花千樹出版有限公司
2006年3月

吃的啟示錄:不是食經
作者：吳昊
博益出版社
1987年

香港三部曲
作者：陳冠中
牛津大學出版社
2004年

我這一代香港人
作者：陳冠中
牛津大學出版社
2005年

香港風格(1，2)
主編：胡恩威
進念‧二十面體
2006年

香港故事
作者：盧瑋鑾
牛津大學出版社
1996年

香港‧文化‧研究
編：吳俊雄，馬傑偉，呂大樂
香港大學出版社
2006年

香江舊語
作者：魯金
次文化堂
1999年7月

香港古今建築
作者：龍炳頤
三聯書店
1992年8月

香江知味：
香港的早期飲食場所
作者：鄭寶鴻
香港大學美術博物館
2003年3月

國家圖書館出版品預行編目資料

香港味道1：酒樓茶肆精華極品／歐陽應霽著：
— 初版. — 臺北市：大塊文化，2007〔民96〕
面： 公分. — (home：7)
ISBN　978-986-7059-64-2 (平裝)

1. 飲食 — 文集

427.07　　　　　　　　　　　　95025903